SYMPOSION
AM 5. UND 6. APRIL 1957 IN MAINZ

KONDENSIERTE PHOSPHATE IN LEBENSMITTELN

MIT 34 TEXTABBILDUNGEN

SPRINGER-VERLAG BERLIN HEIDELBERG GMBH

ISBN 978-3-540-02315-9   ISBN 978-3-642-87216-7 (eBook)
DOI 10.1007/978-3-642-87216-7

BRÜHLSCHE UNIVERSITÄTSDRUCKEREI GIESSEN

Inhalt

Eröffnungsansprache

von

K. Lang, Mainz

Ich habe die große Freude, Sie hier in Mainz zum Symposion begrüßen zu dürfen und danke Ihnen sehr, daß Sie die Mühe nicht gescheut haben, nach Mainz zu kommen. Ich glaube, Sie werden mir zustimmen, daß unser ganz besonderer Dank den Herren Vortragenden gilt, denn sie haben ja die Hauptlast des Symposions zu tragen und schon mit den Vorbereitungen einige Mühe gehabt. Sie sind es ja auch letztlich, die dem gesamten Symposion das Gepräge geben. Wir sind hier zusammengekommen, um einige Vorträge zu hören und über das Problem der kondensierten Phosphate zu diskutieren, ein Gebiet, das in der letzten Zeit stark in den Mittelpunkt des Interesses gerückt ist. So glaubte ich, es sei nützlich, die Initiative zu ergreifen, einmal eine derartige Zusammenkunft einzuberufen mit dem Zweck, eine Bestandsaufnahme unseres Wissens zu machen.

Es wird sehr viel über dieses Gebiet gearbeitet und es ist kaum möglich, die Literatur so rasch zu verfolgen, wie es notwendig wäre. Weiterhin ist mir auch bekannt, daß über manche Probleme sehr unterschiedliche Auffassungen bestehen. Ich sehe einen Hauptzweck des Symposions darin, daß wir in einer angeregten Diskussion versuchen, manche Probleme zu klären und die Standpunkte einander anzunähern. Es ist bei einer derartigen Diskussion wichtig, daß wir alle dieselbe Sprache sprechen und daß wir mit Begriffen operieren, die für alle denselben Inhalt haben. Deshalb danke ich Herrn Kollegen Thilo ganz besonders, daß er es auf sich genommen hat, uns in dem einleitenden Referat etwas über die Chemie der kondensierten Phosphate und insbesondere auch über ihre Nomenklatur zu sagen, denn das ist die Voraussetzung für jede weitere Verständigung. Ich bin ganz besonders froh, daß Kollege Thilo diese Aufgabe übernommen hat, weil er auf diesem Gebiet Pionierarbeit geleistet hat.

Ich glaube, Sie werden mir alle zustimmen, wenn ich sage, daß für den Biochemiker und physiologischen Chemiker das Gebiet der kondensierten Phosphate besonders interessant und reizvoll ist. Für die Verbindungen organischer Art, d. h. Adenosinmono-, -di- und -triphosphorsäure und ähnlich gebaute andere Nucleosidphosphate brauche ich das im einzelnen wohl kaum zu begründen. Wir treffen diese Systeme in jeder Zelle, schon in dem primitivsten Lebewesen an, und nach dem gegenwärtigen Stand unseres Wissens ist es unvorstellbar, daß es ein Lebewesen gibt, das über diese Systeme nicht verfügt. Ganz interessant ist es, daß die Möglichkeiten der Gewinnung der Energie in der belebten Welt sehr verschiedener Art sind. Wir kennen manche primitive Lebewesen, die ihre Energie aus anorganischen Systemen beziehen; weitaus die Mehrzahl aller Lebewesen bezieht sie aus organischen. Wir wissen, daß Pflanzen im großen Umfang Lichtenergie verwenden können. Aber ganz gleichgültig, wie im einzelnen die Energie gewonnen wird, die Verwertung der Energie durch die lebende Zelle ist immer an die erwähnten Systeme gebunden und darüber hinaus hat sich in neuerer Zeit auch gezeigt, daß diese Systeme noch eine ganz andere Aufgabe haben und daß sie eng mit der Erhaltung der Struktur verknüpft sind, und ohne Struktur ist auch wieder ein Leben auf dieser Erde undenkbar.

Wir wissen, daß Adenosintriphosphorsäure oder ein Adenosintriphosphat erzeugendes System notwendig ist, damit die Mitochondrien ihre Struktur erhalten und daß eine Veränderung der Struktur sofort tiefgreifende Veränderungen in diesem interessanten Multienzymsystem bedingt.

Was uns nun auf diesem Symposion im wesentlichen interessiert, sind die anorganischen kondensierten Phosphate. Aber auch diese sind für uns von Seiten der Biochemie und der physiologischen Chemie außerordentlich interessant. Man findet sie bekanntlich in manchen primitiven Lebewesen. Und in diesem Zusammenhang taucht doch eine Reihe von Fragen auf, die grundsätzlicher Art sind. Kein Mensch kann im Augenblick sagen, wie das Leben auf dieser Erde entstanden ist. Es ist nicht uninteressant, daß in verschiedenen Laboratorien gezeigt worden ist, daß die typischen

Bausteine der lebenden Substanz, etwa Zucker und Aminosäuren, in ganz einfachen Systemen, ich möchte sagen in primitiven Anordnungen entstehen können, etwa aus Kohlendioxyd, Wasser und Ammoniak unter dem Einfluß von elektrischen Entladungen. Aber wenn wir auch eine Lösung bekommen, die zwar Aminosäuren und Zucker enthält, so ist sie noch lange kein Lebewesen. Das, was wir als die Kriterien des Lebens betrachten, das Vermögen zur Selbstreduplikation oder das Vermögen, ein Ungleichgewicht gegenüber der Umgebung aufrecht zu erhalten, ist erst zustande gekommen, als ein weiteres Element hinzutrat, die Phosphorsäure. Es wird Ihnen bekannt sein, daß manche Überlegungen dahin gehen — ich bin nicht der Erste, der das ausspricht, es ist schon des öfteren diskutiert worden —, ob nicht vielleicht das anorganische kondensierte Phosphat die Urform, wenn man so sagen darf, der Nucleinsäure gewesen ist, vielleicht das erste primitive Ladungsmuster, an dem eine spezifische Substanz entstanden ist. Es ist auch nicht uninteressant, daß wir in diesen primitivsten Lebewesen, welche noch anorganische kondensierte Phosphate und zwar hochkondensierte Phosphate enthalten, diese so vorfinden, daß von Seiten der Morphologie diskutiert worden ist, ob nicht diese Substanzen irgendwie etwas mit der Zellteilung zu tun haben. Darüber hinaus ist jeder Biochemiker, der sich mit der Aufarbeitung von Zellen, insbesondere mit Zellkernfragen befaßt hat, schon sehr oft ärgerlich darüber gewesen, daß ihm die kondensierten Phosphate analytische oder präparative Schwierigkeiten machten, weil sie sich in vielfacher Beziehung ähnlich wie die Nucleinsäuren verhalten. Kurz und gut, Sie sehen, daß eine ganze Reihe von Fragen auftaucht, in dem Sinne etwa: Haben die kondensierten Phosphate einmal eine große Bedeutung für das Leben gehabt und haben sie es heute noch für die Zellen? Handelt es sich um einen Atavismus oder ist es gar eine Fehlsteuerung des Stoffwechsels in dem Sinne, daß diese anorganischen kondensierten Phosphate vielleicht schädlich für die Zelle sind? Sie mögen daraus sehen, wie grundlegend diese wichtigen Fragen mit den hier zu diskutierenden Problemen verknüpft sind und erst recht dann, wenn wir noch einen Schritt weitergehen und an die praktische Anwendung solcher Substanzen für die Ernährung des Menschen denken. Denn nun taucht die Frage auf, sind es Substanzen, die in dem, was letzten Endes unser Leben erhalten soll, nämlich dem Lebensmittel, vorkommen dürfen oder nicht. Das sind die Fragen, die wir hier diskutieren wollen.

Als Sie, verehrter Herr Kollege Lohmann, — ich glaube es war vor etwa 30 Jahren — zum ersten Mal anorganische kondensierte Phosphate im tierischen Organismus nachgewiesen haben, haben Sie — bildlich gesprochen — einen Stein ins Wasser geworfen und Sie waren vermutlich selber erstaunt, welche Wellenbewegung Sie dadurch erregt haben. Die Wellen, die Sie dadurch erregten, haben letzten Endes auch dazu geführt, daß wir uns in diesem Saal zu dem Symposion zusammengefunden haben.

Chemie und Nomenklatur der kondensierten Phosphate

Von

E. Thilo, Berlin

Mit 4 Textabbildungen

I. Historische Grundlagen

Im Jahre 1833, also vor fast 125 Jahren, beobachtete Thomas Graham, daß beim Erhitzen des zweifach sauren Natriumphosphates nach dem Schema

$$Na_2O \cdot 3 H_2O \cdot P_2O_5 \qquad Na_2O \cdot 2 H_2O \cdot P_2O_5 \qquad Na_2O \cdot H_2O \cdot P_2O_5$$

$$\Big\downarrow -H_2O \qquad\qquad \Big\downarrow -H_2O \qquad\qquad \Big\downarrow -H_2O$$

$$2\,NaH_2PO_4 \qquad\qquad Na_2H_2P_2O_7 \qquad\qquad (NaPO_3)x$$

Verbindungen entstehen, die wasserärmer sind als das Ausgangsmaterial und außerdem ganz andere Eigenschaften haben.

Graham hielt die neuen Verbindungen für Salze von in der Basizität verschiedenen Formen derselben Phosphorsäure und unterschied sie durch die Bezeichnungen:

Graham (1833)	Fleitmann (1849)
Orthophosphorsäure	H_3PO_4
Pyrophosphorsäure	$H_4P_2O_7$
Metaphosphorsäure	$(HPO_3)x$

16 Jahre später kamen Fleitmann und Henneberg — im Laboratorium von Liebig — zu dem Schluß, daß diese Anschauung nicht zutrifft. Sie zeigten, daß die Orthophosphorsäure ein, die Pyrophosphorsäure zwei und die Metaphosphorsäure eine größere Zahl von Phosphoratomen im Molekül enthalten, daß es sich also um Salze verschiedener Säuren handelt. Außerdem war ihnen bewußt, daß die schon von Graham beobachteten verschiedenen Arten der Metaphosphate im Verhältnis der „Polymerie" zueinander stehen.

Daß es mehrere verschiedene Formen z. B. vom $NaPO_3$ gibt, zeigt sich schon beim Erhitzen von NaH_2PO_4 bis kurz unterhalb des Schmelzpunktes. Das Erhitzungsprodukt besteht aus zwei verschiedenen Stoffen. Der eine ist leicht löslich in Wasser und scheidet sich bei vorsichtigem Eindampfen aus der Lösung in schönen Kristallen aus. Der zweite ist kristallin und in Wasser praktisch unlöslich. Erhitzt man das NaH_2PO_4 so hoch, daß es schmilzt, was bei $\sim 630°$ stattfindet und kühlt die Schmelze schnell ab, so erstarrt sie glasig. Dieses Glas ist in Wasser leicht löslich, aber aus der Lösung erhält man bei vorsichtigem Eindampfen niemals Kristalle, sondern wieder eine nur glasige feste Substanz.

Diese drei verschiedenen Verbindungen werden auch heute noch mit Trivialnamen bezeichnet:

Die glasige Substanz als *Grahamsches Salz,*
die unlösliche als *Maddrellsches Salz* und
die gut kristallisierende lösliche als *Trimetaphosphat.*
Wir könnten sie aber auch Fleitmannsches Salz nennen.

Tabelle 1. „Na-Metaphosphate"

Name	äußere Form	Löslichkeit in Wasser	Kristallisierbarkeit aus der Lösung
Grahamsches Salz	Glas	gut löslich	keine
Maddrellsches Salz	fein kristallin	unlöslich	—
Trimetaphosphat nach FLEITMANN	feine bis grobe Kristalle	gut löslich	gut
„Dimeta" nach FLEITMANN	feine Nadeln	gut löslich	gut
Kurrolsches Salz	grobe Platten	sehr gering; Lösungen sehr viscos	keine

Außerdem fand FLEITMANN, daß beim Erhitzen von Kupferoxyd mit Phosphorsäure ebenfalls ein Metaphosphat entsteht, das sich durch Behandeln mit einer Lösung von Natriumsulfid in ein Natriumsalz umwandeln läßt, das aber von den drei eben genannten Verbindungen verschieden ist. Er bezeichnete es als *Dimetaphosphat.*

Schließlich gab TAMMANN im Jahre 1892 an, daß KURROL in seinem Laboratorium ein weiteres kristallines Na-metaphosphat gefunden habe, dessen Existenz aber erst sehr viel später von

HUBER und KLUMPNER im Jahre 1943 sichergestellt werden konnte und das als *Kurrolsches Natriumsalz* bezeichnet wird.

In der Zeit zwischen der ersten Entdeckung GRAHAMs und den systematischen Untersuchungen FLEITMANNs im ersten Viertel und den umfangreichen Arbeiten von TAMMANN am Ende des 19. Jahrhunderts ist sehr viel über die Natur dieser verschiedenen Verbindungen und ihrer Umwandlungsprodukte herumgerätselt worden. Weit über 100 Arbeiten sind in diesem Zeitraum erschienen. Alle Autoren waren sich darin einig, daß sich die verschiedenen Stoffe durch ihre Molekülgröße unterscheiden. Aber unzureichende Untersuchungsmethoden und im besonderen die Schwierigkeit, die einzelnen Verbindungen in reiner Form herzustellen, haben bis zum Beginn unseres Jahrhunderts trotz der Ansammlung eines sehr großen und wertvollen Beobachtungsmaterials zu keiner echten Klärung geführt.

Es ist nun nicht möglich, die Meinungen und Gegenmeinungen der vielen verschiedenen Autoren und das Hin und Hor der Formulierungen hier im einzelnen aufzurollen. Ganz kurz soll aber doch auf die Dinge eingegangen werden, die für die wissenschaftliche Durchdringung dieses Gebietes der anorganischen Chemie sozusagen Meilensteine darstellen.

Zu der Meinung, daß die verschiedenen Metaphosphate im Verhältnis der Polymerie zueinander stehen müßten, wurde FLEITMANN durch die Beobachtung geführt, daß es ihm gelang, aus dem löslichen Bestandteil des Erhitzungsproduktes des NaH_2PO_4, das die Zusammensetzung $NaPO_3$ hat, verschiedene gemischte Salze, wie z. B.

$$NaCa(PO_3)_3$$
$$NaSr(PO_3)_3$$
$$KBa(PO_3)_3$$
$$NH_4Ba(PO_3)_3$$

herzustellen, Salze also, in denen die Zahl der ein- und zweiwertigen Kationen zueinander im Verhältnis 1:1 steht. Er schloß daraus, daß diese Salze in bezug auf die ihnen zugrunde liegende Säure trimer seien und nannte diese Salze daher *Trimetaphosphate*.

Aus dem *Maddrellschen Salz* ähnlich gemischte Verbindungen herzustellen, gelang ihm nicht und daher hielten er und seine Nachfolger diese Verbindung für monomer.

Über das vorhin genannte Natriumsalz, das sich aus dem Kupfermetaphosphat durch Umsetzen mit Natriumsulfidlösung gewinnen ließ, war man sich nicht einig. Einige Forscher hielten es für dimer, andere für tetramer, und die Salze wurden *Dimeta*- bzw. *Tetrametaphosphate* genannt.

Das *Grahamsche Salz* ist schon von Fleitmann, besonders eingehend aber von Tammann untersucht worden. Sie stellten Umsetzungsprodukte des Grahamschen Salzes her und fanden relativ häufig Zusammensetzungen in der Nähe von z. B.

$$Ag_4Na_2(PO_3)_6 \quad \text{und} \quad Ag_5Na(PO_3)_6\,.$$

Weder diese noch irgendein anderes der vielen beschriebenen Umsetzungsprodukte des Grahamschen Salzes waren, was auch schon Graham angibt, kristallin, und keines ließ sich aus wäßriger Lösung auf irgendeine Weise kristallin erhalten. Aber seitdem wurde das Grahamsche Salz für hexamer gehalten und als *Hexametaphosphat* bezeichnet. Wie wir sehen werden, ist diese Zuordnung falsch; aber dennoch ist sie auch heute noch nicht aus dem Schrifttum, besonders dem technologischen, verschwunden.

Wenn somit am Ende des vorigen Jahrhunderts ein gewisses Einteilungsprinzip für die Stoffgruppe der sog. Metaphosphate gewonnen zu sein schien, so ruhten dennoch nicht die Stimmen der Kritik, und dauernd wurden Zweifel in der einen oder anderen Richtung laut, die das bis dahin Gewonnene in Frage stellten.

Das konnte auch kaum anders sein, denn die im wesentlichen aus rein chemischen Umsetzungen gezogenen Schlüsse auf Molekulargrößen allein können ja nur in den seltensten Fällen zu eindeutigen Ergebnissen führen.

In allen bisher beschriebenen Verbindungen war das analytisch bestimmte Atomverhältnis Alkali:Phosphor $= 1:1$.

Im Jahre 1895 beschrieb F. Schwarz eine neue Substanz, die für das im folgenden zu Besprechende sehr wichtig ist. Durch Zusammenschmelzen eines beliebigen Metaphosphates mit Pyrophosphat und schnelles Abkühlen der Schmelze erhielt er eine aus Wasser gut kristallisierende Verbindung der Zusammensetzung

$$Na_5P_3O_{10} \cdot 6\,H_2O\,.$$

Er bezeichnete sie als Triphosphat und betrachtete sie — und wie wir heute wissen mit vollem Recht — als ein Analogon zum Pyrophosphat; jedenfalls aber als eine Verbindung, die, wie die meisten Metaphosphate, mehrere Atome Phosphor im Molekül enthält.

II. Strukturen der kondensierten Phosphate

Bei diesem Stand der Dinge setzte zu Beginn unseres Jahrhunderts die moderne Forschung ein, die es sich zunächst zur Aufgabe machte, die Molekulargewichte der einzelnen Verbindungen exakt zu bestimmen.

Die ersten kryoskopischen Messungen führte Nylén im Jahre 1936 am vermeintlichen Trimeta- und Dimetaphosphat durch. Er fand eindeutig, daß die Annahme von Fleitmann in bezug auf das *Trimetaphosphat* zu Recht bestand. Es war wirklich trimer. Das Dimetaphosphat aber erwies sich als tetramer; es war also ein *Tetrametaphosphat*.

Vom *Grahamschen Salz* bewiesen im Jahre 1942 Karbe und Jander durch Messung der Diffusionskoeffizienten, daß es keinesfalls hexamer ist, sondern aus großen Molekülen besteht, die zwischen 34 und 88 P-Atome im Molekül enthalten. Schon daraufhin hätte die Tammannsche Bezeichnung als Hexametaphosphat fallen gelassen werden müssen.

Schließlich zeigten Lamm und Malmgren (1940) durch Messungen mit der Ultrazentrifuge, daß das durch Entwässern von KH_2PO_4 entstandene Kaliummetaphosphat oder *Kurrolsches Kaliumsalz*, das Tammann für decamer gehalten hatte, Riesenanionen mit 470—4600 P-Atomen im Molekül enthält.

Damit war nun eine sichere Grundlage gelegt in bezug auf die Molekulargrößen, aber noch nichts ausgesagt über den strukturellen Bau dieser Verbindungen. Hierzu mußten neuartige Experimente angestellt werden.

Das erste dieser Art war die Aufnahme der *Titrationskurven* der wichtigsten Phosphate, im besonderen die des Schwarzschen Triphosphates und des Trimetaphosphates durch Rudy und Schlösser im Jahre 1940 (Abb. 1).

Aus diesen Versuchen ergab sich erstens, daß die dem Trimetaphosphat und dem Grahamschen Salz entsprechenden Säuren sehr stark und die Stärken der verschiedenen in ihnen enthaltenen OH-Gruppen praktisch gleich sind und zweitens, daß in der dem Triphosphat entsprechenden Säure zwei Arten verschieden stark saurer OH-Gruppen enthalten sind. Drei der OH-Gruppen im Triphosphat sind stark, zwei schwach sauer.

Hier setzten die Untersuchungen von meinen Mitarbeitern und mir ein, von denen ich aber nur die Ergebnisse schildern kann,

die zur Aufstellung eines tragfähigen Systems dieser Verbindungen
und zu einer rationellen Nomenklatur geführt haben und die
außerdem — so hoffe ich — ein wenig zum Verständnis der z. T.
technisch so hervorragend wichtigen Eigenschaften all dieser Verbindungen, die wir mit dem Sammelnamen „kondensierte Phosphate" bezeichnen, beigetragen haben.

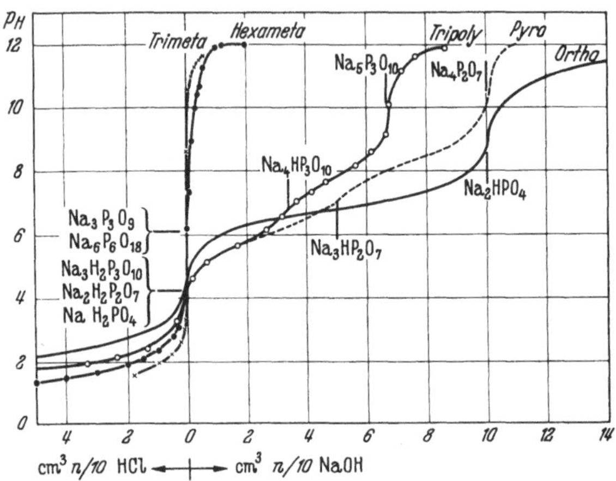

Abb. 1. Elektrometrische Titration von Ortho-, Pyro-, Tripoly-, Tri- und
Hexametaphosphat (0,001 P-Äquivalent)

Beginnen möchte ich mit den trimeren Verbindungen. Nach
dem, was oben gesagt wurde, gibt es zwei verschiedene trimere
Verbindungen, also Verbindungen mit 3 P-Atomen im Molekül:
Das Trimetaphosphat Fleitmanns und das Triphosphat von
F. Schwarz.

Wie in der gesamten Chemie, so ist auch hier bei den Phos-
phaten die Grundlage zum Verständnis der Eigenschaften einer
Verbindung die Ermittlung bzw. Aufstellung und der Beweis einer
Konstitutionsformel.

Die Grundlage unserer und überhaupt aller neueren Arbeiten
auf dem Gebiet der Phosphatchemie ist eine *Annahme* — eine
allerdings sehr wohl zu begründende, nämlich die, *daß der 5-wertige
Phosphor* — und nur um Verbindungen des 5-wertigen Phosphors
handelt es sich hier — *in seinen Verbindungen mit Sauerstoff stets
4 und nur 4 Sauerstoffatome zu nächsten Nachbarn hat.* In der Tat

ist bis heute keine einzige Sauerstoffverbindung des 5-wertigen Phosphors bekannt, in der ein Phosphoratom mit mehr oder mit weniger als 4 Sauerstoffatomen direkt verbunden ist. Stets liegt das P-Atom im Mittelpunkt eines Tetraeders aus 4 Sauerstoffatomen. Will man unter dieser Voraussetzung Konstitutionsformeln für das *Trimetaphosphat* $Na_3(PO_3)_3$ und das *Triphosphat* $Na_5P_3O_{10}$ aufstellen, so gibt es nur je eine Möglichkeit

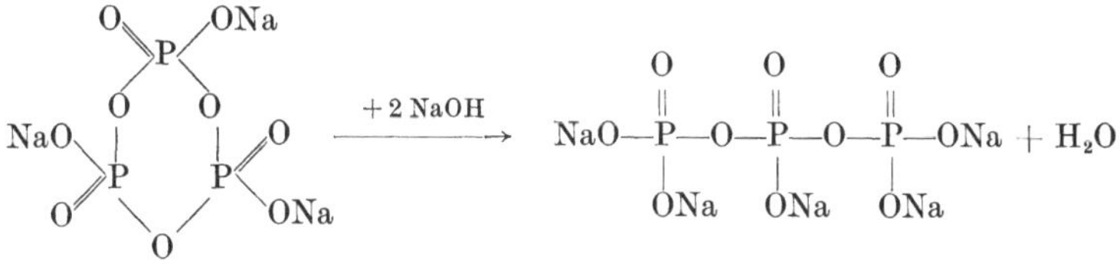

$$\text{Trimetaphosphat } Na_3[P_3O_9] \quad \xrightarrow{+\,2\,NaOH} \quad NaO-\!\!\underset{\substack{|\\ONa}}{\overset{\substack{O\\\|}}{P}}\!\!-O-\!\!\underset{\substack{|\\ONa}}{\overset{\substack{O\\\|}}{P}}\!\!-O-\!\!\underset{\substack{|\\ONa}}{\overset{\substack{O\\\|}}{P}}\!\!-ONa \;+\; H_2O$$

Trimetaphosphat
$Na_3[P_3O_9]$ Triphosphat
$Na_5[P_3O_{10}]$

Im Trimetaphosphat müssen die Anionen einen Ring bilden, in dem 3 PO_4-Tetraeder über Sauerstoff miteinander verknüpft sind, im Triphosphat eine Kette, in der 3 PO_4-Tetraeder über 2 Sauerstoffatome miteinander in Verbindung stehen.

Sind diese Formeln richtig, dann sollte es möglich sein, durch Aufspaltung des Ringes im Trimetaphosphat zur Kette des Triphosphates zu gelangen. Das ist möglich! Erwärmt man nämlich eine konzentrierte Lösung von Trimetaphosphat mit 2 Mol Natronlauge, so geht es quantitativ in das Triphosphat über. Außerdem sind aber auch die Eigenschaften der beiden Verbindungen aus ihrer Konstitutionsformel abzuleiten. In der dem Trimetaphosphat

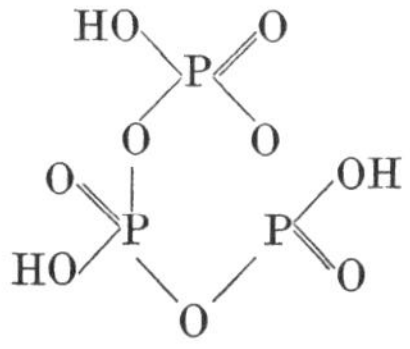

Trimetaphosphorsäure 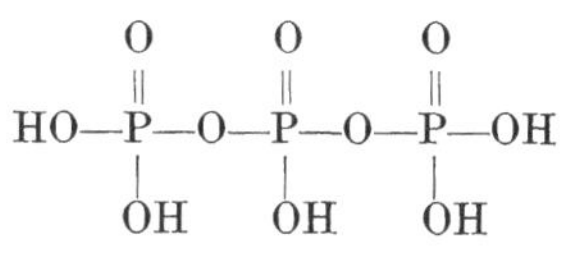   Tri(poly)phosphorsäure

zugrunde liegenden Säure sind alle 3 OH-Gruppen gleichartig gebunden; je eine an je einem P-Atom. Im Triphosphat ist das anders; 3 sind gleichartig, 2 andersartig gebunden. 3 sind sozusagen jeweils erste OH-Gruppen an je einem P-Atom und 2 sind als zweite OH-Gruppen an die endständigen P-Atome geknüpft. Es ist nun eine alte Erfahrung, daß in allen Fällen, in denen an einem Zentralatom mehrere saure OH-Gruppen haften, die jeweils ersten stark, die zweiten um etwa zwei Zehnerpotenzen schwächer dissoziieren als die ersten und die dritten wiederum um etwa zwei Zehnerpotenzen schwächer als die zweiten.

Dies trifft auch für das Triphosphat zu. Wie schon erwähnt, fanden Rudy und Schlösser, daß im Triphosphat 3 stark und 2 schwach saure OH-Gruppen enthalten sind, und genau das sagt dem Eingeweihten auch die Formel.

Ganz Analoges zeigte sich bald auch für das Tetrametaphosphat. Auf Grundlage der Tetraederhypothese kann das Anion des Tetrametaphosphates der Zusammensetzung $Na_4(PO_3)_4$ nur ein Ring aus $4\,PO_4$-Tetraedern sein, und tatsächlich läßt sich das Tetrametaphosphat durch Natronlauge gemäß der Gleichung

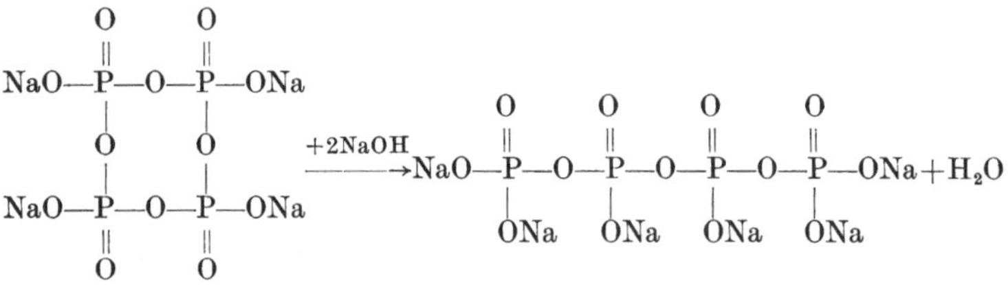

$$\begin{array}{c}
\mathrm{NaO-\overset{\displaystyle\overset{O}{\|}}{\underset{\displaystyle\underset{O}{|}}{P}}-O-\overset{\displaystyle\overset{O}{\|}}{\underset{\displaystyle\underset{O}{|}}{P}}-ONa} \\
\mathrm{NaO-\underset{\displaystyle\underset{\underset{O}{\|}}{}}{\overset{}{P}}-O-\underset{\displaystyle\underset{\underset{O}{\|}}{}}{\overset{}{P}}-ONa}
\end{array}
\;\xrightarrow{+2\,\mathrm{NaOH}}\;
\mathrm{NaO}-\overset{O}{\underset{ONa}{P}}-O-\overset{O}{\underset{ONa}{P}}-O-\overset{O}{\underset{ONa}{P}}-O-\overset{O}{\underset{ONa}{P}}-\mathrm{ONa}+\mathrm{H_2O}$$

leicht aufspalten. Das Resultat ist die quantitative Bildung des damals noch unbekannten Tetraphosphates mit im Anion $4\,PO_4$-Tetraedern. Das Tetraphosphat ist, ganz der Erwartung entsprechend, das Salz einer Säure $H_6[P_4O_{13}]$, die vier stark und zwei schwach saure OH-Gruppen enthält.

Meta- und Polyphosphate

Schon aus diesen beiden Beobachtungen folgt, daß es mindestens zwei verschiedene aber miteinander verwandte Typen von Sauerstoffverbindungen des 5-wertigen Phosphors gibt. Zu der einen Gruppe gehören Verbindungen mit ringförmigen Anionen, zur zweiten solche mit Kettenanionen. In denen mit Ringanionen ist das Verhältnis Alkali:Phosphor gleich $1:1$. Es entspricht dem, was für die Metaphosphate schon von Graham angegeben wurde. In der zweiten Gruppe ist dieses Verhältnis Alkali:Phosphor $\geqq 1:1$.

Wir haben vorgeschlagen, für die erste Gruppe und nur für diese die Bezeichnung *Metaphosphate* beizubehalten und sprechen demgemäß vom Trimeta- und Tetrametaphosphat. Für die Verbindungsklasse, zu der das Tri- und Tetraphosphat gehören, haben wir den Sammelnamen *Polyphosphate* vorgeschlagen und kommen damit dem Sprachgebrauch der technischen Chemiker entgegen, die die tri- und tetramere Kettenverbindung zum deutlicheren Unterschied von den Metaphosphaten schon lange als Tripoly- bzw. Tetrapolyphosphat bezeichnet haben, obwohl an sich die Namen Tri- bzw. Tetraphosphat streng genommen zur eindeutigen Bezeichnung ausreichen würden. Jedenfalls werden heute die Bezeichnungen Tri- und Tripoly- bzw. Tetra- und Tetrapolyphosphat usw. synonym gebraucht.

Tabelle 2. *Die den Polyphosphaten der Zusammensetzung* $Me^1_{n+2}[P_nO_{3n+1}]$ *bzw.* $Me^1_n[H_2P_nO_{3n+1}]$ *entsprechenden Säuren*

Konstitution der Säuren	Rationeller Name	Dissoziierende H-Atome	
		stark	schwach
$\begin{array}{c} O \\ \parallel \\ HO-P-OH \\ \mid \\ OH \end{array}$	Mono-	1	2
$\begin{array}{c} O \quad\quad O \\ \parallel \quad\quad \parallel \\ HO-P-O-P-OH \\ \mid \quad\quad\; \mid \\ OH \quad\; OH \end{array}$	Di-	2	2
$\begin{array}{c} O \quad\quad O \quad\quad O \\ \parallel \quad\quad \parallel \quad\quad \parallel \\ HO-P-O-P-O-P-OH \\ \mid \quad\quad\; \mid \quad\quad\; \mid \\ OH \quad\; OH \quad\; OH \end{array}$	Tri-	3	2
$\begin{array}{c} O \quad O \quad O \quad O \\ \parallel \quad \parallel \quad \parallel \quad \parallel \\ HO-P-O-P-O-P-O-P-OH \\ \mid \quad\; \mid \quad\; \mid \quad\; \mid \\ OH \; OH \; OH \; OH \end{array}$	Tetra-	4	2
$\begin{array}{c} O \quad O \quad\quad O \quad O \\ \parallel \quad \parallel \quad\quad \parallel \quad \parallel \\ HO-P-O-P-O\cdots P-O-P-OH \\ \mid \quad\; \mid \quad\quad\; \mid \quad\; \mid \\ OH \; OH \quad\; OH \; OH \end{array}$	Polyphosphorsäure	n	2

Wenn es ein Tri- und Tetraphosphat gibt, dann tauchen naturgemäß zwei Fragen auf:

1. In welcher Beziehung stehen diese beiden Polyphosphate zu den altbekannten Ortho- und Pyrophosphaten und

2. gibt es nicht auch noch höhermolekulare Polyphosphate?

Die erste Frage ist leicht zu beantworten.

Betrachtet man die Tab. 2, in der diese Verbindungen in Form ihrer Säuren zusammengestellt sind, erkennt man sofort, daß sie eine klare und eindeutige Reihenfolge ergeben, denn alle gehorchen der Formel

$$H_{n+2}(P_nO_{3n+1}) = H_n(H_2P_nO_{3n+1}) = (HPO_3)x \cdot H_2O.$$

Die alte ehrwürdige Orthophosphorsäure ist das Monomere, die Pyrophosphorsäure das Dimere, an die sich die Tri- und Tetraphosphorsäure anschließen. Sie alle enthalten eine Anzahl von H-Atomen, die um zwei größer ist als die Zahl der Phosphoratome im betreffenden Molekül. Die zwei zusätzlichen H-Atome sind die der jeweils zweiten OH-Gruppe der P-Atome an den Enden der Ketten oder diejenigen, die nur schwach dissoziieren; alle anderen dissoziieren stark. In der Monophosphorsäure, das wäre der rationelle Namen für die alte Orthophosphorsäure, ist nur eine OH-Gruppe stark sauer; bei der Diphosphorsäure, das wäre die rationelle Bezeichnung für die Pyrophosphorsäure, sind zwei OH-Gruppen stark sauer; bei der Triphosphorsäure — das hörten wir — sind es 3 und bei der Tetraphosphorsäure 4 OH-Gruppen, die stark sauer sind.

Wie steht es mit höheren Gliedern, mit einer Penta-, Hexa- usw. Polyphosphorsäure? Die Antwort darauf ist:

Es gibt die höheren Glieder, es gibt das Penta-, das Hexa-, das Hepta- usw. Polyphosphat; ja es gibt alle Polyphosphate mit Kettenlängen bis zu rund 100000 Phosphoratomen im Molekül. Nur keines von ihnen ist bisher für sich allein in größeren Mengen in reinem Zustand isoliert worden. Der Grund dafür ist der, daß sich bei der Herstellung der Polyphosphate durch Entwässern der sauren Alkaliphosphate stets Gemische aller möglichen Polyphosphate bilden. Da nun aber außerdem die chemischen Eigenschaften all dieser Verbindungen sehr ähnlich sind, ist es bisher nicht gelungen, sie durch Kristallisations- oder Fällungsreaktionen voneinander zu trennen. Nur ein Verfahren gibt es, mit dem man einige von ihnen einfach und eindeutig nebeneinander nachweisen und bestimmen kann und das ist das der *Papierchromatographie*.

Abb. 2 zeigt ein solches Chromatogramm. Jedes der Polyphosphate mit einer Kettenlänge zwischen n = 1 und 9 ergibt einen ganz charakteristischen Fleck auf dem Chromatogramm. Sowie die

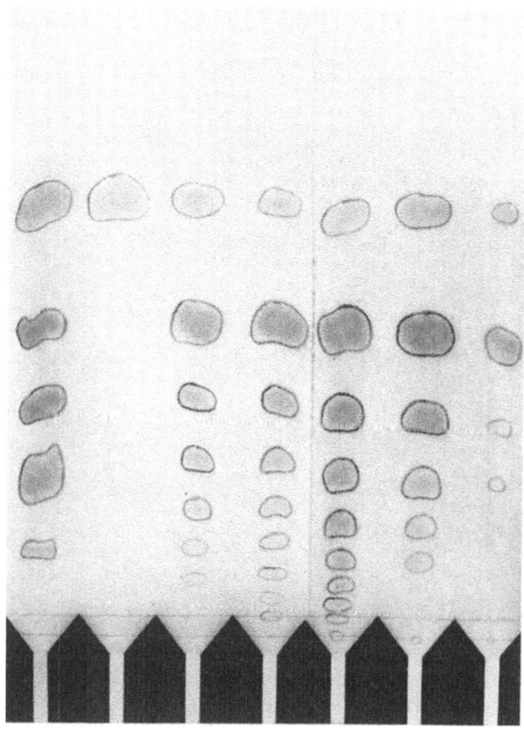

Abb. 2. Chromatographische Trennung der sauren Lithiumoligophosphate $Li_n[H_2P_nO_{3n+1}]$ (n = 1—9), die bei der thermischen Entwässerung des LiH_2PO_4 entstehen

Kettenlänge größer als 12 wird, gelingt die Trennung nicht mehr, die Verbindungen bleiben gemeinsam am Startpunkt stehen. Diejenigen, die sich trennen lassen, fassen wir unter dem Gruppennamen der *Oligophosphate* zusammen; alle anderen bezeichnen wir als *hochpolymere Polyphosphate*.

Oligophosphate: $Na_n[H_2P_nO_{3n+1}]$ (n = 1—12)

Hochmolekulare Polyphosphate:

$Na_x[H_2P_xO_{3x+1}]$ bzw. $(NaPO_3)x \cdot H_2O$; x ≧ 10—10^5

(Für x = 100 Gehalt an Konstitutionswasser: 0,2%)

Auch die Metaphosphate wandern im Chromatogramm, und bei
der normalen Chromatographie, die in einem sauren organischen
Milieu durchgeführt wird, reihen sich ihre Flecke in die Reihe der
Polyphosphate ein. Leicht zu unterscheiden sind sie aber von den
Polyphosphaten, wenn man die Chromatographierflüssigkeit am-

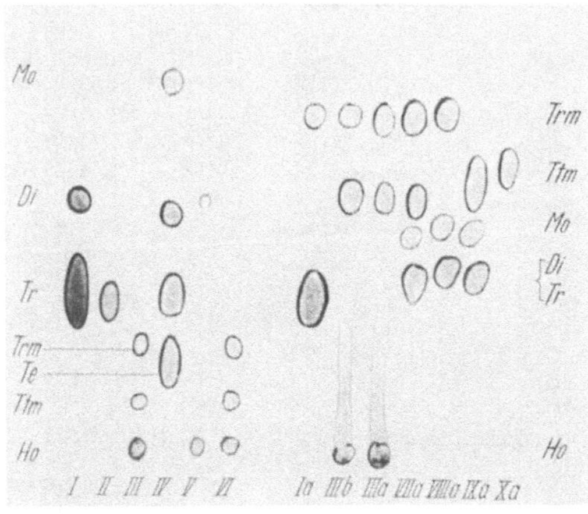

Abb. 3. Chromatographische Trennung von Meta- und Polyphosphaten. Bahn III, VI und
IIIa: Grahamsches Salz; übrige Bahnen: Testsubstanzen

moniakalisch macht. Dann wandern die bisher bekannten Metaphosphate mit den ringförmigen Anionen schneller als alle Polyphosphate. Eine Kombination von saurem und ammoniakalischem
Chromatogramm gibt daher immer ganz eindeutig die Möglichkeit,
auch die einzelnen Meta- und Polyphosphate nebeneinander nachzuweisen.

Sehen wir uns nun einmal das Chromatogramm des Grahamschen Salzes (Bahn III u. VI bzw. IIIa u. IIIb; bei allen anderen
Bahnen handelt es sich um Testsubstanzen) an, das — wie gesagt —
leider auch heute noch als Hexametaphosphat bezeichnet wird.
Drei Flecke sehen wir bei saurem Milieu. Von diesen gehört —
das zeigen die ammoniakalischen Chromatogramme — der erste
dem Trimeta-, der zweite dem Tetrametaphosphat an und der
dritte einem Gemisch von hochmolekularen Verbindungen. Wenn
man das Verhältnis der Phosphatmengen bestimmt, die in den
einzelnen Flecken enthalten sind, dann ergibt sich, daß das

Grahamsche Salz zu über 90% aus hochmolekularen Polyphosphaten mit Kettenlängen über 9 besteht und daß es stets etwa 5—6% Trimeta- und 1—3% Tetrametaphosphat enthält. Der Rest besteht aus auf der Reproduktion des Chromatogramms nicht erkennbaren kleinen Mengen von Oligophosphaten.

Jedenfalls zeigt dieser Befund: Das *Grahamsche Salz* ist keine einheitliche Verbindung. Es ist *ein Gemisch hochmolekularer Polyphosphate*, dem kleine Mengen von Trimeta- und Tetrametaphosphat beigemengt sind. Auf jeden Fall aber ist es kein Hexameta-, ja nicht einmal ein Hexapolyphosphat; und daher sollte der in jeder Weise falsche und daher irreführende Name Hexametaphosphat für das Grahamsche Salz endlich fallengelassen werden.

Die Polyphosphate stellen stets Gemische verschiedener Polymerer dar. Das gilt, wenn man von besonderen Spezialdarstellungsmethoden der ersten 4 absieht, sowohl für die niederen, als auch für die höheren Glieder dieser Reihe. Bei den Oligophosphaten ist eine Trennung möglich und damit auch die quantitative Analyse durchführbar. Bei den Hochmolekularen lassen sich nur gewisse Anreicherungen erreichen, z. B. durch fraktionierte Fällung ihrer Lösungen mit Alkohol. Von den einzelnen Fraktionen kann man dann die mittleren Kettenlängen bestimmen, z. B. durch Messung der Viscosität der Lösungen oder — und das ist viel einfacher — durch *Endgruppentitration* nach Samuelson.

In allen den Fällen, in denen man bei der Herstellung der Polyphosphate von sauren Alkaliphosphaten ausgeht, und das ist der normale Fall, tragen die einzelnen Polyphosphate im fertigen Phosphatgemisch an den Enden freie OH-Gruppen, die schwach sauer sind. Diese lassen sich titrieren,

$$\text{OH}-\overset{\overset{\text{O}}{\|}}{\underset{\underset{\text{ONa}}{|}}{\text{P}}}-\text{O}-\overset{\overset{\text{O}}{\|}}{\underset{\underset{\text{ONa}}{|}}{\text{P}}}-\text{O}-\cdots-\text{O}-\overset{\overset{\text{O}}{\|}}{\underset{\underset{\text{ONa}}{|}}{\text{P}}}-\text{OH}$$

und aus dem Verhältnis der Zahl der schwach sauren OH-Endgruppen zur Zahl der P-Atome in der Lösung kann man leicht die mittlere Kettenlänge der jeweils in Lösung befindlichen Polyphosphate berechnen. Auch wenn die Endgruppen nicht frei, sondern z. T. oder auch vollständig durch Alkali besetzt sind, läßt sich eine solche Endgruppentitration durchführen, aber darauf möchte ich hier nicht näher eingehen.

Im *Grahamschen Salz* führt diese Titration zu dem Schluß, daß die in ihm enthaltenen Polyphosphate eine mittlere Kettenlänge zwischen etwa 20 und 200 PO_3-Gruppen haben, wobei die mittlere Kettenlänge um so größer ist, je höher die Temperatur war, bei der das Salz hergestellt wurde und je länger die Schmelze auf der betreffenden Temperatur gehalten wurde. Will man Salze mit kleinerer mittlerer Kettenlänge herstellen, so geht man besser nicht vom NaH_2PO_4 aus, sondern von Gemischen aus NaH_2PO_4 oder $(NaPO_3)_x$ und $Na_4P_2O_7$, d. h. Mischungen mit größerem Na:P-Verhältnis. Auch beim Entwässern oder Zusammenschmelzen solcher Mischungen erhält man — von Sonderfällen, z.B. dem des Triphosphates abgesehen — Gemenge von Polyphosphaten, deren mittlere Kettenlänge um so kleiner ist, je größer das Na:P-Verhältnis war.

Es bleibt die Frage nach der Konstitution des *Maddrellschen* und *Kurrolschen Salzes*. Ihre Konstitutionsbestimmung hat einige Schwierigkeiten gemacht, weil das eine, das Maddrellsche Salz, praktisch unlöslich, das andere, das Kurrolsche Salz, nur wenig löslich in Wasser ist. Leicht in Lösung zu bringen sind beide aber, wenn man sie mit einer beliebigen Salzlösung mit anderem Kation, z. B. einer KBr-Lösung, behandelt. Die Untersuchung dieser Lösungen hat dann ergeben, daß beides hochmolekulare Polyphosphate mit Kettenlängen zwischen rund 80 und mehreren 100 PO_3-Gruppen im Molekül sind.

Der endgültige Beweis dafür hat sich durch vollständige *röntgenographische Strukturanalysen* ergeben.

Genau wie aus dem chemischen Befund geht auch aus dem kristallstrukturanalytischen hervor, daß die Anionen dieser Phosphate lange Ketten aus PO_4-Tetraedern sind. Abb. 4 zeigt die Kettenart im hochmolekularen Li-Polyphosphat und im Maddrellschen Salz. Die Kette im K-Polyphosphat ist sehr ähnlich der im Li-Salz.

Die analytische Zusammensetzung derartiger Verbindungen ist

Hochmolekulares Polyphosphat:
$$Na_x[H_2P_xO_{3x+1}] \text{ bzw. } (NaPO_3)_x \cdot H_2O; \ x \geq 10\text{---}10^5$$
(Für x = 100 Gehalt an Konstitutionswasser: 0,2%)

im Prinzip also dieselbe wie die aller anderen Polyphosphate.

Aber diese Formel besagt, daß der prozentuale Gehalt der Polyphosphate an Konstitutionswasser um so kleiner ist, je größer die
Kettenlänge oder besser die mittlere Kettenlänge des Anionen-
gemisches wird. Ist der Kondensationsgrad x groß, z. B. 100,
wie z. B. im Grahamschen oder Maddrellschen Salz, dann beträgt
der Wassergehalt nur noch knapp 0,2%, d. h. man muß schon
sehr gut analysieren, um den wirklichen Wassergehalt zu bestimmen. Früher hat man diesen kleinen Gehalt an Was-
ser für unwesentlich ge-halten und vernach-lässigt und sah daher die Formel $NaPO_3$ für das Maddrellsche und das Kurrolsche Salz mit einem Na:P-Verhältnis gleich 1:1 als maßgebend

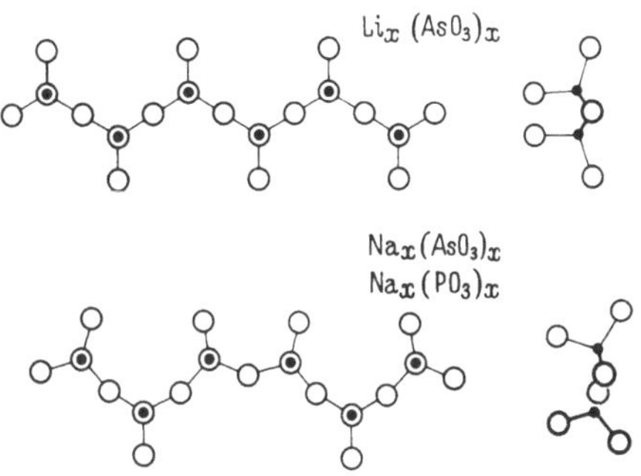

Abb. 4. Schematische Darstellung der 2er u. 3er-Kette

an und ordnete daher folgerichtig diese heute als hochmolekular
erkannten Substanzen den Metaphosphaten zu.

Die Metaphosphate

Bevor auf die wichtigsten Eigenschaften der Polyphosphate
eingegangen wird, noch kurz etwas über die *Metaphosphate*. Man
kennt von dieser Verbindungsklasse nur das Tri- und Tetramere,
also das Trimeta- und Tetrametaphosphat.

In der Literatur findet sich zwar eine Reihe von Angaben über
ein Monometa- und Dimetaphosphat. Keine dieser Angaben hat
sich aber bestätigen lassen. Ein Monometaphosphat, das die
Konstitution

$$Na^{(+)} \quad ^{(-)}O—\overset{\overset{O}{\|}}{\underset{\underset{O}{\|}}{P}} \quad = NaPO_3$$

haben müßte, dürfte unter gewöhnlichen Bedingungen überhaupt
nicht existenzfähig sein. Es wäre die einzige aller bisher bekannten Sauerstoffverbindungen des 5-wertigen Phosphors mit nur

3 Sauerstoffatomen und müßte daher Radikalcharakter haben. Das ist auch sicher der Fall, und daher tritt es auch nur in polymerem Zustand, eben in Form der normalen Metaphosphate, auf. Wahrscheinlich aber ist dieses Radikal der eigentliche Träger der Reaktionen der kondensierten Phosphate bei höheren Temperaturen. Manche dieser Reaktionen, soweit sie oberhalb von etwa 400° ablaufen, sind überhaupt nur zu verstehen, wenn man bei ihnen die intermediäre Bildung solcher $NaPO_3$-Radikale annimmt.

Ähnlich ist es mit dem vermeintlichen Dimetaphosphat

$$Na^{(+)}\ ^{(-)}O\diagdown\underset{O\diagup}{\overset{O\diagup}{P}}\diagup O\diagdown\underset{O^{(-)}Na^{(+)}}{\overset{O}{P}}\diagdown = Na_2[P_2O_6]\,.$$

Jede Nacharbeit der nicht wenigen Angaben über das vermeintliche Dimetaphosphat hat gezeigt, daß die beschriebenen Beobachtungen zwar z. T. richtig, ihre Deutungen aber ausnahmslos falsch waren. Auf die theoretischen Gründe, die dafür sprechen, daß Dimetaphosphate nicht existieren können, soll hier aber nicht eingegangen werden.

Während gute theoretische Gründe für die Annahme sprechen, daß Monometa- und Dimetaphosphate unter normalen Bedingungen nicht existenzfähig sind, gibt es solche Gründe gegen die Existenz von Metaphosphaten mit einem höheren Kondensationsgrad als 4 nicht. VAN WAZER und seine Mitarbeiter glauben, ein echtes Pentameta- und Hexametaphosphat mit Ringanionen chromatographisch nachgewiesen zu haben. Die Isolierung einer solchen Substanz ist bisher aber nicht beschrieben, und ob die Interpretation der van Wazerschen Chromatogramme wirklich zu Recht besteht, erscheint mir einigermaßen zweifelhaft.

In reinem Zustand und in beliebigen Mengen herstellbar. sind bis heute von den Metaphosphaten mit ringförmigen Anionen jedenfalls nur die Trimeta- und Tetrametaphosphate.

III. Eigenschaften der Polyphosphate

Alle kondensierten Phosphate sind metastabil. Zwar sind die Meta- und Polyphosphate bei gewöhnlicher Temperatur und in neutraler Lösung, wenn sie frei von Katalysatoren wie z. B. Arsenationen sind, beliebig lange beständig. Von etwa 40° ab werden sie nach und nach hydrolytisch gespalten,

$$
\begin{array}{ccccccc}
& O^- & & O^- & & O^- & & O^- \\
& | & & | & & | & & | \\
HO{-}P{-}O{-}P{-}O{-}P{-}&O{-}P{-}OH & \longrightarrow \\
& \| & & \| & & \| & & \| \\
& O & & O & & O & & O
\end{array}
$$

$$HO \vdots H$$

$$
\begin{array}{ccccc}
O^- & & O^- & & O^- & & O^- \\
| & & | & & | & & | \\
\longrightarrow HO{-}P{-}O{-}P{-}O{-}P{-}OH & + & HO{-}P{-}OH \\
\| & & \| & & \| & & \| \\
O & & O & & O & & O
\end{array}
$$

und diese *hydrolytische Spaltung* geht um so schneller vor sich, je höher die Temperatur und je saurer die Lösungen sind. Ein Maß dafür sind die sog. Halbwertszeiten, die angeben, innerhalb welcher Zeit die Hälfte des in Lösung befindlichen Polyphosphates hydrolysiert ist.

Man erkennt, daß diese Halbwertszeiten bei 60° — darauf beziehen sich die angegebenen Werte — zwischen Tagen und Minuten liegen, und alle diese Werte erniedrigen sich mit zunehmender Temperatur und bei Gegenwart von Katalysatoren, zu denen auch eine Reihe von Enzymen gehört.

Tabelle 3.

Hydrolyse von Polyphosphaten

p_H	K min^{-1}	Halbwertszeit
1	$3,04 \cdot 10^{-2}$	22 min
3	$1,5 \ \cdot 10^{-3}$	7,7 Std.
5	$1,1 \ \cdot 10^{-4}$	4,4 Tage
8	$1,06 \cdot 10^{-5}$	45,1 Tage

Wir kennen heute zwei Hydrolysenmechanismen der Polyphosphate. Nach dem einen, in nicht zu saurem Milieu, werden die Ketten vom Ende her gespalten. Dabei bilden sich nur Mono- und Trimetaphosphat. Nach dem anderen, in saurem Milieu, werden die Ketten vom Innern her hydrolysiert, wobei alle möglichen niedermolekularen Polyphosphate und schließlich Ortho- = Monophosphat entstehen.

Zwei andere wichtige Eigenschaften der Polyphosphate sind ihr *Bindungsvermögen für mehrwertige Kationen* und ihr *Wasserbindungsvermögen*. Zum Bindungsvermögen für mehrwertige Kationen aller Art läßt sich kurz etwa folgendes sagen:

Das Bindungsvermögen für höherwertige Kationen äußert sich besonders deutlich darin, daß aus der Lösung eines mehrwertigen Kations, z. B. des Calciums, das Calcium durch ein sonst wirksames

Fällungsmittel, wie z. B. Oxalat, nicht gefällt wird, wenn der Lösung vorher Triphosphat oder ein höheres Polyphosphat zugesetzt wurde; schon gefälltes Ca-Oxalat kann durch Zugeben von Polyphosphat wieder in Lösung gebracht werden. Den Grund dafür suchte man bisher durch Bildung von Komplexverbindungen zwischen den mehrwertigen Kationen und den Polyphosphatanionen zu deuten. Es ist aber nicht gelungen, eine eindeutige Formel für eine derartige Komplexverbindung aufzustellen, und tatsächlich kann man aus Polyphosphatlösungen, die gleichzeitig mehrwertige Kationen enthalten, Verbindungen jeder beliebigen Zusammensetzung isolieren. Mir scheint der Tatbestand daher besser anders beschrieben zu werden. Die Polyphosphate verhalten sich wie Ionenaustauscher mit dem einzigen Unterschied zu den üblichen, daß die üblichen als Ionenaustauscher benutzten Substanzen fest und in Wasser unlöslich, die Polyphosphate dagegen löslich sind.

Aus folgendem Grund wirken die Polyphosphate als Ionenaustauscher. Sie sind Salze, aber Salze mit hochgeladenen Anionen.

$$
\begin{array}{c}
\mathrm{ONa} \quad\ \mathrm{O}^- \qquad\ \mathrm{ONa} \quad\ \mathrm{ONa} \quad\ \mathrm{O}^- \qquad\qquad\ \mathrm{ONa} \\
\ \ |\qquad\ \ |\qquad\ \ |\qquad\ \ |\qquad\ \ |\qquad\qquad\quad\ \ | \\
\mathrm{HO{-}P{-}O{-}P{-}O{-}P{-}O{-}P{-}O{-}P{-}\ \cdots\ {-}O{-}P{-}OH} \\
\ \ \|\qquad\ \ \|\qquad\ \ \|\qquad\ \ \|\qquad\ \ \|\qquad\qquad\quad\ \ \| \\
\ \ \mathrm{O}\qquad\ \ \mathrm{O}\qquad\ \ \mathrm{O}\qquad\ \ \mathrm{O}\qquad\ \ \mathrm{O}\qquad\qquad\quad\ \ \mathrm{O}
\end{array}
$$

1953 zeigten Schindewolf und Bonnhoeffer, daß die Kationen dieser Salze in wäßriger Lösung nur zum kleinen Teil dissoziieren, auch in ganz verdünnten Lösungen nur zu maximal 30%. Das ist verständlich, denn wenn ein Polyphosphat in Lösung kommt, dann dissoziieren, wie aus jedem Salz, $\mathrm{Na}^{\cdot}$-Ionen in die Lösung. Dabei wird das hochmolekulare Anion nach und nach negativ aufgeladen und das um so höher, je mehr $\mathrm{Na}^{\cdot}$-Ionen abdissoziiert sind. Von irgendeinem Augenblick an aber wird die negative Ladung des Anions so hoch, daß alle übrigen $\mathrm{Na}^{\cdot}$-Ionen durch die große negative Anionenladung in nächster Nachbarschaft des Anions so festgehalten werden, daß sie sich nicht mehr frei bewegen können. Kommt nun ein mehrwertig positiv geladenes Kation, ganz gleich welcher Art, in Berührung mit einem so hochgeladenen Anion, dann wird es angezogen und das, seiner höheren Ladung entsprechend, stärker als die nur einwertigen $\mathrm{Na}^{\cdot}$-Ionen, d. h. die an der freien Beweglichkeit gehinderten $\mathrm{Na}^{\cdot}$-Ionen werden gegen die höherwertigen Kationen wie $\mathrm{Ca}^{\cdot\cdot}$ oder $\mathrm{Mg}^{\cdot\cdot}$ oder $\mathrm{Fe}^{\cdot\cdot\cdot}$

oder Al$^{...}$ usw. ausgetauscht und werden nun, der höheren Coulombschen Anziehung wegen, sehr festgehalten. Aber auch sie bleiben durch andere Kationen, z. B. Na$^{.}$-Ionen austauschbar.

In allergrößtem Maßstab wird diese Eigenschaft der Polyphosphate zum Weichmachen von Gebrauchswasser aller Art ausgenutzt.

Die zweite wichtige, technisch sehr wichtige Eigenschaft der Polyphosphate ist ihr *Wasserbindungsvermögen*. Auch das beruht sicher auf ihrer Polysalznatur. Wie jedes Ion und überhaupt jedes geladene Teilchen in der Lösung eine Wasserhülle, die sog. Hydrathülle, um sich bildet, die es sehr festhält, tun das auch die Polyphosphate — diese nur sehr viel stärker als die gewöhnlichen Ionen, weil sie die hochgeladenen Polyanionen enthalten. Während aber die Austauschereigenschaft der Polyphosphate schon einigermaßen quantitativ untersucht ist, liegen über das Wasserbindungsvermögen der Polyphosphate nur ganz vereinzelte quantitative Daten vor. Jedenfalls aber steht fest, daß aus ihren wäßrigen Lösungen mit Hilfe organischer Flüssigkeiten gefällte Polyphosphate stets sehr wasserreich und nur schwierig zu entwässern sind.

In den meisten Fällen werden sie sogar beim Versuch, sie ganz wasserfrei zu erhalten, völlig aufgespalten, d. h. das bis dahin nur adsorbierte Wasser wird — wenigstens zum Teil — direkt chemisch gebunden; aus dem adsorbierten Wasser wird Konstitutionswasser.

IV. Die vernetzten Phosphate

In den Polyphosphaten ist das Kation:Phosphor-Verhältnis $\geqq 1$, in den Metaphosphaten $= 1$. In den vernetzten Phosphaten ist es < 1. Die vernetzten Phosphate bilden sich beim Entwässern von Gemischen von NaH_2PO_4 mit Phosphorsäure bei Temperaturen oberhalb $\sim 450°$.

$$
\begin{array}{ccc}
\overset{\displaystyle O}{\underset{\displaystyle ONa}{\|}} & \overset{\displaystyle O}{\|} & \overset{\displaystyle O}{\|} \\
-O-P-O-P-O-P-O- & & \\
ONa & O & ONa \\
& | & \\
& H & \\
\end{array}
\qquad \xrightarrow{\;-H_2O\;} \qquad
$$

 E. Thilo:

Sie unterscheiden sich von den Meta- und Polyphosphaten dadurch, daß in den Meta- und Polyphosphaten die P-Atome jeweils über nur ein oder zwei O-Atome mit anderen P-Atomen verknüpft sind; in den vernetzten Phosphaten sind dagegen eine mehr oder weniger große Zahl von P-Atomen über drei O-Atome mit drei anderen P-Atomen verbunden. Solche PO_4-Tetraeder bezeichnen wir als tertiäre PO_4-Tetraeder. Die Verbindungsklasse der vernetzten Phosphate befindet sich noch im Anfangsstadium der

Tabelle 4. *Bautypen der*

Bezeichnung	Metaphosphate	Polyphosphate
Zusammensetzung und Ladung der Anionen	$[PO_3]_n^{n-}$	$[P_nO_{3n+1}]^{(n+2)-}$
Kondensationsgrad n	n = 3 oder 4	n = 1 bis $\sim 10^6$
(P—O)-Verknüpfung	Ringe	Ketten
Strukturtypen der (P—O)-Gerüste	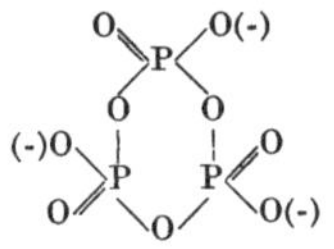 *(Ringstruktur der PO_4-Tetraeder)*	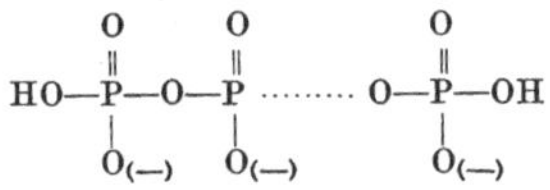 $HO-\overset{O}{\underset{O(-)}{\overset{\|}{P}}}-O-\overset{O}{\underset{O(-)}{\overset{\|}{P}}}\cdots\cdots O-\overset{O}{\underset{O(-)}{\overset{\|}{P}}}-OH$
Aufklärungsstand der Strukturen	geklärt	geklärt
Haupteigenschaft in neutraler wäßriger Lösung	stabil	stabil

Untersuchung. Eine Eigenschaft gibt es aber, durch die sie sich von allen anderen kondensierten Phosphaten unterscheidet. Die tertiären PO_4-Tetraeder in den vernetzten Phosphaten werden durch Wasser schon bei gewöhnlicher Temperatur sehr schnell hydrolysiert, wobei die vernetzten in die gewöhnlichen Polyphosphate übergehen. Charakteristisch für die Hydrolyse der vernetzten Phosphate ist, daß ihre Hydrolysengeschwindigkeit nicht vom p_H abhängt; sie erfolgt gleich schnell in saurer, in neutraler

kondensierten Phosphate

Vernetzte Phosphate			
iso-Polyphosphate	iso-Metaphosphate	Ultraphosphate	P(V)-oxyd
$[P_nO_{3n+1}]^{(n+2)-}$	$[P_nO_{3n}]^{n-}$	O:P zwischen 3 u. 2,5 (Me + H):P < 1	$(P_4O_{10})_n$
$n \geq 4$	$n \geq 4$	$n \geq 4$	n = 1 bis ∞
Verzweigte Ketten	Ein Ring mit Seitenketten	Kombinationen von Ringen mit Ketten	Tetraeder, Schichten, Raumnetze
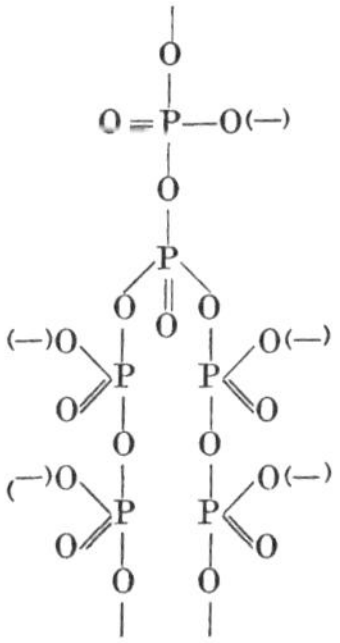 *(Strukturformel)*	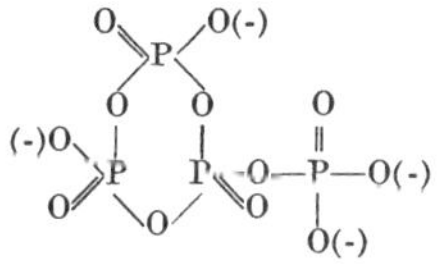 *(Strukturformel)*	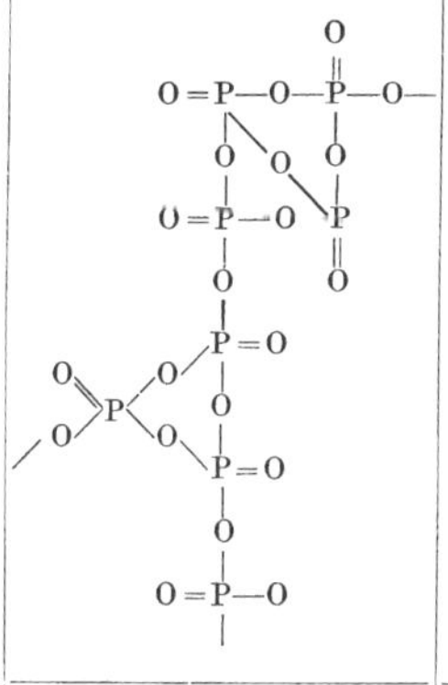 *(Strukturformel)*	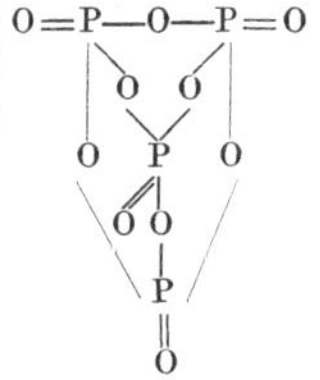 *(Strukturformel)*
Als definierte Verbindungen bisher nicht isoliert	Nur in Form von Estern bekannt	Als definierte Verbindungen bisher nicht isoliert	geklärt
Hydrolysiert zu Polyphosphaten	Hydrolysiert zu H_3PO_4 und Estern der H_3PO_4	hydrolysiert	Das P_4O_{10} hydrolysiert zu Tetrametaphosphat

und in alkalischer Lösung. Sie werden daher für die Chemie und Technologie, wenn überhaupt, nur in Sonderfällen eine gewisse Rolle spielen können.

$$
\begin{array}{ccc}
O & O & O \\
\| & \| & \| \\
-O-P-O-P-O-P- \\
| & | & | \\
O_{(-)} & & O_{(-)}
\end{array}
\qquad
\begin{array}{ccc}
O & O & O \\
\| & \| & \| \\
-O-P-O-P-O-P- \\
| & | & | \\
O_{(-)} & OH & O_{(-)}
\end{array}
$$

$$
\begin{array}{cccc}
O^{(-)} & & O^{(-)} & O^{(-)} \\
| & | & | & | \\
-O-P-O-P-O-P-O-P- \\
\| & \| & \| & \| \\
O & O & O & O
\end{array}
\qquad +
\begin{array}{cccc}
O^{(-)} & OH & O^{(-)} & O^{(-)} \\
| & | & | & | \\
-O-P-O-P-O-P-O-P- \\
\| & \| & \| & \| \\
O & O & O & O
\end{array}
$$

V. Die kondensierten Phosphate

Bis jetzt wurde dauernd von kondensierten Phosphaten gesprochen und auch im Titel dieses Vortrages steht die Bezeichnung kondensierte Phosphate. Was bedeutet diese Bezeichnung? Sie ist weiter nichts als der Sammelname für

die Meta-, die Poly- und die vernetzten Phosphate.

Denn eines ist allen diesen Verbindungen gemeinsam: Sie alle bilden sich durch Kondensation, d. h. unter Austritt von Wasser aus wasserreicheren Verbindungen:

$$
\begin{array}{c}
O \\
\| \\
HO-P-O\text{:}H + HO-P-OH + \cdots \xrightarrow{-H_2O} \\
| \\
ONa
\end{array}
\quad
\begin{array}{ccc}
O & O & O \\
\| & \| & \| \\
HO-P-O-P-O\cdots P-OH \\
| & | & | \\
ONa & ONa & ONa
\end{array}
$$

Die Metaphosphate und Polyphosphate z. B. aus NaH_2PO_4, die vernetzten Phosphate aus Mischungen von NaH_2PO_4 und Phosphorsäure, und daher der für alle kennzeichnende Name „kondensierte Phosphate".

Tabelle 4 zeigt eine Aufstellung der verschiedenen Typen kondensierter Phosphate. Sie lassen sich unterteilen in Metaphosphate mit ringförmigen Anionen, in Polyphosphate mit Kettenanionen und in vernetzte Phosphate, die tertiäre PO_4-Tetraeder enthalten. Alle aber sind Verbindungen, in der eine mehr oder weniger große Zahl von Phosphoratomen über Sauerstoff miteinander verknüpft ist.

Literatur
[1] THILO, E., G. SCHULZ u. E. WICHMANN: Z. anorg. allg. Chem. **272,** 182 (1953).
[2] THILO, E.: Angew. Chem. **67,** 141 (1955).
[3] THILO, E., u. W. WIECKER: Z. anorg. allg. Chem. **291,** 164 (1957).
[4] THILO, E., u. A. SONNTAG: Z. anorg. allg. Chem. **291,** 186 (1957).
[5] THILO, E., u. R. SAUER: J. prakt. Chem. **4,** 324 (1957).

Diskussion zum Vortrag THILO

MATTENHEIMER (Berlin): Ich möchte Herrn THILO bitten, ein Wort über den Mechanismus der Bildung von Trimetaphosphat beim Abbau der kettenförmigen Polyphosphate zu sagen.

THILO: Wir haben nachgewiesen*), daß die Hydrolyse der Polyphosphate in neutralem oder schwach saurem Medium bis etwa $p_H = 4$ ausschließlich vom Ende der Kette her erfolgt. Das haben wir durch die Zahl der Wasserstoffionen, die bei der Hydrolyse pro gebildetem Molekül Orthophosphat entstehen, festgestellt. Am Ende einer Polyphosphatkette sind in neutraler Lösung am Endatom zwei negative Ladungen und an jedem anderen Phosphoratom innerhalb der Kette je eine negative Ladung vorhanden. Wenn jetzt ein Proton herankommt, so wird es am Kettenende addiert. Dabei wird der endständige Phosphor aufgeladen, natürlich nicht mit der ganzen Ladung, sondern nur positiviert. Elektronen der nächsten Bindung zum nächsten Phosphoratom werden abgezogen, und nun werden die an sich labilen P—O—P-Bindungen rein thermisch gespalten. Das kann man eindeutig aus dem Temperaturkoeffizienten für die Hydrolyse feststellen. Dabei bildet sich als neues Ende im ersten Schritt der Hydrolyse ein positiv geladenes Phosphoratom. Diese positive Ladung kann entweder mit negativen Hydroxylionen, die in der Lösung sind, reagieren, oder — und das geschieht normalerweise — dieses Phosphoratom wird von der stark negativ aufgeladenen Kette, d. h. dem Anion, angezogen und klappt um. Dabei bildet sich ein Trimetaphosphatring, der gebunden an die Restkette ein vernetztes Phosphat ergibt, das praktisch momentan unter Bildung von Trimetaphosphat und einer um 4 PO_4-Tetraeder verkürzten Kette hydrolysiert wird. Hierfür spricht: Erstens, daß sich gleichzeitig stets auch etwas Tetrametaphosphat bildet (etwa im Verhältnis 1:20 bis 1:50). Es ist übrigens von prinzipieller Bedeutung, daß in diesem Fall der Trimetaphosphatbildung aus Kettenanionen ein Konstitutionsbeweis aus der Art der Spaltprodukte auf das Ausgangsmaterial nicht zulässig ist. Das Trimetaphosphat bildet sich nicht, weil es in der Kette vorgebildet war, sondern auf Grund des Reaktionsmechanismus.

LOHMANN (Berlin): Sind die Wärmetönungen sicher bekannt und sind auch die Bildungswärmen für die Metaphosphate und die kettenförmigen Polyphosphate genau bestimmt worden?

THILO: Nein, bisher nicht. Die Aktivierungswärmen haben wir zu 25—28 kcal gefunden.

---

*) E. THILO u. W. WIEKER: Z. anorg. allg. Chem. **291,** 164 (1957).

Lang (Mainz): Sie sprachen von der wasserbindenden Fähigkeit der Polyphosphate. Lassen sich hierüber quantitative Aussagen machen?

Thilo: Ja. Wir haben untersucht, wieviel Wasser die Polyphosphate beim Aussalzen aus wäßriger Lösung zurückhalten können und dabei gefunden, daß etwa 6 Moleküle Wasser pro Atom P mit ausgefällt werden. Aber dieses Wasser ist sehr locker gebunden. Im Vakuum oder auch bei niederen Temperaturen (40—50°) wird es abgegeben bis auf ein Molekül. Dieses eine Molekül haftet relativ fest, und von diesem einen Molekül ist etwa $^1/_3$ besonders fest gebunden und wird nur unter Hydrolyse des Polyphosphates abgegeben.

Heimann (Karlsruhe): Herr Thilo sprach davon, daß man die Polyphosphate als Ionenaustauscher betrachten könne. Das steht aber etwas im Gegensatz zu der bisherigen Definition. Ich möchte fragen, ob das Calciumbindungsvermögen nicht etwa im Sinne einer Chelatbildung angesehen werden kann und ob die Polyphosphate die Fähigkeit haben, als Chelatbildner aufzutreten.

Thilo: Das ist eine Frage der Nomenklatur. Ich glaube, daß es im Prinzip auf dasselbe herauskommt. Wenn man die Sache quantitativ untersucht, ergibt sich eindeutig, daß die Gesetze des Austausches von Calcium und Natrium bei den Polyphosphaten dieselben sind wie bei den festen Ionenaustauschern.

Über das Vorkommen kondensierter Phosphate in Lebewesen

Von

K. Lohmann, Berlin

Mit 10 Textabbildungen

Ich danke Herrn Professor Lang für die freundliche Einladung, auf diesem Symposion vor Ihnen über „Das Vorkommen der kondensierten Phosphate in Lebewesen" sprechen zu können. Allerdings möchte ich meinen Vortrag nicht allein auf die Schilderung des Vorkommens dieser Verbindungen abstellen, sondern vor allem auch auf ihr physiologisches Verhalten eingehen.

Auf das Vorkommen solcher kondensierten Phosphate in Lebewesen ist schon vor fast 70 Jahren hingewiesen worden, und zwar von Liebermann im Jahre 1888, der in der Hefe eine Phosphatverbindung fand, die einige Eigenschaften der „Metaphosphorsäure" besaß. 1893 erhielt Kossel aus Hefe eine Verbindung, die er für „Metaphosphorsäure", gebunden an Nucleinsäure, hielt und die er „Plasminsäure" nannte. Sein Schüler Ascoli reinigte diese Substanz und stellte von ihr Silber- und Strychninsalze dar. Diese Salze waren allerdings nicht sehr rein. Das Silbersalz, das einen P-Gehalt von 14,9% hatte, besaß noch 1,7% C und etwa 1% Eisen, die Ascoli mit Recht als Verunreinigungen ansprach. Dieses Eisen war deshalb interessant, da die Rhodanid- und Berlinerblau-Reaktion erst nach Aufspaltung zu Phosphorsäure durch Kochen mit Säuren positiv ausfiel; deshalb sah Ascoli diese Eigenschaft der Komplexbindungsfähigkeit mit für einen Beweis der „Metaphosphat"natur dieser aus biologischem Material isolierten Salze an.

Die Bezeichnung „Metaphosphate" hat sich bis in die letzten Jahre in der Literatur gehalten, obwohl es sich tatsächlich nicht um ringförmige Metaphosphate, sondern um kettenförmige Polyphosphate handelt.

Auf diese Verbindungen, die leicht in heißen verdünnten Mineralsäuren zu o-Phosphorsäure aufgespalten werden, wurde

erst wieder 1928 von mir in einem ganz anderen Zusammenhang
hingewiesen. Seitdem sind hierüber sehr viele Arbeiten veröffentlicht worden, die wichtige Beiträge lieferten, die aber, da sie mit
rein chemischen Methoden arbeiteten, nur wenig über die Natur
dieser Verbindungen selbst auszusagen gestatteten. Dies gelang
zuerst Ebel im Jahre 1952 mit Hilfe papierchromatographischer
Methoden. In diesen Versuchen, die durch unsere unabhängig
davon mit Herrn Langen gemachten bestätigt und weiter ergänzt
werden konnten, ergab sich, daß diese leicht hydrolytisch auf-
spaltbare Phosphatfraktion der Hefe aus einer großen Anzahl
kondensierter Phosphate besteht, von denen der kleinere Teil auf
dem Papier wandert, während der größere Teil am Startpunkt
verbleibt. Es ist auch uns bisher nicht gelungen, Bedingungen
zu finden, um diesen nicht wandernden, offensichtlich hochkondensierten Anteil papierchromatographisch zu entwickeln. Das
ist nur durch Eingriffe in das Molekül möglich, z. B. durch partielle
Hydrolyse mit Säuren oder Basen.

Von den auf dem Papier wandernden Anteilen kann man
unter günstigen Bedingungen bis zu etwa 10 Banden verfolgen;
sie besitzen offensichtlich einen geringeren Polymerisationsgrad.
Sie werden deshalb von uns als „Niederpolymere" bezeichnet im
Gegensatz zu den „Hochpolymeren", die nicht wandern. Eine
absolut scharfe Grenze ist aber nicht zu ziehen. Diese Niederpolymeren bestehen zu etwa 95% allein aus Tri-, Tetra- und
Pentaphosphat.

Aus dem Vergleich mit den von der Thiloschen Schule untersuchten und in ihrer Konstitution aufgeklärten synthetischen
niederpolymeren Phosphaten ergibt sich, daß es sich bei den in
der Hefe vorkommenden kondensierten Phosphaten mindestens
hauptsächlich um kettenförmige Polyphosphate handelt und
nicht um ringförmige Metaphosphate. Ich hatte schon 1949 aus
enzymchemischen Versuchen schließen können, daß es sich bei den
leichter löslichen niederpolymeren Phosphaten um Polyphosphate
handelt und nicht um Metaphosphate. Ob in der Hefe unter den
„Phosphatanhydriden" auch die von Herrn Thilo erwähnten vernetzten Verbindungen vorkommen, muß noch untersucht werden.

In Abb. 1 ist ein Papierchromatogramm eines Phosphat-
präparates aus Hefekochsaft ohne vorhergehende Reinigung
wiedergegeben. Die Bahn 4 enthält Testsubstanzen. Die Bande b

besteht hier in diesem Fall aus Hexosediphosphat, nicht aus dem anorganischen Diphosphat. Durch Testsubstanzen gesichert sind 3 P und 4 P. Doch können auch die höheren Polymerisationsgrade 5 P und höhere dadurch mit großer Sicherheit identifiziert werden, daß nach GRUNZE und THILO zwischen dem Logarithmus der Positionskonstanten und der Zahl der P-Atome im Polyphosphat-Molekül eine lineare Beziehung besteht. Dieser Zusammenhang ist in Abb. 2 wiedergegeben, einem Mittelwert aus 10 Chromatogrammen. Die Banden, die man bei der Papierchromatographie in saurer Lösung erhält, sind danach neben dem identifizierten Tri- und Tetrapoly-

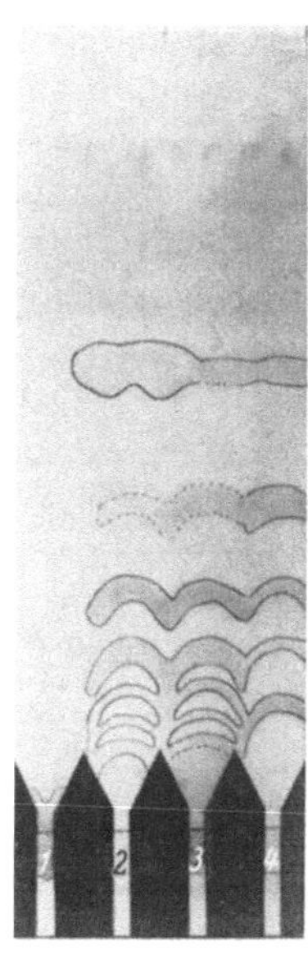

Abb. 1. Bahn 1. Kochsaft nach vorhergehender zweimaliger Extraktion mit 1%ig. Trichloressigsäure. Bahn 2. Trichloressigsäure-Extrakt. Bahn 3. Gesamtfällung der Phosphate aus Hefekochsaft. Bahn 4. Testsubstanzen. — *a* o-Phosphat; *b* Diphosphat (bzw. Hexosedi-phosphat); *c* Triphosphat; *d* Tetraphosphat; *e* Pentaphosphat; *f* Hexaphosphat; *g* Heptaphosphat; *h* Tetrametaphosphat; *i* Hochpolymere

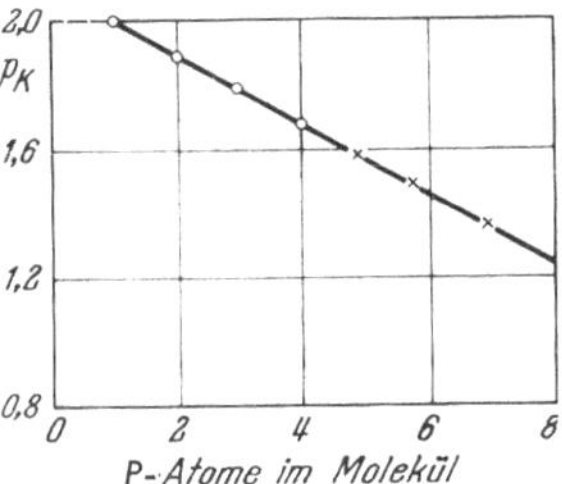

Abb. 2. Abhängigkeit der lg *Pk*-Werte von der Zahl der P-Atome im Molekül. o—o Meßpunkte für die Testsubstanzen o-Phosphat, Di-, Tri- und Tetraphosphat. ×—× Meßpunkte auf dem Chromatogramm, aus denen sich das Vorliegen von Penta-, Hexa- und Heptaphosphat ergibt (Mittelwerte aus 10 Chromatogrammen)

phosphat dem Penta-, Hexa-, Hepta- bis etwa Dekapolyphosphat zuzusprechen.

Der Gehalt an den Polyphosphaten in Bierhefe macht einen erheblichen Teil des gesamten Phosphatgehaltes der Bierhefe aus. Dies ergibt sich aus der folgenden Zusammenstellung der einzelnen P-Stoffgruppen in Tab. 1. Der absolute Gehalt an Phosphaten schwankt in einzelnen Hefen in dem angegebenen Umfang, ebenso wie die Verteilung der kondensierten Phosphate zwischen Hoch- bzw. Niederpolymeren. Der gesamte P-Gehalt beträgt in der uns im letzten Jahr gelieferten Hefe der Schultheiss-Brauerei/Berlin etwa 40—50 mg P_2O_5 pro g Trockenhefe bzw. etwa 10—12 mg pro g frischer mit Leitungswasser gewaschener und auf dem Büchner-Trichter gut abgesaugter Frischhefe. Der Hauptteil an P kommt bei der Bierhefe den Nucleinsäuren und den „Phosphat-anhydriden" als hoch- und niederpolymeren Verbindungen zu, gefolgt vom anorganischen Phosphat, den säurelöslichen organischen Phosphorsäureestern sowie einer Fraktion, die als Phospho-proteine beschrieben wird. Der Lipoidphosphor macht nur etwa 1% des gesamten Phosphors in der Bierhefe aus.

Tabelle 1.

P-Stoffgruppen	mg P_2O_5 pro g Trockenhefe
o-Phosphat	9,7 (9—10)
säurelösliche organische Phosphorsäureester	5,5 (5— 6)
Nucleinsäuren	15,4 (14—16)
Kondensierte Phosphate	12,9 (12—14)
Niederpolymere	2,6
Hochpolymere	10,3
Lipoidphosphor	0,4
Rückstand*	2,2 (2—3)

* nicht extrahierbar, auch nicht mit heißer Trichloressigsäure („Phospho-proteine").

Die kondensierten Phosphate teilen sich wie folgt auf (Zahlen in mg P_2O_5 pro g Trockenhefe):

Kondensierte Phosphate = 100% (12—14 mg P_2O_5)
　　　davon
　　Hochpolymere　　= 80% (10—12 mg P_2O_5)
　　Niederpolymere　= 20% (2—3 mg P_2O_5)

Als Niederpolymere finden sich hauptsächlich Tri-, Tetra- und Pentaphosphat, und zwar

Tripolyphosphat, absol. 10% (= 1—1,5 mg P_2O_5) bzw. 50% der
　　　　　　　　　　　　　　　　　　　　　Niederpolymeren
Tetrapolyphosphat, absol. 6% (=0,6—0,9 mg P_2O_5) bzw. 30% der
　　　　　　　　　　　　　　　　　　　　　Niederpolymeren
Pentapolyphosphat, absol. 3% (= 0,2—0,4 mg P_2O_5) bzw. 15% der
　　　　　　　　　　　　　　　　　　　　　Niederpolymeren

Der Gehalt an Hexa-, Hepta- bis etwa Deka-polyphosphat beträgt in unserer Bierhefe nur etwa 1% (= 0,1 mg P_2O_5) der gesamten

Polyphosphate bzw. 5% der Niederpolymeren. Diese Menge ist also gering; die Frage des Überganges zwischen den wandernden Niederpolymeren und den nichtwandernden, am Startplatz verbleibenden Hochpolymeren ist also quantitativ ohne große Bedeutung, worauf früher kurz hingewiesen wurde.

Bei der fraktionierten Hydrolyse werden nach THILO, SCHULZ und WICHMANN alle gelösten höhermolekularen Alkalipolyphosphate bei neutraler Reaktion und 60° zu anorganischem Phosphat und Trimetaphosphat im Verhältnis 1:1 aufgespalten; auch bei saurer Hydrolyse werden zunächst bevorzugt diese $[PO_4]^{3-}$- und $[P_3O_9]^{4-}$-Anionen gebildet. Bei der von uns daneben durchgeführten alkalischen Verseifung in $n/5$-Na_2CO_3 bei erhöhter Temperatur findet man sowohl beim Graham-Salz als auch bei den hochpolymeren Polyphosphaten aus Bierhefe, daß die Hochpolymeren aufgespalten werden, wobei die Summe der niedermolekularen Polyphosphate der Summe aus organischem und Trimetaphosphat entspricht. In $n/5$-Sodalösung wurden in einem Versuch von den Hochpolymeren aus Bierhefe nach 60 min bei 100° 18% o-Phosphat, 28% Trimetaphosphat (= 46,4%) sowie 49% Polyphosphat gefunden; 5% lagen noch als Hochpolymere vor, die bei der Ent-

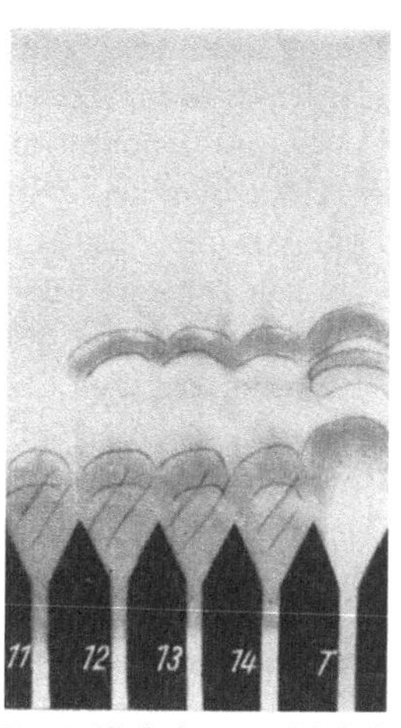

Abb. 3. Hydrolyse von Bierhefe-Hochpolymeren in $n/5$-Na_2CO_3 bei 60° und ammoniakalischer Chromatographie. Hydrolysezeiten: Bahn 1 0; Bahn 2 180 min; Bahn 3 240 min; Bahn 4 300 min; Bahn 5 Testsubstanzen. *a* Trimetaphosphat; *b* Tetrametaphosphat; *c* o-Phosphat; *d* Polyphosphate

wicklung in saurer oder ammoniakalischer Lösung nicht wanderten. In Abb. 3 ist ein ammoniakalisches Chromatogramm nach alkalischer Verseifung in $n/5$-Na_2CO_3 bei 60° wiedergegeben. Die Abspaltung von o-Phosphat ist bei der niedrigeren Temperatur geringer als bei 100°. Gleichzeitig ist zu sehen, daß von den Metaphosphaten Trimetaphosphat gebildet wird und wenig Tetrametaphosphat. Es sei erwähnt, daß die niedermolekularen Polyphosphate bei der ammoniakalischen Chromatographie bekanntlich schlecht entwickelt werden. Bemerkenswert ist, daß die Geschwindigkeit der Aufspaltung der Hochpolymeren bei der alkalischen

Verseifung vom Polymerisationsgrad stark abhängig ist, sowohl
bei den biologischen Hochpolymeren als auch bei den verschiedenen Präparaten des Graham-Salzes.

Das physiologische Verhalten der anorganischen Polyphosphate
— also nicht ADP, ATP, Cocarboxylase, die wir hier nicht
betrachten wollen — ist zuerst 1936 von MacFarlane gründlich
untersucht worden. Das wichtigste Ergebnis dieser Versuche ist,
daß der Gehalt an den kondensierten Phosphaten bei einsetzender
Gärung abnimmt, während gleichzeitig Zuckerphosphorsäureester
gebildet werden. Diese Abnahme ist, wie u. a. vor allem auch von
Wiame untersucht wurde, ganz ausgesprochen bei der Züchtung
der Hefe in glucose- und stickstoffhaltigen aber phosphatfreien
Lösungen unter Lüftung. Hier gelingt es, Hefen zu züchten, die
praktisch frei von anorganischen kondensierten Phosphaten sind.
Die kondensierten Phosphate der Hefe dienen offensichtlich als
P-Reserve, aus der den neuen Zellen das unbedingt notwendige
Phosphat zur Verfügung gestellt werden kann. Allerdings ist
schwer zu sagen, ob auch völlig phosphatanhydridfreie Bierhefe
lebensfähig ist. Durch Zusatz von Phosphat zur Nährlösung einer
solchen P-verarmten Hefe setzt eine schnelle Neubildung der
kondensierten Phosphate ein, wobei der Gehalt an den Polyphosphaten den Ausgangsgehalt der Hefe nicht unwesentlich
übersteigen kann.

In unseren eigenen Versuchen, die mit den Herren Langen
und Dr. Liss ausgeführt wurden, bemühten wir uns vor allem,
bei der Hefe das Verhalten der Niederpolymeren und der Hochpolymeren zueinander zu klären und festzustellen, ob ein Zusammenhang zwischen dem Umsatz der kondensierten Phosphate
und den anderen phosphorhaltigen Zellinhaltsubstanzen besteht.

Für unsere Versuche teilten wir das gesamte in der Hefe vor-
kommende Phosphat in die folgenden Fraktionen auf:

1. Extrakt mit 1%iger Trichloressigsäure, in dem die Niederpolymeren neben der o-Phosphorsäure und den „säurelöslichen
organischen" P-Verbindungen enthalten sind;

2. Alkohol-Äther-Extrakt des Rückstandes, der die Lipoide
enthält, die aber nur 1% des Gesamt-P ausmachen;

3. Salzextrakt des Rückstandes von 1), der vorwiegend die
hochpolymeren Phosphate enthält;

4. heißer Trichloressigsäureextrakt mit 5%iger Trichloressigsäure bei 90° mit Nucleinsäure-P und evtl. hydrolysierten Anteilen von Phosphatproteinen;

5. Heferückstand: Phosphoproteine.

Vor der Beschreibung der Darstellung dieser Fraktionen sei ein neues Verfahren der Isolierung der Niederpolymeren und Hochpolymeren aus Bierhefe in größeren Mengen geschildert. Das in der Literatur zumeist geübte Verfahren, das auch von uns schon 1928 benützt wurde, ist die Extraktion der Hefe mit Trichloressigsäure oder die Extraktion der Hefe durch Abtöten in kochendem Wasser und Aufarbeiten des hierbei erhaltenen Kochsaftes. Bei besonders schonender Aufarbeitung fror man auch vorher mit flüssiger Luft ein, wie dies in der Muskelphysiologie üblich ist, oder entwässerte die Hefe mit Aceton. Die Extraktion mit Trichloressigsäure und das Aufkochen haben aber beide Nachteile: Mit Trichloressigsäure erhält man auch mit hohen Konzentrationen nur eine unvollständige Extraktion; bei der Extraktion in der Hitze muß eine höhere Temperatur, mindestens 90°, angewandt werden, bei der auch bei einer Reaktion von p_H 6 hydrolytische Aufspaltungen stattfinden können. Bei Hefe und anderem eiweißhaltigem Material werden diese Schwierigkeiten bei der Salzextraktion umgangen, wo feste frische Hefe am besten mit $NaClO_4$ oder auch $NaNO_3$ verflüssigt wird. Mit dieser Methode erhält man auch die höchsten Ausbeuten an nieder- und hochpolymeren Phosphaten.

Im Prinzip geht man so vor, daß man z. B. 100 g frische, mit Leitungswasser gewaschene und auf dem Büchnertrichter trocken gesaugte Bierhefe mit einem Gemisch von 25 ml gesättigter $NaClO_4$-Lösung (mit etwa 28 g festem $NaClO_4$) und 5 ml einer 2—3 n-Säure (Perchlorsäure oder Trichloressigsäure) in der Kälte unter Rühren versetzt. Die Hefe verflüssigt sich sofort. Der Zusatz der Säure hat den Zweck, eine schwach saure Reaktion von p_H 4,5—5 einzustellen, wo die Polyphosphatasen sicher nicht mehr wirksam sind, soweit sie nicht schon durch die hohe Salzkonzentration unwirksam gemacht wurden, was immer sicher mit 40—50 ml gesättigter $NaClO_4$-Lösung ohne Anwendung von Säure gelingt. Man verdünnt die verflüssigte Hefe nach kurzem Stehen mit dem 3fachen Vol. destillierten Wassers, zentrifugiert die Hefezellen ab, macht die eiskalte Lösung n/10-salzsauer und fällt sofort bei dieser Reaktion mit dem gleichen Vol. 95—96%igem Alkohol, wobei quantitativ die Hochpolymeren ausfallen. Der syrupöse Niederschlag wird in einem Acetatpuffer von p_H 4,2 aufgenommen, in dem er sich am besten löst. Die Lösung wird bei neutraler Reaktion mit Trilon B zur Entfernung der Schwermetalle behandelt, dialysiert, durch Umfällen als Mg-Salz weiter gereinigt oder als Na-Salz durch Umfällen mit Alkohol aus saurer Lösung in Gegenwart größerer Mengen $NaClO_4$ oder anderer Na-Salze. Die Niederpolymeren fallen aus der salzsauren alkoholischen Lösung nach Neutralisieren mit Soda aus. Sie werden als Mg- oder Ba-Salze in ähnlicher Weise gereinigt.

Die Wirkung der Neutralsalze bei der Extraktion beruht wohl mit darauf, daß die Polyphosphate durch Austausch in die leichter löslichen Na-Salze übergeführt werden. Die Extraktion mit anderen ebenfalls leicht löslichen apolaren Substanzen wie Harnstoff, Glucose, Glykol, Glycerin usw. ist immer wesentlich unvollständiger, obwohl die Hefe mit diesen Substanzen auch schnell verflüssigt wird. Ein nur hypertonischer Effekt liegt bei den Salzen also nicht vor. Die noch ausstehende eingehendere qualitative und quantitative Prüfung der jeweils herausgelösten Substanzen ist vielleicht geeignet, nähere Einblicke in die „Bindungsart" bzw. „Bindungsfestigkeit" dieser Substanzen zu geben. Zusammenfassend kann als Ergebnis der präparativen Aufarbeitung der Bierhefe gesagt werden, daß unter schonenden Bedingungen keine Phosphatanhydride erhalten werden, deren Erdalkalisalze extrem löslich sind, daß also keine Metaphosphate in der Hefe vorkommen. Diese Verbindungen werden unter den angegebenen Bedingungen frei von Stickstoff und praktisch frei von Kohlenstoff erhalten*.

Bei der quantitativen Aufarbeitung geringer Hefemengen (1—2 g frische Hefe) ist die Methode der Wahl zur Abtrennung der Niederpolymeren von den Hochpolymeren die Extraktion mit der 5fachen Menge 1%iger Trichloressigsäure, wobei die Niederpolymeren aus der Hefe herausgelöst werden, während die Höherpolymeren nicht in Lösung gehen. Mit höheren Konzentrationen

---

* Zusatz bei der Niederschrift: Ein Teil der leicht hydrolysierbaren Phosphate entgeht der Extraktion. Dieser Anteil, der schon nicht mehr durch Membranfilter „mittel" zu filtrieren ist, gibt u. a. starke positive Orcinreaktion. Seine Menge beträgt etwa 5%.

Trichloressigsäure werden dann steigende Mengen an den Polyphosphaten in Lösung gebracht, ohne daß aber auch mit sehr hohen Konzentrationen an Säure eine vollständige Extraktion erzielt wird. Es ist also nicht möglich, von „säurelöslichen" bzw. „säureunlöslichen" Polyphosphaten zu sprechen. Diese Vorschrift gilt nur für Bierhefe, nicht z. B. für die uns zur Verfügung stehende Bäckerhefe, aus der die Niederpolymeren weitgehend quantitativ erst mit 2%iger Trichloressigsäure extrahiert werden. Aus dem Rückstand können nun durch Salzextraktion (oder nach Neutralisieren durch Aufkochen) die Hochpolymeren gewonnen werden.

In der früher gezeigten Abb. 1 sind in Bahn 4 die Testsubstanzen gelaufen, in Bahn 3 eine Rohfraktion der Mg- (und Ca-) Salze aus Hefekochsaft. In Bahn 2 sehen wir nun den Trichloressigsäureextrakt mit den Niederpolymeren; bei b handelt es sich auch hier um Hexosediphosphat, nicht um anorganisches Diphosphat. In Bahn 1 ist das hochpolymere nichtwandernde Phosphat zu sehen, das durch Aufkochen des Rückstandes erhalten und am Startpunkt verblieben ist. Diese aus Kochsaft erhaltene Fraktion enthält neben den hochpolymeren Phosphaten auch noch die ebenfalls nichtwandernden Nucleinsäuren. Dasselbe Bild wird erhalten, wenn die mit Trichloressigsäure vorextrahierte Hefe mit $NaClO_4$ nachextrahiert wird. Dieser Extrakt enthält nur wenig (5% der Gesamtmenge) Nucleinsäure-P. Nach der Salzextraktion wird der Hauptteil der Nucleinsäure durch Extraktion mit heißer verdünnter Trichloressigsäure herausgelöst. Zurück bleibt die letzte Fraktion der Phosphoproteine, die mit Alkali in Lösung zu bringen ist. Bei der Extraktion mit heißer Trichloressigsäure, die noch nicht befriedigt, erfolgen natürlich Aufspaltungen durch Hydrolyse.

In Abb. 4 wird ein Bilanzversuch dieser Phosphatfraktionen in den ersten 20 min. der Gärung der Bierhefe gezeigt. Bei Beginn der Gärung fällt das o-Phosphat sofort stark ab, wie es insbesondere von MACFARLANE beschrieben ist, und zwar auf etwa 60% (52—75%). In den ersten Minuten erscheint nun dieses Phosphat unter den organischen Phosphaten des 1%igen Trichloressigsäure-Extrakts. Es ist bekannt, daß es sich hier im wesentlichen um die Kohlenhydratphosphorsäureester des Kohlenhydratabbaues handelt. Dann erscheint es aber zunehmend in dem Extrakt mit heißer Trichloressigsäure, wo es sich nach 20 min. zu etwa 50% anfindet. Aus Absorptionsmessungen bei 260 mμ geht

hervor, daß es sich hier nicht um eine Neubildung von Nucleinsäuren handelt. Der Gehalt an Hochpolymeren steigt nur schwach
an, der an Niederpolymeren stärker.

Diese Bilanzversuche vermögen über den Stoffwechsel der polymeren Phosphate noch nicht viel auszusagen. In Versuchen
mit P^{32} zeigt sich jedoch, daß die polymeren Phosphate, obwohl ihre Menge konstant bleibt, P^{32} aufgenommen haben. Dies gilt ganz besonders für die
Hochpolymeren. In Abb. 5 ist ein Versuch wiedergegeben, wo über eine zwei-stündige Gärungszeit von
frischer Bierhefe der Ge-halt an hochpolymerem
Phosphat konstant geblie-ben ist, die spezifische Aktivität aber erheblich zu-genommen hat.

In phosphatverarmter Hefe steigen zunächst nach
Zusatz von Phosphat und Glucose die Hochpolymeren
sofort stark an; in einer stark verarmten Hefe setzt
die Bildung der Nieder-polymeren erst nach etwa

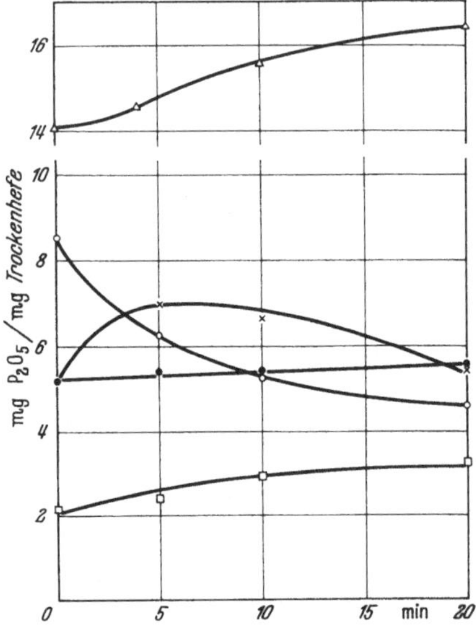

Abb. 4. Verhalten verschiedener Phosphatfraktionen der Bierhefe während der Gärung. o—o
o-Phosphat, ×—× säurelösliche organische P-
Verbindungen, ●—● Hochpolymeres Polyphosphat, □—□ Niederpolymeres Polyphosphat,
△—△ Nucleinsäuren plus Restfraktion

30 min. ein (Abb. 6). In einer schwach verarmten Hefe bleibt
der Gehalt an Niederpolymeren bis zu 90 min. nach Zusatz
der phosphathaltigen Nährlösung unverändert, während der
an Hochpolymeren ebenfalls sofort stark ansteigt. In geeignet
angesetzten Versuchen mit P^{32} findet man, daß bei der Resynthese
das Hochpolymere eine starke Aktivität besitzt, das Niederpolymere dagegen kaum radioaktiv ist. Die Hochpolymeren
müssen offensichtlich zuerst gebildet sein.

Wird in einem Ansatz mit P^{32} nach 90 min. das Nährmedium
ausgewaschen und durch eine Nährlösung mit inaktivem P^{31}

ersetzt, so nimmt das Hochpolymere nur noch wenig zu, das Niederpolymere dagegen stärker, wobei seine Aktivität stark ansteigt. Daraus folgt, daß das Niederpolymere aus den Hochpolymeren entstanden sein muß und nicht umgekehrt. Wird weiter zuerst mit inaktivem Phosphat inkubiert und dann nach 90 min. P^{32}-haltige Nährlösung zugesetzt, so zeigt das Niederpolymere

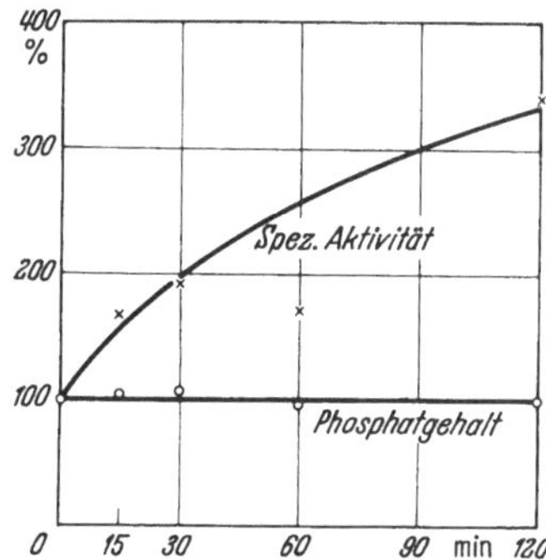

Abb. 5. Verhalten der Hochpolymeren bei 2stdg. Gärung von Bierhefe mit P^{32}. Der absolute Gehalt bleibt konstant, während die spezifische Aktivität zunimmt

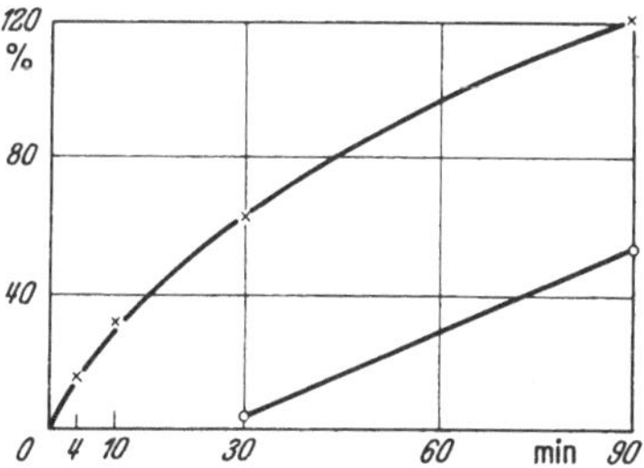

Abb. 6. Synthese der Polyphosphate in stark verarmter Bierhefe. Zeit 0. Zugabe frischer phosphathaltiger Nährlösung. P_2O_5-Gehalt in der frischen Hefe (vor der Verarmung) = 100%. ×—× Hochpolymere. o—o Niederpolymere. Die Synthese der Hochpolymeren setzt sofort ein, die der Niederpolymeren stark verzögert

nach weiteren 90 min. praktisch keine Aktivität. In diesen Versuchen wurden die Rohextrakte papierchromatographisch untersucht, wobei nur die Bande des Tripolyphosphats auf dem Papier für die Strahlungsmessungen berücksichtigt werden kann, da diese durch die P-Verbindungen des Zuckerstoffwechsels nicht verunreinigt wird.

Daß die Bildung des o-Phosphats nur aus dem Niederpolymeren und nicht aus dem Hochpolymeren erfolgt, wurde noch auf folgende Weise erhärtet. Durch abwechselndes Gärenlassen von Hefe in Nährlösungen mit aktivem bzw. inaktivem Phosphat gelingt es, Hefen zu erhalten, deren Phosphatfraktionen, und zwar o-Phosphat, niederpolymeres Phosphat und hochpolymeres Phosphat, bei gleichem Gehalt an Phosphat wechselnde spezifische Aktivitäten besitzen.

Läßt man Hefen derartig gären, so ergibt sich:

1. Hat das niederpolymere Phosphat zu Beginn des Versuches eine geringere spezifische Aktivität als das o-Phosphat, dann sinkt die spezifische Aktivität des o-Phosphats ab, da das vorhandene o-Phosphat mit dem inaktiveren Phosphat aus der Spaltung der niederpolymeren Phosphate verdünnt wird: Abb 7.

2. Mit Hefen, deren niederpolymeres Phosphat eine höhere spezifische Aktivität aufweist als das o-Phosphat, findet man eine Erhöhung der spezifischen Aktivität des o-Phosphats.

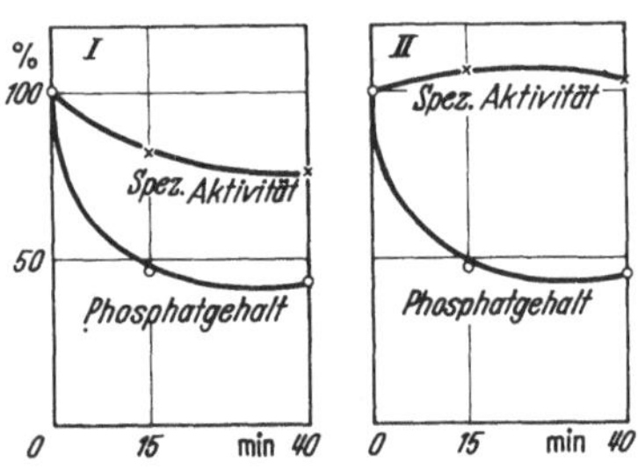

Abb. 7. Gehalt und spezifische Aktivität von o-Phosphat bei der Gärung von Bierhefe mit schwach und stark mit P^{32}-markierten Niederpolymeren. I. Niederpolymere schwach radioaktiv. II. Niederpolymere stark radioaktiv

Aus diesen Versuchen mit radioaktiv markierten Phosphaten ist zu folgern, daß in der normalen Hefe o-Phosphat aus der Aufspaltung von niederpolymerem Phosphat entsteht, und ferner aus den Bilanzversuchen, daß die hochpolymeren Phosphate direkt aus dem o-Phosphat gebildet werden, ihre Aufspaltung zu o-Phos-

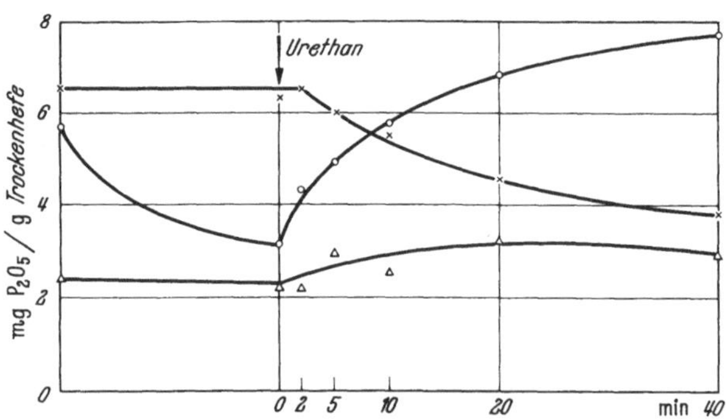

Abb. 8. Verhalten von o-Phosphat sowie nieder- und hochpolymerem Phosphat in Bierhefe in Gegenwart von Urethan (~1 molar). o—o o-Phosphat. ×—× Hochpolymere. △—△ Niederpolymere

phat aber über Niederpolymere als isolierbare Zwischenglieder erfolgt, deren spezifische Aktivität dann zunimmt. Die Polyphosphate unterliegen also einem beständigen Stoffwechsel, der in Bilanzversuchen allein auf Grund des vorhandenen Gehalts nicht in Erscheinung tritt, sondern nur mit P^{32} festgestellt werden kann.

Bei der Vergiftung der Hefe mit Urethan werden Atmung und Gärung gehemmt, während die Dephosphorylierungen weiterlaufen. Auf Abb. 8 ist zu sehen, wie bei gleichzeitiger Zunahme des o-Phosphats bilanzmäßig nur ein Abfall der Hochpolymeren erfolgt, während das Niederpolymere in der Menge konstant bleibt oder sogar wie in der Abb. etwas ansteigt. In Hefen, in denen vorwiegend die Hochpolymeren mit P^{32} markiert sind, erfolgt nun ein Anstieg der spezifischen Aktivität der Niederpolymeren. Diesen Kreislauf der Polyphosphate, wie er also bei jeder Gärung stattfindet, läßt sich schematisch durch die Abb. 9 wiedergeben. Über mögliche Zwischenglieder könnten nur Vermutungen geäußert werden, insbesondere auch darüber, ob die Phosphatanhydride mehr als nur „Reservestoffe" sind.

Der Gehalt an anorganischen Phosphatanhydriden ist in der Bierhefe besonders groß. In der Bäckerhefe beträgt er nur etwa die Hälfte; er ist noch wesentlich geringer in der Torula.

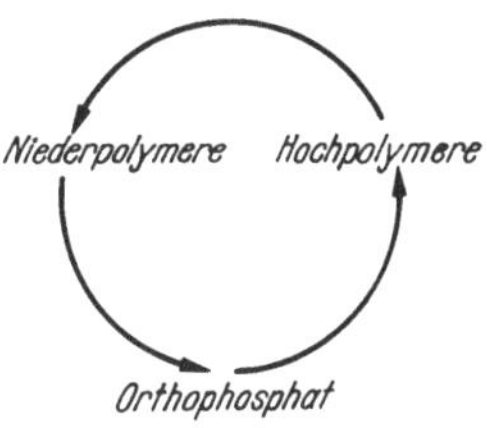

Abb. 9. „Kreislauf" der Polyphosphate bei der Gärung der Bierhefe

In anderen Organismen wurden sie von MANN im Mycel des Aspergillus niger gefunden, in Neurospora von HOULAHAM und MITCHELL. Bei Algen fanden ALBAUM, SCHATZ, HUTNER und HIRSCHFELD sie in Euglena, SOMMER und BOOTH in Chlorella, STICH in Acetabularia. In Corynebakterien (diphtheriae) wurden sie von EBEL nachgewiesen, in Mycobakterien von RUSKA, BRINGSMANN, NECKEL und SCHUSTER.

In höheren Organismen oder in tierischem Gewebe wurden sie bisher nicht festgestellt. Eine Ausnahme bilden nach NIMIERKO und NIMIERKO die Larven der Wachsmotten Galleria und Achroea, deren Kot große Mengen leicht in Säure aufspaltbares Phosphat enthält.

Wir selbst haben Versuche mit verschiedenen tierischen Organen, u. a. auch Krebsgewebe, gemacht. Es wurden die verschiedensten Verfahren angewandt, und zwar immer im Hinblick auf ein möglichst schnelles Arbeiten und vollständige Extraktion. Aus Fermentversuchen war uns bekannt, daß zu rohen Fermentlösungen zugesetzte Hochpolymere nach der Enteiweißung mit Trichloressigsäure zu einem erheblichen Teil am Eiweiß gebunden bleiben. Durch Zusatz von Salzen wird diese Bindung aber gespalten.

Man versetzt z. B. 2,0 ml des Fermentansatzes mit 0,5—1,0 ml gesättigter NaClO$_4$-Lösung und enteiweißt mit 10 ml 4%iger Trichloressigsäure. Auch unter Berücksichtigung aller dieser Faktoren ist es uns bisher nicht gelungen, ein einwandfreies positives Ergebnis in den Organen von Wirbeltieren zu erhalten.

Eine eingehendere papierchromatographische Untersuchung der Polyphosphate erfolgte kürzlich durch Thilo, Grunze, Hämmerling und Wenz bei Acetabularia mediterranea. Danach kommen in Acetabularia nur Hochpolymere mit einem Kondensationsgrad von > 10 vor, die also auf dem Papier nicht wandern, die aber durch fraktionierte Hydrolyse als hochmolekulare Polyphosphate nachgewiesen werden konnten.

Von uns wurden unter den Pilzen außer den Hefen eingehend Phycomyces blackesleeanus untersucht, der einen recht hohen Gehalt an Polyphosphaten hat. Während in manchen Kulturen, die alle steril gezüchtet wurden, nur Hochpolymere vorkommen, keine Niederpolymere, fanden sich in anderen Kulturen auch Niederpolymere. Der

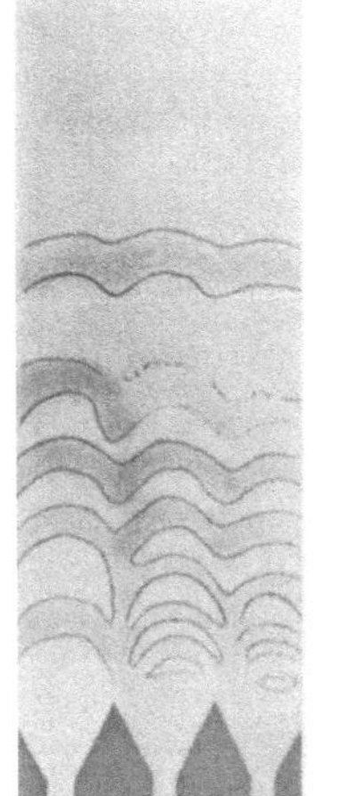

Abb. 10. Chromatogramm der Polyphosphate aus Algen. Bahn 1 Testsubstanzen (o-Phosphat; Di-, Tri-, Tetraphosphat, Tetrametaphosphat); Bahn 2 Ceramium; Bahn 3 Cladophora

absolute Gehalt und ihre Verteilung sind also, wie aus den eingehenden Versuchen mit Bierhefe hervorgeht, nicht konstant. Von Algen wurden von uns eingehend untersucht Euglena gracilis, von den Grünalgen Cladophora, Enteromorpha und von den Rotalgen Ceramium (Abb. 10); in den Braunalgen Fucus, Pilagiella und Ectocarpus und den Armleuchtergewächsen Chara wurde der Gehalt an Polyphosphaten nur chemisch quantitativ bestimmt. Er ist nur gering. Im allgemeinen sind die Polyphosphate aus den Tangen schwer herauszulösen. Dies gelingt am besten, wie Herr Langen fand, wenn man das Material am Fundort unter Alkohol zermörsert.

Als ein besonders interessantes Objekt erscheint Euglena, dessen nach verschiedenen Methoden herauslösbares Phosphat zu 5% aus o-Phosphat, zu 10% aus organischen Phosphorsäureestern besteht, während 85% leicht hydrolysierbare Phosphatanhydride sind. Euglena erscheint auch deshalb bemerkenswert, weil hier, in einem allerdings nur geringen Prozentsatz, auch unter „schonenden" Bedingungen bei der Aufarbeitung Trimetaphosphat gefunden wurde. Ähnlich wie bei Phycomyces fehlten in einigen Ansätzen die niederpolymeren Phosphate vollständig.

Dieses Symposion ist den kondensierten Phosphaten in Lebensmitteln gewidmet. Aus dem Gesagten geht hervor, daß diese kondensierten Phosphate weit verbreitete biologische Verbindungen sind. In unseren Lebensmitteln führen wir sie uns aber im allgemeinen nur mit der Hefe in kleineren Mengen zu. Diese kleinen Mengen werden im Darmtrakt wohl vollständig aufgespalten, insbesondere durch die Darmflora. Aber auch in unseren Organen, besonders in der Niere, finden sich Polyphosphatasen, die gegebenenfalls resorbierte Polyphosphate aufzuspalten vermögen. Die Polyphosphate sind also in kleinen Mengen auch für den menschlichen und tierischen Organismus „physiologische" Verbindungen.

Neben den Herren Langen und Dr. Liss danke ich auch Herrn Lusch für seine Hilfe bei der Durchführung der Versuche auf das herzlichste.

Literatur

Lohmann, K. u. P. Langen: Biochem. Z. **328,** 1 (1956)

Diskussion zum Vortrag Lohmann

Thilo (Berlin): Ich möchte Herrn Lohmann fragen, warum er den ungebräuchlichen Begriff Phosphatanhydride benützt. An sich ist der Inhalt dieses Namens identisch mit dem des kondensierten Phosphats.

Lohmann: Der Ausdruck „Phosphatanhydrid" besteht aus einem Wort, der „kondensiertes Phosphat" aus zwei Worten. Im Kohlenhydratstoffwechsel haben wir es mit verschiedenen Verbindungen zu tun, die auch energiereich und Anhydride der Phosphorsäure sind. Allerdings sind es nicht Anhydride der Phosphorsäure mit sich selbst, sondern mit Carboxylgruppen. Daher stelle ich gefühlsmäßig den Begriff Phosphatanhydrid zur Diskussion.

Thilo: Dann sollte man aber gemischte Phosphatanhydride sagen.

LOHMANN: Für das kondensierte Phosphat gilt dasselbe. Diphosphat ist ein kondensiertes Phosphat, und ein Phosphat mit 500 Phosphatmolekülen ist auch ein kondensiertes Phosphat*.

THILO: Wir haben inzwischen auch Penta- und Hexaphosphat isoliert. Beide folgen genau dem logarithmischen Gesetz. Man kann sie und auch andere dadurch identifizieren, daß sie bei der Hydrolyse zuerst Trimetaphosphat bilden.

LOHMANN: Besteht ein Unterschied zwischen der sauren und der alkalischen Hydrolyse?

THILO: Wir haben noch nicht untersucht, wie die Hydrolyse unterhalb von p_H 3 verläuft.

LOHMANN: Und bei der alkalischen Hydrolyse?

THILO: Bei der alkalischen Hydrolyse erhalten wir Mono- aber kein Trimetaphosphat.

---

* Die Anorganiker arbeiten mit kondensierten Phosphaten. In der Biologie geht man mit soviel vorgefaßten Meinungen an das Problem heran, so daß ich hier durch *ein* Wort die ganze Fragestellung, die uns hier bewegt, darzustellen versuchte.

Auf kondensierte Phosphate wirkende Enzyme

Von

H. MATTENHEIMER, Berlin-Dahlem

Mit 4 Textabbildungen

Die Spaltbarkeit anorganischer kondensierter Phosphate durch Enzympräparate aus Mikroorganismen und tierischen Organen ist seit etwa 30 Jahren bekannt. Die Beurteilung der älteren Arbeiten ist jedoch dadurch erschwert, daß seinerzeit die verwendeten Substrate nur in wenigen Fällen genau definiert waren und eine keineswegs einheitliche Nomenklatur verwendet wurde. Auf diese Verhältnisse ist bereits früher hingewiesen worden[1]. Auf Grund der älteren Arbeiten ließ sich das Vorkommen folgender Enzyme feststellen: Pyrophosphatasen, Tripolyphosphatasen und Enzyme, die höherpolymeres Phosphat abbauen. Letztere wurden „Metaphosphatasen" genannt, weil sie das fälschlicherweise als „Hexametaphosphat" bezeichnete Grahamsche Salz aufspalten.

Mit der Reindarstellung und Strukturaufklärung der kondensierten Phosphate, vor allem durch THILO[2], stehen nun wohldefinierte Substrate zur Verfügung, mit denen Enzymspezifitäten und Abbaumechanismen studiert werden können.

Auf kondensierte Phosphate wirkende Enzyme sind in der belebten Natur weit verbreitet[3]. Sie scheinen — wenn man von der Funktion der Pyrophosphatase im tierischen Organismus absieht — vor allem für den Stoffwechsel von Mikroorganismen und Pflanzen von Bedeutung zu sein. Die Nomenklatur ist leider noch nicht einheitlich, und so werden die Bezeichnungen Polyphosphatasen und Metaphosphatasen durcheinandergebracht und sogar der Ausdruck „Polymetaphosphatasen" verwendet.

In Anlehnung an die Nomenklatur für die kondensierten Phosphate von THILO[4] haben wir folgende Einteilung der Enzyme vorgeschlagen[6]:

I. *Polyphosphatasen.*

    a) Oligophosphatasen:
      Pyrophosphatasen
      Tripolyphosphatasen
      Tetrapolyphosphatasen
      (und weitere spezifische Enzyme für Substrate mit $n = 5$—10 ?)

b) Polyphosphat-Depolymerasen:

Mehrere Enzyme?

II. *Metaphosphatasen* (Cyclophosphatasen):

Trimetaphosphatasen
Tetrametaphosphatasen

Von diesen Enzymen ist bisher nur die Pyrophosphatase von Kunitz[5] aus Bäckerhefe kristallisiert gewonnen worden. Das Enzym erwies sich als absolut substratspezifisch. Von uns konnte, ausgehend von Lebedew-Saft aus Bierhefe, mittels Papierelektrophorese, selektiver Adsorption und Elution sowie autolytischer Inaktivierung der Nachweis für die Substratspezifität der übrigen Poly- und Metaphosphatasen erbracht werden[6]. Außerdem konnten wir papierchromatographisch mit der Methode nach Thilo und Grunze[7] die von den einzelnen Enzymen katalysierten Reaktionen aufklären. Die Ergebnisse sind in Tab. 1 zusammengestellt.

Tabelle 1. *Von Poly- und Metaphosphatasen katalysierte Reaktionen*
(p_H-Optima zwischen 7 und 8. Mg-Zusatz)

Enzym	katalysierte Reaktion
Pyrophosphatase	Pyrophosphat → 2 Orthophosphat
Tripolyphosphatase	Tripolyphosphat → Pyrophosphat + Orthophosphat
Tetrapolyphosphatase	Tetrapolyphosphat → Tripolyphosphat + Orthophosphat
Polyphosphat-Depolymerase (mehrere Enzyme?)	Polyphosphat ($\bar{n} = 30$ u. mehr) → Polyphosphate ($\bar{n} = 10 - ?$) + wenig Orthophosphat Polyphosphate ($\bar{n} = 10 - ?$) → Oligophosphate ($\bar{n} = 4 - 10$) + wenig Orthophosphat
Trimetaphosphatase	Trimetaphosphat → Tripolyphosphat
Tetrametaphosphatase	Tetrametaphosphat → Tetrapolyphosphat

Aus den Untersuchungen geht eindeutig hervor, daß der Abbau von Poly- und Oligophosphaten zu Orthophosphat stufenweise erfolgt, wobei die verschiedenen spezifischen Enzyme nacheinander wirksam werden. Polyphosphate werden zunächst zu Oligophosphaten depolymerisiert, wobei nur wenig Orthophosphat entsteht. Malmgren und Ingelmann[8] haben Polyphosphat-Depolymerasen in Bakterien nachgewiesen, indem sie die Viscositätsabnahme hochviscoser Polyphosphatlösungen unter Bakterienenzymeinwirkung verfolgten und dabei ebenfalls keine nennenswerten Mengen an Orthophosphat nachweisen konnten. Oligophosphate werden dann durch die Oligophosphatasen weiter zu Orthophosphat hydrolysiert. Da es bisher nicht gelungen ist, Oligophosphate vom Kondensationsgrad 5—10 präparativ in größeren Mengen gereinigt darzustellen, muß es vorerst offen bleiben, ob spezifische Enzyme, z. B. für Pentapoly- und Hexapolyphosphat, existieren.

Der Abbau der Metaphosphate erfolgt durch spezifische Metaphosphatasen, die die Substrate zu den entsprechenden kettenförmigen Verbindungen hydrolysieren. Diese werden dann durch die Oligophosphatasen weiter abgebaut. MEYERHOF u. Mitarb.[9] hatten auf Grund ihrer Untersuchungen mit Bäckerhefe angenommen, daß Trimetaphosphat direkt durch die Trimetaphosphatase zu Orthophosphat abgebaut wird. Der von uns aufgefundene Abbauweg ist aber inzwischen unabhängig und mit anderer Methodik von KORNBERG[10] bestätigt worden. Aus Bäckerhefe konnte ein spezifisches Enzym isoliert werden, das Trimetaphosphat in Tripolyphosphat umwandelt.

Bei Untersuchungen über Phosphatasen in Amöben (A. chaos chaos) fanden wir neben einer Phosphoamidase mit einem p_H-Optimum bei 4,8[11] und zwei Phosphoesterasen mit p_H-Optima bei 4,2 und 5,2[12] auch verschiedene Poly- und Metaphosphatasen[13], die zwischen p_H 4 und 5 aktiv sind. Auch hier ließ sich mittels Papierchromatographie nachweisen, daß der Abbau von Trimetaphosphat über Tripolyphosphat erfolgt.

Interessant ist nun, daß beim enzymatischen Abbau von Grahamschem Salz (wir untersuchten zwei Substrate mit mittleren Kondensationsgraden von $\bar{n} = 27$ bzw. $\bar{n} = 18$) ebenso wie bei der chemischen Hydrolyse Trimetaphosphat gebildet wird, das als Bestandteil der Polyphosphatketten nicht vorkommt[2]. Der von THILO für die Bildung von Trimetaphosphat bei der chemischen Hydrolyse von Polyphosphaten diskutierte Mechanismus[2] kann ohne weiteres auch für die enzymatische Hydrolyse angenommen werden.

Während wir jetzt über den Abbauweg der Poly- und Metaphosphate recht gut orientiert sind, ist die Kenntnis des umgekehrten Vorganges, der enzymatischen Biosynthese, noch gering. KORNBERG u. Mitarb.[14] reinigten aus Escherichia coli ein Enzym, das in Gegenwart von ATP hochkondensiertes Polyphosphat aufbaut. Die Reaktion wird folgendermaßen formuliert:

$$x\,ATP + (PO_3^-)_n \rightarrow x\,ADP + (PO_3^-)_{n+x}$$
$$\text{Primärprodukt}$$

Es konnte bisher nicht sicher festgestellt werden, welchen Kondensationsgrad das Primärprodukt hat. P^{32}-Pyrophosphat wird zwar in das Polyphosphat eingebaut, doch ist sein Zusatz nicht notwendig. Die Bildung des Endproduktes erfolgt allein bei Inkubation des Enzyms zusammen mit ATP, Acetylphosphat (als Regenerator für ATP), Acetokinase und $MgCl_2$ in gepufferter Lösung bei p_H 7,0. Zusatz von Pyrophosphatase hat keinen hemmenden Einfluß, so daß Pyrophosphat als *natürliches* Primärprodukt wahrscheinlich auszuschließen ist.

Im Zusammenhang mit dem Thema dieses Symposions und der Frage nach dem Verhalten von Polyphosphaten im menschlichen und tierischen Organismus soll im folgenden von Versuchen über den enzymatischen Abbau von Poly- und Metaphosphaten mit tierischen Organextrakten berichtet werden. Poly- und Metaphosphatasen sind auch im Tierreich weit verbreitet, ohne daß Polyphosphate vom Kondensationsgrad größer als 2 (Pyrophosphat) bisher in den Geweben höherer Tiere gefunden werden konnten. Ebel[15] untersuchte mit negativem Ergebnis Hammelleber, Rindermuskel und Kalbsthymus. Die beiden bisher bekannten cyclischen kondensierten Phosphate, Trimeta- und Tetrametaphosphat, sind in der belebten Natur nicht aufgefunden worden. Götte[16] konnte zeigen, daß intravenös zugeführtes hochpolymeres Phosphat nicht nur zu mehr oder weniger großen Bruchstücken abgebaut wird, sondern daß aus dem zugeführten Polyphosphat stammendes Phosphat auch im Stoffwechsel — von Götte in einer Lipoidfraktion nachgewiesen — verwendet werden kann. Ob hierbei erst der Abbau bis zum Orthophosphat stattgefunden hat, welches dann durch oxydative Phosphorylierung in organisches energiereiches Phosphat eingebaut und auf das Lipoid übertragen wurde, oder ob direkte Transphosphorylierung vom Polyphosphat auf das Lipoid stattfindet, ist bisher nicht geklärt. Von Winder und Denneny[17] wurde berichtet, daß in zellfreien Extrakten von Mycobacterium smegmatis eine Phosphorylierung von Glycerin in Gegenwart von Polyphosphaten und ATP oder ADP stattfindet. Da der Versuch unter anaeroben Bedingungen durchgeführt wurde, ist es sehr wahrscheinlich, daß Transphosphorylierung vom Polyphosphat auf ADP stattfindet. Das hierdurch gebildete ATP phosphoryliert dann Glycerin.

Über die Verwertbarkeit von enteral zugeführtem Polyphosphat für den tierischen Organismus widersprechen sich die mitgeteilten Untersuchungsergebnisse noch sehr. Während GÖTTE[16] im Versuch an Hunden keine Phosphatresorption nach Verfütterung von Polyphosphaten finden konnte, berichtete SCHREIER[18] über die Resorption von Orthophosphat und Pyrophosphat (letzteres nur in Spuren) aus dem Darm, nach Verfütterung von Polyphosphaten an Ratten. LANG u. Mitarb.[19] konnten kürzlich in Rattenversuchen den recht beachtenswerten Nachweis erbringen, daß nach Verfütterung von Polyphosphaten im Harn der Tiere papierchromatographisch Polyphosphate verschiedener Kettenlänge (hauptsächlich Oligophosphate) und auch Metaphosphate nachzuweisen sind.

Wir haben uns mit dem enzymatischen Abbau von Poly- und Metaphosphaten mit tierischen Organextrakten beschäftigt. Die Ergebnisse einer Versuchsserie mit Rattenorganen sind in Tab. 2

Tabelle 2.

Aufspaltung von Poly- und Metaphosphaten durch Rattenorganextrakte
(Angaben in γ-Orthophosphat abgespalten pro ml Ansatzgemisch)

Substrat	Pyro-P		Tripoly-P		Trimeta-P		Graham-P ($\overline{n}$ = 18)	
Inkubationszeit in Std. .	0,25	1	0,25	1	6	24	6	24
Dünndarmschleimhaut .	89	200	25	45	0	0	22	24
Leber	164	200	36	106	30	84	25	27
Milz	187	200	39	150	—	92	—	102
Niere	200	200	36	116	29	50	71	113

zusammengestellt. Die Tiere wurden durch Dekapitation getötet und entblutet. Die Organe wurden sofort bei $-15°$ C eingefroren, nach einigen Stunden wieder aufgetaut und mit dem doppelten Volumen H_2O unter Eiskühlung homogenisiert. Die Zellreste wurden abzentrifugiert und die Extrakte mit Trispuffer p_H 7,5, dem $MgSO_4$ zugesetzt war, verdünnt. Die Substrate wurden ebenfalls in Trispuffer gelöst und das p_H gegebenenfalls mit NaOH bzw. HCl korrigiert. Gleiche Volumina von Extrakt und Substratlösung wurden bei $25°$ C inkubiert (1 ml Ansatzgemisch = 200 γ-Substrat-P) und die Enzymreaktion zu gegebenen Zeiten mit

Trichloressigsäure (TCE) (Endkonzentration 5%) unterbrochen.
In aliquoten Teilen von den TCE-Zentrifugaten wurde das ge-
bildete Orthophosphat nach Lowry und Lopez[20] bestimmt.
Außerdem wurde TCE-Zentrifugat mit gleichen Volumina 0,3 n
NaOH versetzt und zur Papierchromatographie verwendet. Die
Neutralisation ist notwendig, da in TCE-Lösungen Hydrolyse, vor
allem von Metaphosphaten, schon bei Zimmertemperatur statt-
findet.

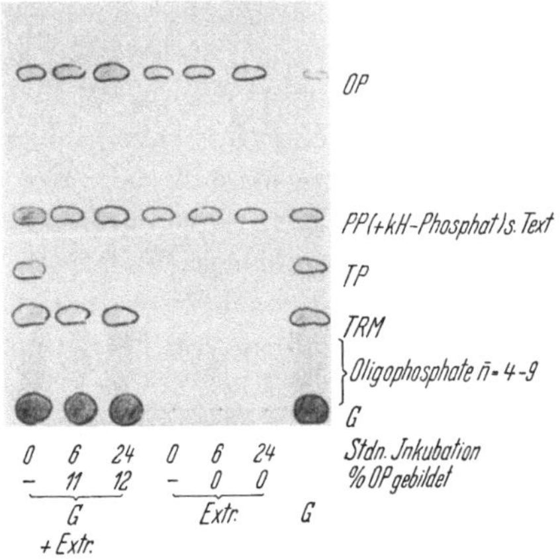

Darmschleimhaut-extrakt (oder Homogenat) spaltet von den untersuchten Substraten nur PP* und TP, letzteres sogar sehr langsam. TRM wird überhaupt nicht abgebaut. Aus dem Papierchromatogramm (Abb. 1) ist leicht zu erkennen, daß PP und TP, die neben TRM als Beimengungen in G vorhanden sind, abgebaut werden. Da die nach 6 Std. gebildete Menge an OP im weiteren Verlauf nicht wesentlich zunimmt, dürften diese beiden Substanzen die 12% Substrat-P darstellen, die abgebaut werden. Höherpolymeres Phosphat scheint demnach von Dünndarmschleimhaut der Ratte nicht abgebaut zu werden. Es muß noch erwähnt werden, daß wir in allen Chromatogrammen, die aus Versuchen mit Organextrakten stammen, jeweils ein in der PP-Fraktion laufendes Phosphat finden, das im Verlauf der Enzymwirkung nicht verändert wird. Wir haben diese Substanz noch nicht näher charakterisiert, sondern nur festgestellt, daß sie auf dem Papier mit Anilin-Phthalat reagiert und demnach ein Zuckerphosphat sein muß. Auffallend ist der im Vergleich zu den anderen Organen lang-

Abb. 1. Papierchromatogramm eines Versuches
mit Rattendünndarm-Schleimhautextrakt

---

* Abkürzungen: OP = Orthophosphat, PP = Pyrophosphat, TP = Tripolyphosphat, TRM = Trimetaphosphat, G = Grahamsches Salz.

same Abbau von TP. Im wesentlichen wird also nur PP in vitro von Dünndarmschleimhaut der Ratte abgebaut. Wenn nun SCHREIER und NÖLLER[18] die Resorption von OP und PP gefunden haben, so können diese entweder nur aus den niedermolekularen Phosphaten stammen, oder aber der Abbau von höhermolekularen Anteilen wird durch die in Darmbakterien nachgewiesenen Polyphosphatasen bewirkt. Die Versuche *in vitro* mit Darmschleimhaut lassen sich überhaupt nur schlecht mit den Versuchen *in vivo* vergleichen, da auch aus Untersuchungen von LANG und Mitarb.[19] hervorgeht, daß bis zu 50% eines verfütterten hochpolymeren Phosphats resorbiert werden kann.

Mit den Extrakten aus Leber, Milz und Niere (mit Organhomogenaten erhielten wir die gleichen Ergebnisse) werden PP und TP rasch abgebaut. Der Abbau von TRM und G geht wesentlich langsamer

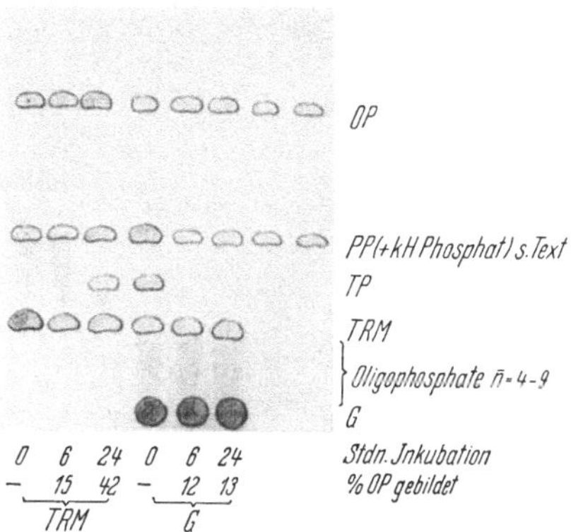

Abb. 2. Papierchromatogramm eines Versuches mit Rattenleber-Extrakt

und ist nur bei mehrstündiger Inkubation zu erreichen. Tetrametaphosphat wurde übrigens in die Versuche mit einbezogen, es wird aber von Organextrakten nicht aufgespalten. In den Abb. 2—4 sind die Papierchromatogramme zu den Versuchen mit Leber, Milz und Niere wiedergegeben. Während G von Niere und Milz nach 24stündiger Inkubation zu etwa 50% abgebaut wird, kann Leber die Aufspaltung — ebenso wie Darmschleimhaut — nur bis zu 12% treiben, und aus dem Chromatogramm ist zu erkennen, daß die Beimengungen PP, TP und vielleicht etwas TRM aufgespalten sind. Wir hatten früher mitgeteilt[1], daß G von Rattenleberhomogenat weitgehend abgebaut wird, dann aber später festgestellt, daß die enzymatische Hydrolyse vom Kondensationsgrad des Substrates abhängt[21]. Während wir den mittleren Kondensationsgrad $\bar{n}$ des von Rattenleberhomogenat abgebauten Substrates nicht kannten, fanden wir, daß ein

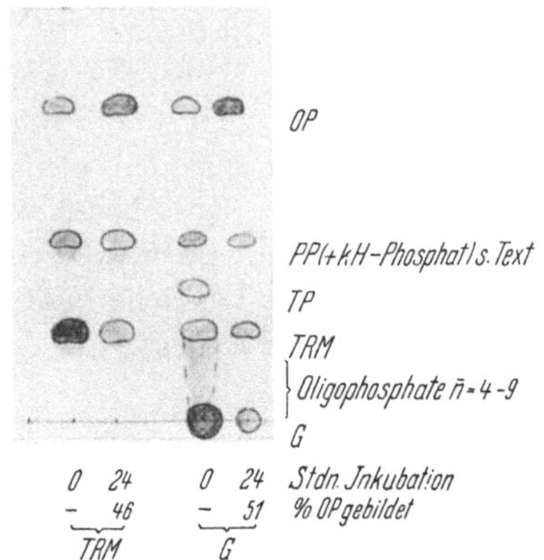

Abb. 3. Papierchromatogramm eines Versuches mit Rattenmilz-Extrakt

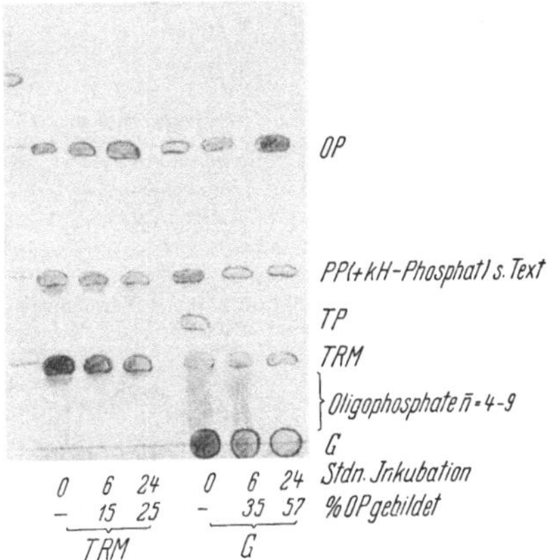

Abb. 4. Papierchromatogramm eines Versuches mit Rattennieren-Extrakt

Tabelle 3. *Aufspaltung von Polyphosphaten mit verschiedenem Polymerisationsgrad durch Rattenmilzextrakt*

Mittlerer Poly- merisationsgrad	γ-P pro ml Ansatz- gemisch abgespalten
18	624
27	628
500	448

Präparat mit $\bar{n} = 27$ nur abgebaut wurde, wenn es vorher kurz mit Hefe inkubiert worden war, wodurch eine Depolymerisation der Polyphosphatketten bis zu $\bar{n} = 9{-}10$ stattfand. Homogenate von Mäuseleber spalten dagegen das gleiche Substrat *ohne* Hefevorbehandlung.

Einige Versuche mit Milzextrakt zeigten uns, daß wenigstens mit diesem Organ (Niere wurde noch nicht untersucht) auch wesentlich höher kondensierte Polyphosphate zu Orthophosphat abgebaut werden können. Tab. 3 zeigt im Vergleich die Aufspaltung von drei im Polymerisationsgrad verschiedenen Polyphosphaten. Die Inkubationszeit betrug 24 Std., die Substratkonzentration 1 mg Substrat-P pro ml Ansatzgemisch.

Wenn wir die Ergebnisse der Untersuchungen mit tierischen Organen zusammenfassen, so ist festzustellen, daß höherpolymere Phosphate von Darmschleimhaut und Leber der Ratte in vitro nicht hydrolysiert werden, während Milz und Niere zum Abbau durchaus in der Lage sind.

Bei der Leber bestehen, wie aus vergleichenden Untersuchungen mit Mäuseleber hervorgeht, Unterschiede von Tierart zu Tierart. Die Untersuchungen mit Darmschleimhaut müssen noch auf andere Tiere ausgedehnt werden, wobei besonders auf die Polyphosphataseaktivität der Darmbakterien und ihre Bedeutung für die Verwertbarkeit der Polyphosphate zu achten sein wird. Unabgebaut werden Oligo-, Poly- und Metaphosphate nach unserer derzeitigen Kenntnis nicht resorbiert. Unter Umgehung des Magen-Darm-Kanals in den tierischen Organismus gebrachte Polyphosphate und Trimetaphosphat werden zu mehr oder weniger großen Bruchstücken und Orthosphosphat abgebaut und im Harn ausgeschieden. Außerdem kann aus Polyphosphaten stammendes Phosphat zur Synthese von körpereigenen organischen Phosphaten verwendet werden.

Es wurde schon erwähnt, daß anorganische Poly- und Metaphosphate keine im tierischen Organismus natürlich vorkommenden Verbindungen sind (Pyrophosphat ausgenommen). Und so ist die Frage zu stellen, welche Aufgaben die Poly- und Metaphosphatasen in den Organen zu erfüllen haben. Hier ist noch einmal die Arbeit von KORNBERG u. Mitarb.[14] zu erwähnen, in der mitgeteilt wurde, daß von Bakterienenzymen Polyphosphate synthetisiert werden, wenn im Reagenzglas lediglich ATP und ein ATP-regenerierendes System zugesetzt werden. Da ATP im intermediären Stoffwechsel laufend gebildet wird, ist vielleicht die Überlegung erlaubt, ob nicht auch im tierischen Organismus auf diese Weise Polyphosphat entstehen könnte, wenn nicht Enzyme vorhanden wären, die etwa gebildete Polyphosphate sofort wieder abbauen. Da Polyphosphate Ionenaustauscher sind und dadurch mehrwertige Kationen binden, die z. B. für den Ablauf von Enzymreaktionen notwendig sind, könnte die Verhinderung ihrer Akkumulation von Bedeutung sein. Den Polyphosphatasen käme demnach eine Art Schutzfunktion zu. Da nach unseren Untersuchungen beim Abbau von Polyphosphaten teilweise Trimetaphosphat entsteht, wäre das Vorkommen von Trimetaphosphatasen in diesem Zusammenhang auch verständlich. Auch für Mikroorganismen, in denen Polyphosphate, niemals aber Metaphosphate nachgewiesen wurden, könnte das Vorkommen der Metaphosphatasen in gleicher Weise zu deuten sein. Ob diese Vorstellung richtig ist, wird erst eine weitere Bearbeitung der Fragen über die physiologische Funktion der Poly- und Metaphosphatasen im tierischen Organismus ergeben.

Literatur

[1] Mattenheimer, H.: Biochem. Z. **322**, 36 (1951).

[2] Thilo, E.: Chem. Techn. 8, 251 (1956).

[3] Zusammenstellung der Literatur bei G. Schmidt in W. D. McElroy and B. Glass: Phosphorus Metabolism, Vol. I. S. 443. Baltimore. 1951.

[4] Thilo, E.: Vorangegangener Vortrag.

[5] Kunitz, E.: J. Gen. Physiol. **35**, 423 (1952).

[6] Mattenheimer, H.: Z. physiol. Chem. **303**, 107, 115, 127 (1956).

[7] Thilo, E., u. H. Grunze: Sitzgsber. dtsch. Akad. Wiss. Berlin, math.-naturwiss. Kl. **1953**, No. 5.

[8] Ingelmann, B., u. H. Malmgren: Acta chem. scand. 1, 422 (1947).

[9] Meyerhof, O., R. Shatas u. A. Kaplan: Biochim. et Biophysica Acta **12**, 121 (1953).

[10] Kornberg, S. R.: J. biol. Chem. **218**, 23 (1956).

[11] Mattenheimer, H., u. K. Max-Møller: Naturwiss. **44**, 14 (1957).

[12] Mattenheimer, H., u. K. Max-Møller: Noch nicht veröffentlicht.

[13] Mattenheimer, H.: Noch nicht veröffentlicht.

[14] Kornberg, A., S. R. Kornberg u. E. S. Simms: Biochim. et Biophysica Acta **20**, 215 (1956).

[15] Ebel, I. P.: Bull. Soc. Chim. biol. **34**, 491 (1952).

[16] Götte, H.: Z. Naturforsch. 8 b, 173 (1953).

[17] Winder, F., and S. M. Denneny: Nature (London) **175**, 636 (1955).

[18] Schreier, K., u. H. G. Nöller: Arch. exper. Path. u. Pharmakol. **227**, 199 (1955).

[19] Lang, K., L. Schachinger, O. Karges, F. K. Blumenberg, G. Rossmüller u. I. Schmutte: Biochem. Z. **327**, 118 (1955).
Gassner, K., W. Kiekebusch u. K. Lang: Biochem. Z. **328**, 485 (1957).

[20] Lowry, O. H., and I. A. Lopez: J. biol. Chem. **162**, 421 (1945).

[21] Mattenheimer, H.: In „Silicium, Schwefel, Phosphate". S. 287. JUPAC Colloquium Münster 1954. Weinheim: Verlag Chemie 1955.

Diskussion zum Vortrag Mattenheimer

Meissner (Borstel): Wir haben den enzymatischen Abbau von kondensierten Phosphaten in der Nährlösung vom Mycobacterium tuberculosis unter Verwendung radioaktiv markierter kondensierter Phosphate als Substrat untersucht. Das Mycobact. tub. stellt aus mehreren Gründen ein geeignetes Objekt für solche Untersuchungen dar. Es kann in synthetischer eiweißfreier Nährlösung (z. B. nach Sauton) gezüchtet werden. Es weist elektronenoptisch Granulationen auf, in denen Polyphosphate nachgewiesen wurden. Ihre Häufigkeit variiert unter verschiedenen Milieubedingungen. Nach Beimpfung der Nährlösungen lassen sich extracelluläre Fermente in der Nährlösung nachweisen, wie auch elektronenoptisch das extracelluläre Auftreten von Mitochondrien aus autolysierten Zellen beobachtet wurde.

Die in Abb. 1—7 dargestellten Ergebnisse bestätigen und ergänzen die Untersuchungen von Herrn MATTENHEIMER an diesem Objekt in methodisch variierter Weise.

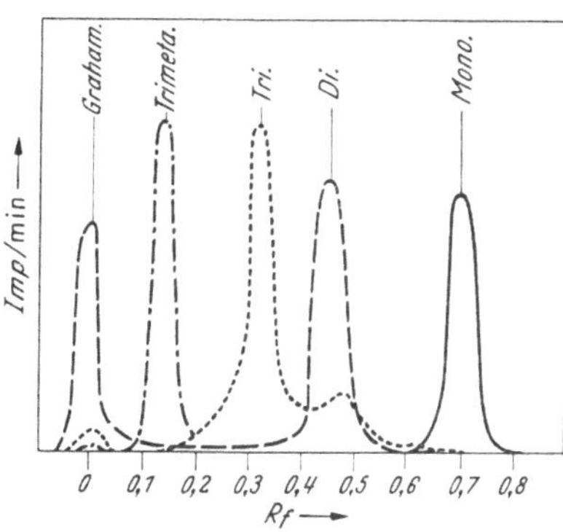

Abb. 1

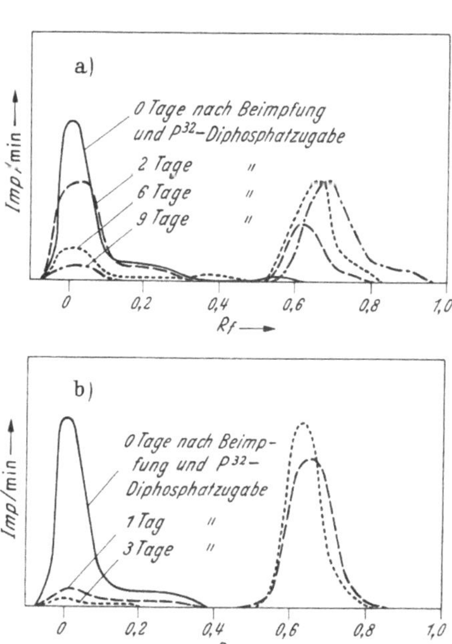

Abb. 2

Abbildung 1 zeigt zunächst P³²-Chromatogramme der benutzten, durch thermische Kondensation hergestellten markierten Phosphate. Die Chromatogramme wurden von wäßrigen Lösungen des Monophosphates als

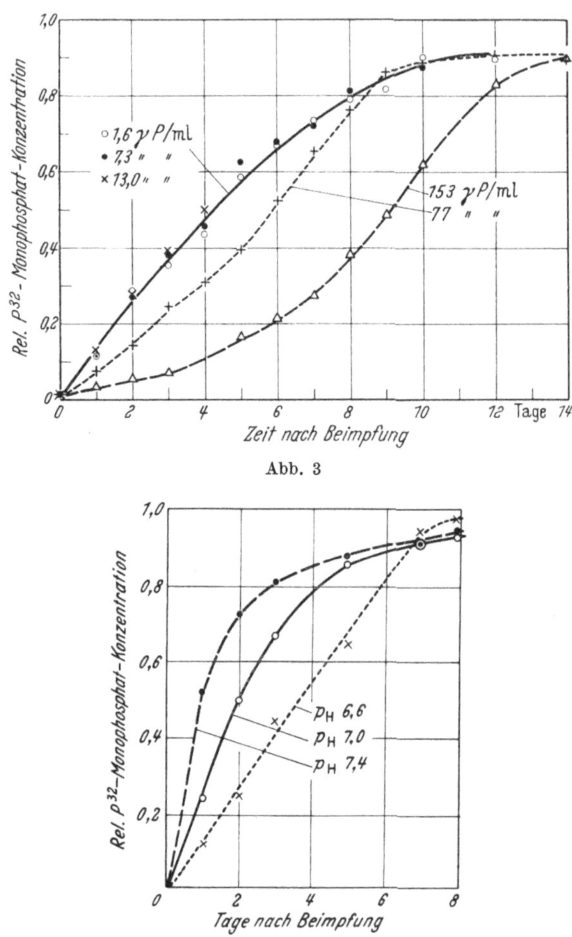

Abb. 3

Abb. 4

Ausgangssubstanz und von Di-, Tri- und Trimetaphosphat sowie von Grahamschem Salz aufgenommen. In der benutzten Sauton-Nährlösung ergeben sich Verschiebungen der R_f-Werte von den kondensierten Phosphaten, für die der Einfluß der Eisen(III)ionen der Nährlösung maßgeblich ist. Diese sind aber so charakteristisch, daß von einer Aussalzung bei der Routineuntersuchung Abstand genommen werden kann. So bleibt in der

Sauton-Nährlösung das Diphosphat in den vorgegebenen Konzentrationen praktisch am Start des Chromatogramms. Ungestört bleibt dagegen in jedem Falle der R_f-Wert des Monophosphats. Abbildung 2 zeigt die Um-

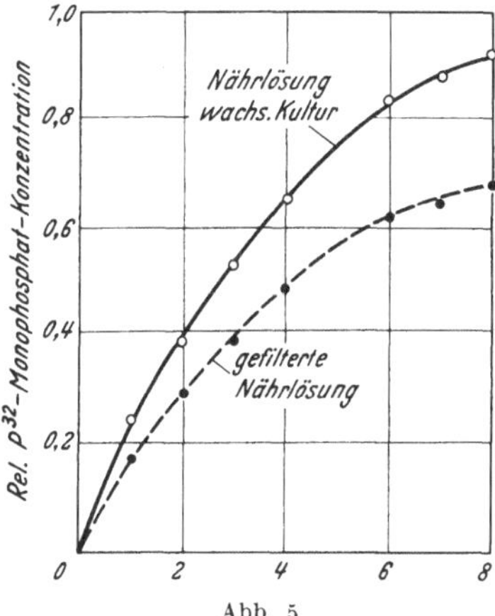

Abb. 5

wandlung des P^{32}-Diphosphates in der beimpften Nährlösung zu Monophosphat. Bei einer Einsaat von 0,2 mg/ml ist nach 9 Tagen bereits der weitaus größte Teil des Diphosphates abgebaut. Bei einer um eine Größen-

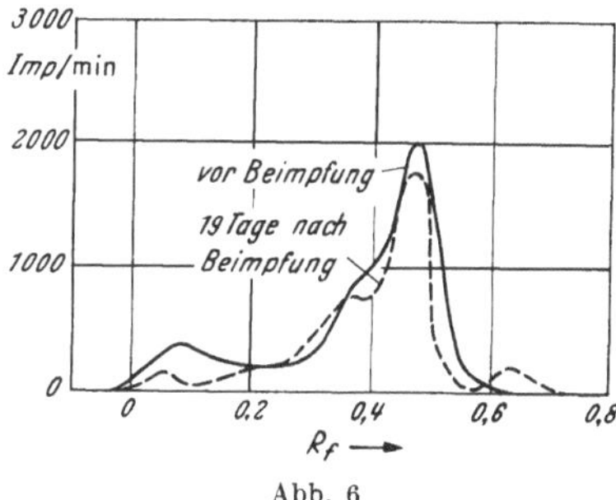

Abb. 6

ordnung erhöhten Einsaat wird bereits nach 1—3 Tagen der vollständige Abbau erreicht.

In Abb. 3 zeigt sich, daß die vollständige Umwandlung des Diphosphates zu Monophosphat in Parallelkulturen um so schneller erreicht wird, je geringer die eingebrachte Diphosphatkonzentration in der Nährlösung ist. Abb. 4 zeigt die p_H-Abhängigkeit des Diphosphatabbaues. In weiteren Untersuchungen konnten wir zeigen, daß auch hier der Abbau an das Vorhandensein von Mg^{++} gebunden ist. Abbildung 5 bringt schließlich den Nachweis, daß der Abbau in der Nährlösung erfolgt. Einen Tag nach der

Beimpfung der Kulturen wurden aus einer Probe die Mycobakterien durch ein bakteriendichtes Membranfilter abgefiltert. Danach wurde dieser bakterienfreien Lösung und der weiterwachsenden Kultur P^{32}-Diphosphat in aliquoten Mengen zugesetzt. Es zeigt sich, daß die Umwandlung zu Monophosphat auch in der gefilterten Nährlösung erfolgt, wenn auch nicht so schnell, wie in der weiterwachsenden Kultur.

Abbildung 6 zeigt die Chromatogramme von Nährlösungen mit Zusatz von P^{32}-markiertem Trimetaphosphat. Unter sonst vergleichbaren Bedingungen erfolgt im Gegensatz zum Diphosphat selbst in 19 Tagen nur ein geringfügiger Abbau zu Monophosphat.

Bei der in Abb. 7 dargestellten Umwandlung des Grahamschen Salzes in der Nährlösung ist zunächst eine Hydrolyse unter Bebrütungsbedingungen

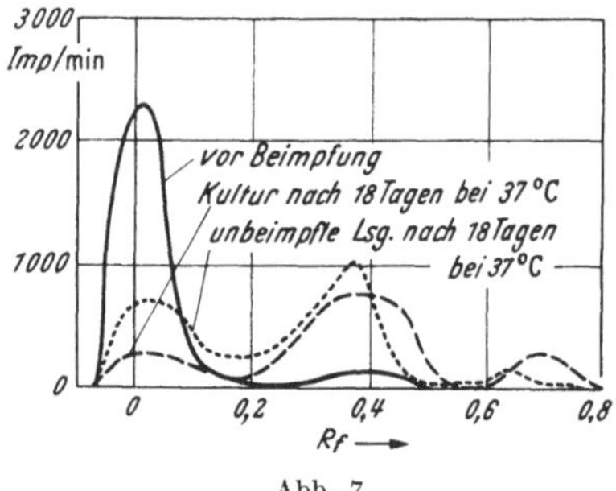

Abb. 7

zu berücksichtigen. Jedoch zeigt sich, daß der Abbau in der beimpften Nährlösung wesentlich beschleunigt wird. Der darin erkennbare enzymatische Abbau erfolgt wie der hydrolytische zum Trimetaphosphat und zum Monophosphat (P-Verhältnis 3:1).

Thilo (Berlin): Sie berichteten, daß ATP in Gegenwart eines Enzyms, aber auch in Gegenwart von Acetylphosphat einen Aufbau von Polyphosphat verursacht. Geht das auch ohne Enzym, allein mit ATP und Acetylphosphat?

Mattenheimer: Es handelt sich hier nicht um eigene Versuche, sondern um solche von Kornberg. Mit Enzym und ATP allein gelingt der Aufbau nur bis zu einer bestimmten Grenze, denn das dabei entstehende ADP wirkt dann hemmend. Acetylphosphat wird nur zugesetzt, um aus ADP wieder ATP zu regenerieren, ohne Enzym geht die Synthese nicht.

Langen (Berlin): Bei der Synthese der Polyphosphate wird zuerst das hochpolymere Phosphat gebildet. Das ist an und für sich erstaunlich, denn logischerweise würde man annehmen, daß zunächst die niederpolymeren Formen entstehen. Vor allen Dingen kann man sich nicht vorstellen, auf welche Art und Weise das hochpolymere Phosphat direkt aus dem Orthophosphat entstehen soll. Nun ist von Kornberg gefunden worden, daß tatsächlich aus ATP direkt hochpolymeres Phosphat gebildet wird. Er hat festgestellt, daß es sich dabei nicht um Oligophosphat handelt, da diese Substanzen säureunlöslich sind. Prinzipiell besteht nun die Möglichkeit, daß in den Extrakten von Escherichia, mit denen KORNBERG gearbeitet hat, kleine Mengen Polyphosphat vorhanden waren. Es ist möglich, daß bei unseren Hefeversuchen folgendes vor sich geht: Mit Hilfe von ATP wird auf schon bereits vorhandene hochpolymere Ketten weiteres Phosphat übertragen. Diese werden dadurch länger, und von einem gewissen Kondensationsgrad ab spalten sich dann niederpolymere Stufen ab. Das ist ein sehr wahrscheinlicher Weg. Wir sind zusammen mit Dr. LIST damit beschäftigt, diesen Weg zu untersuchen. Mit P^{32} muß sich feststellen lassen, ob man mit der Methode, die von THILO erwähnt wurde, die Endgruppen abspaltet. In diesem Falle müßte nämlich P^{32} zunächst an die Endgruppen angelagert werden. Wenn man dann bei p_H 8 die Spaltung durchführt, müßte man finden, daß die spezifische Aktivität mit der Zeit langsam abnimmt. Es besteht aber noch die zweite Möglichkeit, daß das Polyphosphat irgendwo an einem anderen System, etwa an einer Matritze — wie das in der Biochemie ja häufig angenommen wird — gebildet wird und sich dann als ganze Kette ablöst.

MATTENHEIMER: Wir haben im Verlaufe unserer Abbauversuche auch Resynthesen gesehen. Ich habe das damals absichtlich nicht veröffentlicht, weil ich keine Erklärung hierfür hatte. Jetzt, nach der Arbeit von KORNBERG, wäre ATP ein Hinweis.

HOFFMANN-OSTENHOF (Wien): Was für ein Beweis liegt dafür vor, daß die einzelnen Enzyme, welche die einzelnen Polymerisationsgrade aufspalten, tatsächlich selbständige Enzymindividuen sind? Gibt es eine Triphosphatase, eine Tetraphosphatase usw.?

MATTENHEIMER: Die Pyrophosphatase ist von KUNITZ kristallisiert worden und ist substratspezifisch. Die Tripolyphosphatase ließ sich aus einem Gemisch Pyrophosphatase-Tripolyphosphatase durch Papierelektrophorese abtrennen. Die Depolymerase kann durch selektive Inaktivierung abgetrennt werden. Sie ist jedoch schwer zu erhalten, da sie leicht inaktiviert wird. Wenn man den Extrakt bei Zimmertemperatur auch nur einige Stunden stehen läßt, findet man eine erhebliche Abnahme der Depolymerase, ohne daß die übrigen Enzyme davon betroffen werden. Trimetaphosphatase und Tetrametaphosphatase lassen sich durch selektive Adsorptionen und Elutionen trennen. Allerdings ist dies das unsicherste der Ergebnisse. Aber inzwischen ist von KORNBERG gefunden worden, daß die Trimetaphosphatase ein spezifisches Enzym ist, das lediglich die Spaltung des Rings von Trimetaphosphat zu Tripolyphosphat bewirkt.

HOFFMANN-OSTENHOF: Warum haben Sie gesagt, daß Trimetaphosphat nicht in der Natur vorkommt, wo doch KORNBERG ausdrücklich die Auffindung von Trimetaphosphat in der Hefe beschrieben hat?

MATTENHEIMER: Sie dürfen nicht vergessen, daß Trimetaphosphat ein Abbauprodukt eines höher polymeren Phosphats sein kann.

HOFFMANN-OSTENHOF: Ich bin Ihrer Meinung.

MATTENHEIMER: Wenn es aber beim Abbau entstanden ist, muß natürlich die Frage gestellt werden, ob man es dann als natürlich vorkommend betrachten soll oder nicht.

Hoffmann-Ostenhof: Nach dem von Ihnen geschilderten Mechanismus existieren also einerseits Polyphosphatasen, die vom Ende her abbauen, und Polyphosphatasen — oder wenn ich sie so nennen darf Depolymerasen —, die in der Mitte spalten. Man könnte in Analogie zu den Exoproteinasen und Endoproteinasen von Endopolyphosphatasen und Exopolyphosphatasen sprechen, was vielleicht instruktiver wäre.

Mattenheimer: Meines Wissens gehören Sie der Nomenklaturkommission für die Biochemie an und könnten dies dort zur Diskussion stellen.

Bramstedt (Hamburg): Trotz der Existenz der Enzyme sind die Substrate für sie im tierischen Organismus bisher nicht aufgefunden worden. Trotz der hohen Substratspezifität eines Enzyms können Überraschungen vorkommen. Ich darf in diesem Zusammenhang an die Alkoholdehydrogenase erinnern, die, wie Holzer gezeigt hat, von Natur aus dazu da ist, Glycerinaldehyd zu dehydrieren, die aber als Alkoholdehydrogenase nur am Rande wirkt. Besteht nicht auch hier die Möglichkeit, daß diese Enzyme andere Substrate mindestens ebensogut spalten?

Mattenheimer: Hierauf kann ich nur schwer eine Antwort geben. Selbstverständlich ist so etwas denkbar. Aber es bestehen doch auffallende Unterschiede. Leber und Milz bauen Pyrophosphat und Tripolyphosphat rasch ab. Aber Leber spaltet die höherpolymeren Anteile des Grahamschen Salzes nicht, während die Milz das kann. Die Annahme, daß die Tripolyphosphatase Höherpolymere angreifen könnte, ist meines Erachtens schon dadurch widerlegt. Herr Götte hat Versuche gemacht, bei denen die Polyphosphate nicht verfüttert, sondern injiziert wurden. Im Harn ließen sich dann höher- und niederpolymere Abbauprodukte feststellen. Das beweist also, daß der Organismus i.v. zugeführte Polyphosphate abbauen kann. Götte hat weiterhin aus der Leber eine Lipoidfraktion isoliert, die aus dem Polyphosphat stammenden P^{32} enthielt. Der Einbau könnte durch eine direkte Transphosphorylierung erfolgt sein. Wahrscheinlicher scheint mir zu sein, daß zunächst ein Abbau zu Orthophosphat und der Einbau über ATP erfolgte.

Rummel (Düsseldorf): Ich möchte einen Beitrag zu der Annahme von Herrn Mattenheimer bringen, daß Polyphosphate in der Zelle evtl. irgendwie hemmend in katalytische Prozesse eingreifen. Wir haben an einem nicht-enzymatischen oxydationskatalytischen System die Oxydation des Cysteins durch Eisen untersucht und den Einfluß der Polyphosphate hierauf geprüft. Die Oxydation des Cysteins durch Eisen wird durch Pyrophosphat, Tripolyphosphat und Grahamsches Salz gehemmt, desgleichen auch durch AMP und ATP. Dagegen aktivieren die erwähnten Phosphate die katalytische Oxydation der Fructose durch Eisen. Bei ein und demselben Katalysator sieht man also bei verschiedenen Substraten eine diametral entgegengesetzte Wirkung der Polyphosphate. Polyphosphate können offensichtlich entscheidend in katalytische Prozesse und zwar entweder hemmend oder fördernd eingreifen.

Siebert (Mainz): Haben Sie gereinigte ganz gewöhnliche Phosphatasen auf die Polyphosphate einwirken lassen? Ich glaube, daß die Behauptung, daß die verschiedenen Polyphosphatasen existieren, die Trennung der Proteinindividuen voraussetzt. Die Frage nach dem physiologischen Substrat ist häufig durch die Bestimmung der Michaelis-Konstante zu beantworten. Wenn zur Sättigung des Enzyms viel Substrat benötigt wird, ist der Verdacht gerechtfertigt, daß man nicht das physiologische Substrat vor sich hat.

MATTENHEIMER: Die Michaelis-Konstanten lassen sich in diesen Systemen nicht ganz einfach bestimmen, weil die Anfangsspaltung oft recht langsam ist. Aber man kann zeigen, daß die Enzymsättigung schon durch relativ geringe Substratkonzentrationen erreicht wird. Die gewöhnliche alkalische Phosphatase greift diese Substrate nicht an. Blutserum, das ja alkalische Phosphatase enthält, spaltet Polyphosphate nicht. Gereinigte Prostataphosphatase oder Harn, der diese saure Phosphatase enthält, spalten nicht einmal Pyrophosphat, geschweige denn die Höherpolymeren.

Über die Analytik kondensierter Phosphate in Lebensmitteln

Von

K. Gassner, Wiesbaden

Mit 4 Textabbildungen

Kondensierte Phosphate liegen höchst selten in völlig reiner Form vor, sondern meistens im Gemisch oder verunreinigt mit anderen Phosphaten, die nach klassisch-analytischen Methoden nur sehr schwer unterscheidbar sind. Dementsprechend waren den oft umständlichen klassischen Analysenverfahren für kondensierte Phosphate vor Anwendung der papierchromatographischen Technik stets nur Teilerfolge beschieden[5, 6, 10, 13, 28, 55, 56, 64, 68, 69, 70, 73, 76, 77, 78, 88, 96, 112, 118, 125, 126, 129, 146]. Pyrophosphatbestimmungen nach Fällung als Zinksalz[20, 21, 51] sowie fraktionierte Bariumfällungen der verschiedenen Kondensationsstufen waren Gegenstand zahlreicher Untersuchungen[22, 23, 49, 52, 74, 122], deren Anwendbarkeit durch Beschränkungen hinsichtlich der Art und Menge evtl. vorhandener weiterer Phosphate begrenzt war. Immerhin lassen sich diese Methoden für spezielle Zwecke mit sehr guter Genauigkeit anwenden, so z. B. die Pyrophosphattitration sowie die Trennung linearförmig kondensierter Phosphate durch Bariumfällung von ringförmigen Phosphaten[25, 45]. Auch sind gewisse Aussagen über die qualitative Beschaffenheit von Polyphosphatgläsern durch fraktionierte Bariumfällung bei verschiedenen p_H-Werten möglich[26]. Ein weiteres, allgemein anwendbares, klassisches Verfahren besteht in der Isolierung des nur mit Orthophosphat entstehenden gelben Phosphomolybdats bzw. des nach Reduktion entstehenden Phosphomolybdänblaus, welches die Orthophosphatbestimmung neben kondensierten Phosphaten ermöglicht. Man extrahiert entweder die gefärbte Verbindung[7, 47, 95, 138] oder wählt sehr milde Bedingungen, so daß die Hydrolyse kondensierter Phosphate zu vernachlässigen ist. Ein besonders geeignetes Verfahren zur Bestimmung geringer Mengen Orthophosphat neben kondensierten Phosphaten stellt nach unseren

Erfahrungen die Reduktion von Phosphomolybdat zu ,,Phosphomolybdänblau'' mit Ascorbinsäure bei p_H 4 dar, welche ursprünglich zur Orthophosphatbestimmung neben labilen Phosphatestern beschrieben wurde[48, 86]. Eine colorimetrische Bestimmung kleiner Mengen Pyrophosphat neben Orthophosphat wurde ebenfalls auf ähnlicher Grundlage beschrieben[53]. Zum qualitativen Nachweis kondensierter Phosphate wurden z. T. mikrokristalline Nachweisreaktionen mit organischen Aminoverbindungen und organischen Kobaltsalzen verwendet[12, 19, 24, 43, 67, 97, 98, 99, 101, 102, 103, 106, 120, 139]. Besonders weitreichende qualitative Aussagen ermöglichen röntgenographische Untersuchungen[2, 5, 29, 50, 87, 104, 108, 109, 110]. Polyphosphatmischungen lassen sich auch durch ihr charakteristisches Ultrarotspektrum[16] analysieren. Ramanspektroskopische[3, 11, 121] sowie magnetische Kernresonanzdaten[14, 59] wurden bekannt. Obwohl sämtliche dieser Methoden für spezielle Fälle sehr gute Dienste leisten können, stellte doch erst die Anwendung der Papierchromatographie ein allgemeines, für beliebige Phosphatmischungen anzuwendendes Verfahren dar. Inzwischen wurden auch durch Ionenaustausch-Chromatographie[8, 60, 80, 81, 89, 107] theoretisch und experimentell fundierte Methoden sowie elektrophoretische Trennungsmöglichkeiten[113, 115, 116] bekannt. Dennoch wird sowohl für die routinemäßige Kontrolle im Industrielabor als auch für die Lebensmitteluntersuchung der Papierchromatographie der Vorzug zu geben sein. Ich mochte mich daher auf die Anwendung papierchromatographischer Methoden zur Kontrolle reiner Phosphate sowie zur quantitativen Bestimmung in Lebensmitteln beschränken. Dabei soll ein von uns ausgearbeitetes Verfahren zur Bestimmung kondensierter Phosphate in Fleisch- und Wurstwaren beschrieben werden. Nach den grundlegenden Arbeiten von EBEL u. Mitarb.[31, 32, 33, 34, 36, 37, 38, 39, 40, 41, 42, 44] sowie WESTMAN u. Mitarb.[140, 141, 142] wurden durch GRUNZE und THILO[65], CROWTHER[17, 18], KARL-KROUPA[75] u. a. [1, 14, 57, 85, 53a] wertvolle Beiträge und Verbesserungen der papierchromatographischen Bestimmung gegeben. Ein besonders elegantes Verfahren stellt die Papierchromatographie radioaktiv markierter Phosphate dar, das jedoch auf Probleme der Grundlagenforschung beschränkt bleiben dürfte[4, 54, 94, 111, 119]. Allen papierchromatographischen Arbeiten ist gemeinsam:

Man chromatographiert im allgemeinen aufsteigend mit einem Lösungsmittelgemisch, das aus miteinander mischbaren Komponenten besteht. Lineare Polyphosphate einschließlich Orthophosphat werden am besten mit einem sauren, Trichloressigsäure enthaltenden Lösungsmittel getrennt. Die Position der Phosphate ist nach Thilo eine Funktion des Kondensationsgrades, und zwar ist der Logarithmus der Positionskonstanten eine lineare Funktion des Kondensationsgrades. Durch Variation der im Lösungsmittelgemisch enthaltenen Wassermenge gelingt die Abtrennung von Polyphosphaten als Individuen bis zum Phosphat mit 10 P-Atomen, d. h. Dekaphosphat. Ringförmige Phosphate, d. h. Trimeta- und Tetrametaphosphat, wandern dabei ebenfalls und sind nicht eindeutig mit diesem Lösungsmittel von Polyphosphaten zu trennen. Einwandfreie Trennungen gelingen jedoch mit einem schwach alkalischen Lösungsmittel. Dabei wandern Trimeta- und Tetrametaphosphat am schnellsten und sind von den übrigen Phosphaten klar unterscheidbar. Die Position der Phosphate erkennt man nach Hydrolyse zu Orthophosphat am Papier durch Überführen in Molybdänblau. Das dabei verwendete Chromatographierpapier muß durch geeignete Vorbehandlung auf einen möglichst geringen Phosphorgehalt gebracht werden, wobei z. B. Schleicher und Schüll 2040a mit Salzsäure gereinigt den üblichen Ansprüchen genügt. Zur quantitativen Bestimmung mißt man nun nicht wie bei manchen anderen papierchromatographischen Methoden Größe oder Intensität der blau gefärbten Flecke, sondern man eluiert die am Papier getrennten Phosphate entweder als Phosphomolybdänblau oder als nicht angefärbtes Phosphat. (Die Bestimmung auf Grund der Fleckengröße oder Intensität der Flecken würde eine vollständige Hydrolyse am Papier voraussetzen; dies ist jedoch in keinem Fall gegeben.) Im letzteren Falle erkennt man die Substanz nicht am Papier und muß daher neben den zu bestimmenden Substanzen parallel Vergleichssubstanzen chromatographieren und anfärben. Durch Interpolation lassen sich so die geeigneten Zonen ermitteln. Wir geben diesem Verfahren zur quantitativen Bestimmung der Einfachheit halber den Vorzug. Gleichfalls wenden wir das von Crowther erwähnte und von Karl-Kroupa durchwegs angewandte Verfahren der sog. differentiellen Analyse an, d. h. man bestimmt den Gesamtphosphorgehalt der Probe nach einer der üblichen Me-

thoden[56a, 63, 116a], trennt die in geeigneter Konzentration, meist
an P_2O_5 1%ig, in Lösung vorliegende Substanz, bestimmt anschließend das Verhältnis der einzelnen Phosphate, berechnet als
Phosphor, zueinander und errechnet aus dem ges. P_2O_5-Gehalt
und dem Verhältnis die Absolutmenge an definiertem Phosphat.

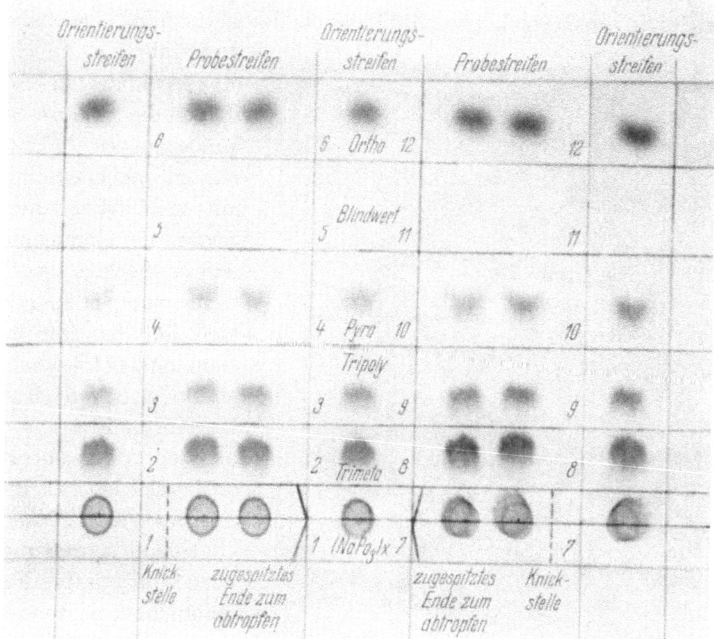

Abb. 1. *Quantitatives Chromatogramm.* Lösungsmittel I (sauer): 80 ml Isopropanol +
22 ml Wasser + 0,2 ml NH_4OH konz. + 5 g Trichloressigsäure

Da nur Verhältnisse bestimmt werden, ist es nicht notwendig,
Absolutmengen zu messen. Die aufgetragene Lösungsmenge kann
innerhalb gewisser Grenzen variiert werden, zur Berechnung des
Verhältnisses definiertes Phosphat:ges. Phosphat genügt, falls bei
der photometrischen Auswertung[147] der Eluate im Bereich der
Gültigkeit des Beerschen Gesetzes gemessen wird, die Bestimmung
des Verhältnisses der Extinktion des betreffenden Phosphates zur
Summe der Extinktionen. Ein derartiges Auswertungsschema ist
aus Abb. 1 ersichtlich. Die in der Abbildung mitangefärbten Probe-
streifen sind bei der Bestimmung als latente Bilder nicht angefärbt.

Angefärbt werden hingegen die beiden seitlichen und der mittlere Orientierungsstreifen. Ein entsprechend großer Abschnitt wird als Blindwert verwendet. Für Routinezwecke genügt wohl die nach diesem Schema mögliche Bestimmung von Ortho-, Pyro-, Tripoly-, Trimeta-, höher kondensierten Polyphosphaten einschließlich P 8—10 sowie hochkondensiertem Polyphosphat. Die Elution läßt sich nun durch Auskochen des Papiers oder wie in Abb. 2 ersichtlich

Abb. 2

durchführen. Obwohl die geschilderten Methoden die Analyse von kondensierten Phosphaten nebeneinander mit einer früher nicht gekannten allgemeinen Anwendbarkeit ermöglichen, sind sie dennoch nicht mit der üblichen Genauigkeit klassischer Methoden vergleichbar. In dem in Frage kommenden Konzentrationsbereich hat es keinen Sinn, bei diesem quantitativen Auswertungsverfahren relative Fehler anzugeben, sondern nur absolute. Der absolute Fehler ist dabei unabhängig von der Menge des betreffenden Phosphates und der relative Fehler steigt bei den in sehr geringer Menge vorliegenden Phosphaten naturgemäß stark an. Er beträgt nach Crowther und Karl-Kroupa etwa $\pm$ 0,5 γ P_2O_5 und daher, falls man den ges. P_2O_5-Gehalt 100% setzt und etwa 100 γ P_2O_5 papierchromatographisch trennt, etwa $\pm$ 0,5% absolut. Bei Proben unbekannter Mengen der Begleitstoffe können jedoch Störungen auftreten, so daß einige Punkte, die unseres Erachtens einer Diskussion wert sind, erwähnt sein sollen.

Hydrolyse

Karl-Kroupa verwendet für genaueste Analysen Hydrolysekorrekturfaktoren und für routinemäßige Kontrollbestimmungen verkürzte Laufzeiten. Dabei werden Polyphosphate mit mehr als 3 P-Atomen nur in summa erfaßt. Dieses Verfahren genügt für die meisten Ansprüche der Praxis und wir geben ihm daher z. B. zur Reinheitsprüfung von Tripolyphosphat den Vorzug. Geringe Mengen Orthophosphat neben kondensierten Phosphaten bestimmen wir der Genauigkeit halber grundsätzlich in wäßriger Lösung photometrisch durch Reduktion von Phosphomolybdat zu Phosphomolybdänblau mit Ascorbinsäure bei p_H 4. Im Gegensatz zur Papierchromatographie ist hierbei nicht die geringste Störung durch Hydrolyse zu bemerken. Allerdings dürfen bei der photometrischen Bestimmung von etwa 0,05—0,8 mg Ortho-P_2O_5/100 ml nicht mehr als etwa 6 mg P_2O_5 an kondensiertem Phosphat/100 ml vorliegen, da sonst die Farbentwicklung verzögert wird. Im übrigen läßt sich der Hydrolyseneinfluß durch Chromatographieren bei niedriger Temperatur — etwa 12° C — für mindestens 24 Std. vernachlässigbar klein halten. In qualitativen Chromatogrammen beobachteten wir unter diesen Bedingungen erst nach mehr als 36 Std. störende hydrolytische Spaltungen, bzw. ineinanderübergehende Phosphatflecke, die z. T. nicht mehr als Individuen erkennbar waren.

Einfluß der technische Phosphate begleitenden Stoffe

Gewisse Kationen können die chromatographische Trennbarkeit sehr herabsetzen, z. B. läßt sich Trimetaphosphat nach THILO[128] bei gleichzeitiger Anwesenheit von Calcium auch sauer nicht mehr trennen. Die Beseitigung derartiger Störungen gelingt in vielen Fällen durch Versetzen der Probe mit ÄDTE (Dinatriumsalz der Äthylendiamintetraessigsäure). Als störende Substanzen kommen vor allem Kationen von Schwermetallen sowie Sulfate in Betracht. Grundsätzlich verändern hohe Salzkonzentrationen die Papiereigenschaften so, daß keine einwandfreie Trennung mehr möglich ist. Sehr schlechte Trennungen können auch bei Anwesenheit von hochviscosem Kaliumpolyphosphat auftreten. In diesen Fällen hilft man sich durch Auftragen eines etwa 3 mm breiten Startstreifens anstelle eines Startpunktes. Ein bisher unbekanntes Phosphat, meinten wir in einer stark fluorhaltigen Polyphosphatprobe zu sehen. Im sauren Chromatogramm befand sich zwischen Ortho- und Pyrophosphat, im alkalischen Chromatogramm über Trimetaphosphat ein unbekannter Fleck, wahrscheinlich dürfte es sich jedoch um ein komplexes Fluorphosphat handeln.

Höher und hochkondensierte Polyphosphate

Höher und hochkondensierte Polyphosphate lassen sich u. a. durch die Viscosität ihrer wäßrigen Lösungen charakterisieren[28, 71, 123, 124]. Chemisch läßt sich eine mittlere Kettenlänge dieser Gemische durch acidimetrische Titration der schwachsauren Endgruppen der Polyphosphorsäuren ermitteln [135, 137]. Obwohl man Polyphosphate bis zum Kondensationsgrad 10 als Individuen auftrennen kann, ist doch die papierchromatographische Charakterisierung der Polyphosphate nur unvollständig, wenn man bedenkt, daß Grahamsches Natriumpolyphosphat sicher Polyphosphate mit 100 und mehr P-Atomen, Kurrolsches Kaliumpolyphosphat bis zu einer Million P-Atome im Molekül enthalten kann. Wir charakterisieren daher höher kondensierte

Phosphate durch das alkalische Chromatogramm (Abb. 3), indem wir einen mittleren P_2O_5-Gehalt und ungefähren mittleren Kondensationsgrad des betreffenden Polyphosphatgemisches durch Vergleich mit bekannten Gemischen festlegen. Wie man sieht, zeigen derartige Gemische mit steigendem ges. P_2O_5-Gehalt bzw. steigendem mittleren Kondensationsgrad ein typisches chromatographisches Bild. Um andererseits Polyphosphate bis P 10 nach der bereits beschriebenen Technik des Lokalisierens nicht angefärbter Zonen quantitativ bestimmen zu können, benötigten wir ein Lösungsmittel, in dem

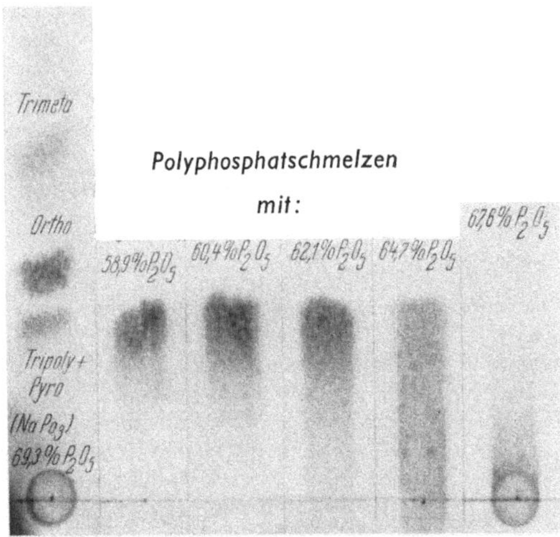

Abb. 3. *Alkalisches Chromatogramm.* (Lösungsmittel II: 40 ml Isopropanol + 20 ml Isobutanol + 40 ml Wasser + 1 ml NH₄OH konz.)

auch die nach THILO Oligophosphate genannten Polyphosphate P 4 bis P 10 noch mit genügendem Abstand, d. h. etwa 0,5—1 cm, voneinander trennbar waren. Wir entwickelten dabei folgendes Lösungsmittelgemisch:

> 80 ml Isopropanol
> 5 g Trichloressigsäure
> 0,3 ml Ammoniak konz.
> 40 ml Wasser und
> 40 ml Cellosolve (Äthylenglykolmonomethyläther).

Das Lösungsmittel weist gegenüber dem früher bekannten verbesserte Trenneigenschaften für Polyphosphate auf. Wir chromatographieren allerdings bei 12—14° C etwa 30 Std. In einem Polyphosphatglas mit einem ges. P_2O_5-Gehalt von 62%, entsprechend einem ungefähren mittleren Kondensationsgrad P 5, konnten wir mit diesem Lösungsmittel bei 12° C in einem Ringchromatogramm 12 Zonen, d. h. P 11 und P 12 erkennen. Zur weiteren Charakterisierung von höher- und hochkondensierten Polyphosphaten verwenden wir folgendes Lösungsmittel:

    80 ml Isopropanol
    5 g   Trichloressigsäure
    0,3 ml Ammoniak konz.
    70 ml Wasser
    20 ml Cellosolve
    40 ml Dioxan.

Dabei wandern Oligophosphate z. T. nicht mehr als Individuen (Abb. 4), jedoch sind nach etwa 18—20 Std. Laufzeit Oligo- und Polyphosphate, z. T.

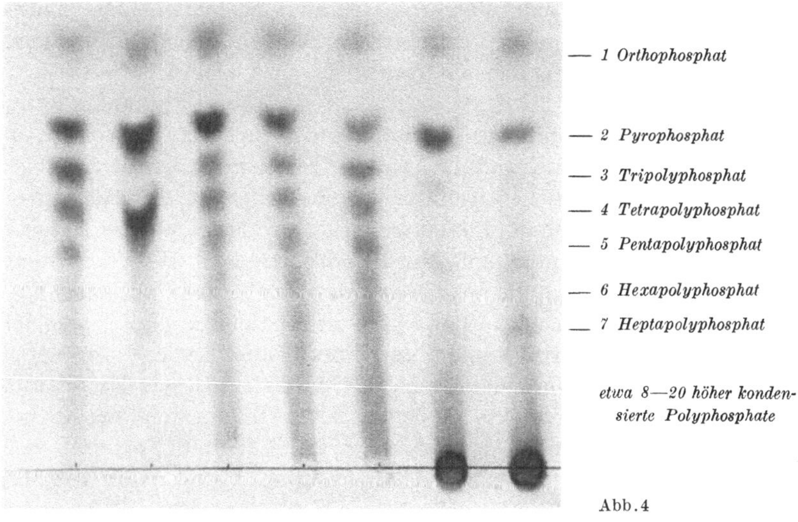

Abb. 4

vom Kondensationsgrad > 10 über eine Strecke von 20—30 cm verteilt. Extrapoliert man aus der Position der ersten Phosphate nach der Thiloschen Beziehung auf den Kondensationsgrad des gerade nicht mehr wandernden Phosphates, genauer gesagt desjenigen Phosphates, das gerade $1/_{100}$ .der Orthophosphatstrecke zurücklegt, so würde man auf etwa 40 P-Atome kommen. Andererseits sprechen gewisse Abweichungen von dieser Gesetzmäßigkeit, wahrscheinlich durch Verdrängungseffekte bedingt, eher für einen Kondensationsgrad von etwa 20. Zur quantitativen Auswertung dieser Chromatogramme ist es nun nicht nötig, die Phosphate als Individuen abzutrennen, sondern es genügt, durch Einteilen des Chromatogramms längs der Laufrichtung in äquidistante Streifen bzw. R_f-Bereiche und Bestimmung des Phosphorgehaltes in denselben eine für jedes Polyphosphatgemisch charakteristische P_2O_5-Verteilungskurve aufzunehmen.

Zur Bestimmung *organischer Phosphate*[9, 72, 131, 132, 145] sowie *kondensierter Phosphate in biologischen Substraten* wie in lebenden Zellen, in Hefe usw. sind mehrere Verfahren bekannt geworden.

Sie bestehen meist in einer Extraktion, einer fraktionierten Bariumfällung und papierchromatographischen Trennung. Es sei dabei auf die Arbeiten von EBEL[35], WIAME[143], THILO u. Mitarb.[127], LOHMANN[82, 83, 84], MATTENHEIMER[91, 92, 93] u. a.[117, 136] verwiesen. KÖBERLEIN und MAIR-WALDBURG[79] haben als erste die papierchromatographische Technik zur Bestimmung von Phosphaten in Lebensmitteln angewendet. Sie bestimmen kondensierte Phosphate in Schmelzkäse, indem sie nach Extraktion mit Trichloressigsäure ein Rundfilterchromatogramm ausführen. Zur quantitativen Bestimmung veraschen sie die mit Eisen(III)-rhodanid gekennzeichneten Phosphatzonen. Da in Schmelzkäse ein relativ hoher Phosphatgehalt vorliegt, läßt sich dieses Verfahren nicht ohne weiteres auf die Bestimmung kondensierter Phosphate in Wurst- und Fleischwaren übertragen. Schon früher wurde versucht, dieses für den Lebensmittelchemiker wichtige Problem einer Lösung zuzuführen. EBACH und MÜLLER[30] sowie weitere Autoren [105, 144] bestimmten auf klassisch-analytischem Wege erhaltene Verhältniszahlen, die aus Gesamtphosphor, wasserlöslichem Phosphor, säurelöslichem Phosphor und Stickstoffgehalt gebildet wurden. GERRITSMA und FREDERIKS[58] sowie ENDER[46] verfolgten hydrolytische Veränderungen des Phosphatgehaltes in Fleisch und Wurst durch indirekte Methoden wie z. B. Zunahme des Orthophosphatgehaltes. Als bisher einziger direkter Nachweis von kondensiertem Phosphat in Fleisch und Wurst war die Methode von GRAU und Mitarbeitern[61, 62] anzusehen. Dabei wird auf einem Ringchromatogramm Orthophosphat mit Ammoniummolybdat fixiert, kondensierte Phosphate wandern und werden anschließend sichtbar gemacht. Obwohl sich sämtliche Phosphatzusätze mit dieser Methode nachweisen lassen, ist weder eine Unterscheidung zwischen verschiedenen kondensierten Phosphaten noch eine quantitative Aussage möglich. Eine qualitative, papierchromatographische Vorschrift teilte vor kurzem PELTZER[106] mit. Wir versuchten nun die Ausarbeitung eines den beschriebenen Methoden ähnlichen Verfahrens zur qualitativen und quantitativen Feststellung der Phosphate in Fleisch- bzw. Wurstwaren.

Beim Versuch, die früher geschilderte papierchromatographische Technik auf die Bestimmung von Phosphaten in Wurst und Fleisch anzuwenden, ergaben sich folgende Schwierigkeiten:

Die zu bestimmenden kondensierten Phosphate liegen im Gegensatz zu Schmelzkäse in sehr geringer Konzentration vor. Üblicherweise beträgt der Gehalt an kondensierten Phosphaten nicht mehr als 0,3%, während z. B. in Schmelzkäse 3% vorliegen. Dieses kondensierte Phosphat stellt außerdem in den meisten Fällen nur einen Bruchteil des gleichfalls vorhandenen natürlichen Orthophosphates dar. Da als optimale Phosphatkonzentration zur papierchromatographischen Trennung etwa an P_2O_5 0,5—1%ige Lösungen vorliegen sollen, kann die im Fleisch vorliegende Konzentration an kondensiertem Phosphat nur unwesentlich erniedrigt werden, in einigen Fällen muß sie sogar erhöht werden. Andererseits zeigten einige Vorversuche, daß eine Eiweißabtrennung mit Trichloressigsäure wegen des ungünstigen Verhältnisses Eiweiß zu kondensiertem Phosphat unvorteilhaft ist.

Es treten dabei wie auch bei wäßrigen Auszügen offensichtlich Okklusionen auf, so daß Trichloressigsäurefiltrate sowie wäßrige Auszüge, vor allem in quantitativer Hinsicht, nicht mehr die ursprüngliche Phosphatzusammensetzung der Fleischprobe repräsentieren.

Wir konnten z. B. in 0,2% Grahamsches Natriumpolyphosphat und Kurrolsches Kaliumpolyphosphat enthaltendem Fleisch nach Enteiweißen mit Trichloressigsäure keines der beiden Phosphate papierchromatographisch mehr nachweisen. Eine derartige Fällung darf außerdem nicht in allzu konzentrierter Lösung vorgenommen werden und bedingt anschließend zur papierchromatographischen Trennung ein umständliches und zeitraubendes Auftragen und Abdunsten der Lösung. Die Anwendung der hierbei notwendigen großen Mengen Trichloressigsäure erhöht außerdem die Gefahr der Hydrolyse der geringen Mengen kondensierter Phosphate. Aus diesen Gründen wollten wir eine Eiweißabtrennung vermeiden. Wir versuchten daher, eine Arbeitstechnik anzuwenden, bei der das Fleisch selbst in möglichst unverändertem Zustand zur chromatographischen Trennung kommt. Dabei hofften wir, daß das ebenfalls Trichloressigsäure enthaltende Lösungsmittel — falls sich das Fleisch in sehr dünner Schicht am Papier befindet — zumindest die niedermolekularen Phosphate von der Eiweiß enthaltenden Startlinie quantitativ lösen würde. Diese Hoffnung erwies sich als berechtigt und bei nur jeweils Ortho-, Pyro-, Tripoly- sowie Trimetaphosphat enthaltendem Fleisch war auf dem Startstreifen nach Chromatographieren mit den in der Literatur bzw. früher beschriebenen Lösungsmitteln kein Phosphat nachzuweisen.

Um das Fleisch in möglichst dünner Schicht aufzutragen, wenden wir folgendes Verfahren an: Das unter möglichst geringem Wasserzusatz homogenisierte Fleisch wird pastenförmig auf die Startlinie gebracht. Nach Entfernen der groben Fleischteilchen befinden sich auf der Startlinie ein Fleischsaft sowie feinste Eiweiß- bzw. Fleischteilchen. Aus dieser auf der Startlinie eingetrockneten Masse lassen sich Phosphate mit der üblichen Technik chromatographisch trennen. Das Verfahren hat den Vorteil, daß vor der papierchromatographischen Trennung Konzentrationsänderungen des Phosphatgemisches eher ausgeschlossen werden als bei jedem Filtrat oder Zentrifugat. Auf das Papier gelangt somit ein Adsorbat, das, falls überhaupt vorhanden, aus wasserunlöslichem Phosphor, wasserlöslichem Phosphor, natürlichem, anorganischem Orthophosphat, zugesetztem kondensierten Phosphat und organischem Phosphat besteht. Parallel wird eine Bestimmung des Gesamtphosphorgehaltes des Fleisches nach Veraschen mit Magnesiumacetat oder Schwefelsäure-Perhydrol durchgeführt. Man bestimmt papierchromatographisch nur das Verhältnis der einzelnen Phosphate zueinander bzw. die prozentuale Zusammensetzung und errechnet mit Hilfe des Gesamtphosphorgehaltes die Absolutwerte. Die ursprünglich erwartete Schwierigkeit bei gleichzeitiger Anwesenheit organischer Phosphorverbindungen schied aus, nachdem in keiner der in größerer Zahl durchgeführten Analysen von Wurst und Fleisch verschiedenster Art organische Phosphorverbindungen, zumindest in den hierbei angewandten Konzentrationen, nachgewiesen werden konnten. Dies steht im Einklang mit der Tatsache, daß z. B. Adenosintriphosphorsäure in postmortalem Fleisch durch Myokinase abgebaut wird[66]. Eine weitere Schwierigkeit bestand in der papierchromatographischen Trennung meist geringer Mengen wasserunlöslicher Phosphate, die besonders im alkalischen Chromatogramm am Startfleck verbleiben. Diese Schwierigkeit läßt sich jedoch durch Zugabe von ÄDTE während des Homogenisierens der Fleischprobe ausschalten. Zur Bestimmung treibt man etwa 100 g Fleisch- bzw. Wurst-Masse mehrere Male durch einen mit Lochscheibe — ∅ 1,5 mm — versehenen Wolf. Anschließend homogenisiert man im Starmix mit 20 ml m/10 ÄDTE-Lösung und, je nach Konsistenz der Masse, unter weiterem Wasserzusatz bis zu 80 ml. Der entstandene Brei soll unter möglichst geringem Wasserzusatz hergestellt werden, andererseits jedoch sich mit Hilfe einer Spritze ohne abzureißen auftragen lassen.

Man verwendet parallel zur Laufrichtung in 1,5 cm-Streifen unterteilte, 35 × 30 cm breite Bogen 2040a, bzw. 2043b/MGL mit Salzsäure gewaschen, von Schleicher und Schüll. Der Fleischstreifen wird auf eine 5 cm vom unteren Rand entfernte Startlinie bis zu den seitlichen Rändern durchgehend gezogen. Andernfalls steigt das Lösungsmittel am Rande schneller und verursacht Verzerrungen. Nun legt man einen Streifen des gleichen Chromatographierpapiers auf die Startlinie, drückt möglichst gleichmäßig auf eine Breite von etwa 1 cm und entfernt grobe Fleischfasern, Sehnen usw. durch vorsichtiges Abschaben in noch feuchtem Zustand. Bei sehr geringen Gehalten an kondensiertem Phosphat wiederholt man diese Operation nach Eintrocknen des Startstreifens, gegebenenfalls 2 oder 3 mal. Der Bogen wird nach Eintrocknen des Startstreifens durch Zusammenklammern zylindrisch geformt und aufsteigend mit sauren oder alkalischen Lösungsmitteln, z. B. nach GRUNZE und THILO[65] oder mit einem der früher beschriebenen, modifizierten Lösungsmittel, am besten über Nacht, chromatographiert. Nach Trocknen des Chromatogrammes bei Zimmertemperatur zerschneidet man das in durchlaufend numerierte Streifen eingeteilte Chromatogramm. Man färbt nun die mit geraden oder die mit ungeraden Ziffern bezeichneten Streifen an und besprüht zunächst mit salpetersaurer Ammonmolybdatlösung. Dann wird das Papier mit Hilfe eines Oberflächenverdampfers bis zur maximalen Gelbfärbung der Flecken getrocknet. Dabei hydrolysieren kondensierte Phosphate zu Orthophosphat und bilden mit Ammonmolybdat gelbes Molybdophosphat. Die Startlinie färbt sich dabei in jedem Falle gelb durch Xanthoproteinreaktion, d. h. auch bei Abwesenheit von hochkondensiertem, im Chromatogramm nicht wanderndem Polyphosphat. Phosphat läßt sich jedoch durch anschließende reduktive Anfärbung mit Natriumpyrosulfitlösung erkennen (28,8 g Natriumpyrosulfit löst man in 80 ml Wasser, gibt 1,0 g Natriumsulfit und 0,1 g Metol zu und füllt auf 100 ml auf). Es entstehen blaue Flecke von Phosphomolybdänblau. Zum Anklammern der Streifen während des Besprühens haben sich Kunststoffwäscheklammern sehr gut bewährt.

Man erkennt die einzelnen Phosphate an ihrer Position, indem man Vergleichssubstanzen auf dem gleichen Bogen mitlaufen läßt. Darüber hinaus ergibt sich bei der beschriebenen Anfärbetechnik noch folgende Unterscheidungsmöglichkeit: Orthophosphat gibt stets violettblaue Flecke, während Pyrophosphat durch ein besonders auffallendes Hellblau von allen anderen Phosphaten unterschieden werden kann. Bei einiger Übung lassen sich daher in Zweifelsfällen noch einwandfreie Entscheidungen treffen. Die nicht angefärbten Streifen werden in alter Reihenfolge neben die angefärbten Streifen gelegt. Man zeichnet quer zur Laufrichtung die latenten Bilder der nicht angefärbten Streifen ein. Diese Phosphatzonen müssen nicht auf einer Geraden liegen. Man kompensiert so Schwankungen im R_f-Wert. Zwischen Ortho- und Pyrophosphat-Zone zeichnet man eine etwa gleich große Blindwertzone ein. Von einer beliebigen Anzahl, meist 4—5 nicht angefärbten Streifen, — sind nur Spuren zu bestimmen, so nimmt man mehr — schneidet man die eingezeichnete Phosphatzone aus und bestimmt das in den einzelnen Zonen vorhandene Phosphat nach mehrfacher Extraktion mit Trichloressigsäure und Hydrolyse zu Orthophosphat nach LOHMANN und JENDRASSIK[83a]. Mißt man dabei die Färbung in einem Konzentrationsbereich, in dem das Beersche Gesetz gilt, so genügt es, statt der absoluten Phosphormenge das jeweilige Verhältnis der Extinktion einer Zone zur Summe der Extinktionen zu bestimmen. Zur Erprobung dieser Arbeitsmethode wurden Beleganalysen mit Fleischwurst von definiertem Phosphatgehalt durchgeführt.

Im allgemeinen liegt für Wurst und Fleisch, deren ges. Phosphatgehalt 0,3—0,5% beträgt, der Fehler bei ± 0,02%. Für besonders hohe Genauigkeit ist die Durchführung mehrerer Parallelbestimmungen und Mitteln der Ergebnisse unbedingt notwendig. Andererseits dürfen die Ansprüche an die Genauigkeit nicht zu hoch geschraubt werden, da prinzipiell nur die Bestimmung des zum Zeitpunkt der Analyse im Fleisch vorhandenen Phosphats möglich ist. Bei der Wurstherstellung finden jedoch, teils durch chemische, teils durch enzymatische Hydrolyse, sekundäre Veränderungen der Phosphatzusammensetzung statt. Quantitative Versuche in dieser Richtung sollen einer späteren Mitteilung vorbehalten bleiben. Besonders augenfällig ist der rasche Abbau von Tripolyphosphat, wie wir ihn in rohem Fleischwurstbrät beobachtet haben.

Weiter ist die Genauigkeit der Methode naturgemäß von der eingangs besprochenen Fehlergrenze dieser papierchromatographischen Technik an sich abhängig. Wir haben die Methode mit Erfolg auf Fleischwurst, Blutwurst, Leberwurst, Mettwurst, Salami, Schinken, Hirn und selbst Schwarten angewandt. Organische Phosphate konnten dabei nicht beobachtet werden. Die z. T. hohen Fettgehalte der Würste verursachten keine Störung. Geringe Störungen können vereinzelt im alkalischen Chromatogramm auftreten, indem ein geringer Teil des Phosphats (meist Orthophosphat) nicht wandert. In diesem Fall gelang es jedoch stets, ein einwandfreies Chromatogramm mit saurem Lösungsmittel durchzuführen. Sollte dennoch zur Prüfung auf ringförmige Phosphate ein alkalisches Chromatogramm notwendig sein, so gelingt es in den meisten Fällen, diese Störungen zu beseitigen, indem man die Probe statt mit Wasser mit 5%iger Trichloressigsäure homogenisiert. Auf keinen Fall darf dabei der Äthylendiamintetraessigsäure-Zusatz unterbleiben. Eine generelle Anwendung der Trichloressigsäurebehandlung wurde wegen einer mehrfach beobachteten starken Hydrolyse vermieden. Störungen können entstehen, falls die Probe, wie z. B. rohes Fleischwurstbrät bzw. Bratwurst, sehr viel feine Haut und Sehnen enthält, die sich vom Startstreifen mechanisch nur sehr schwer abschaben lassen. Man erhält eine geeignete Konsistenz, falls man etwa 20 min bei 80° brüht. Die dabei auftretenden Veränderungen durch Hydrolyse liegen in den meisten Fällen nicht wesentlich über der Fehlergrenze der Bestimmung an sich.

Literatur

1 ANDO, T., J. ITO, SH. ISHI and T. SODA: Bull. Chem. Soc. Japan 25, 78—79 (1952).
2 ANDRESS, K. R., u. K. FISCHER: Z. anorg. Chem. 273, 193—198 (1953).
3 ANDRESS, K. R., u. H. J. HOFFMANN: Naturwiss. 41, 94—95 (1954).
4 ATEN, A. H. W., et H. VAN STRAATEN: Rec. Trav. chim. Pays-Bas 69, 561—564 (1950).
5 BELL, R. N.: Analyt. Chemistry 19, 97—100 (1947).
6 BELL, R. N., A. R. WREATH and W. T. CURLESS: Analyt. Chemistry 24, 1997—1998 (1952).
7 BERENBLUM, J., and E. CHAIN: Biochemic. 32, 295—298 (1938).
8 BEUKENKAMP, J., W. RIEMANN III. and S. LINDENBAUM: Analyt. Chemistry 26, 505 (1954).
9 BIBERACHER, G.: Z. anorg. Chem. 285, 86—91 (1956).
10 BRITSKE, E., u. S. DRAGUNOW: J. Chem. Ind. 4, 49 (1927) (russ.); ref. in Chem. Zbl. 98 II, 1983 (1927).
11 BUES, W., u. H. N. GEHRKE: Z. anorg. Chem. 288, 291—323 (1957).
12 BUSCH, N., et J. P. EBEL: Bull. Soc. Chim. 1956, 758—761.
13 CALE, W. R.: Canad. Chem. 1948, 741—745.
14 CALLIS, C. F., J. R. VAN WAZER and J. N. SHOOLERY: Analyt. Chemistry 28, 269—270 (1956).
15 CORBRIDGE, D. E. C.: Acta crystallogr. 8, 520 (1955).
16 CORBRIDGE, D. E. C., and E. J. LOWE: Analyt. Chemistry 27, 1383—1387 (1955).
17 CROWTHER, J. P.: Nature (London) 173, 486 (1954).
18 CROWTHER, J. P.: Analyt. Chemistry 26, 1383—1386 (1954).
19 MCCUNE, H. W., and G. J. ARQUETTE: Analyt. Chemistry 27, 401—405 (1955).
20 MCCUNE, H. W., and O. T. QUIMBY: Analyt. Chemistry 29, 248—253 (1957).
21 DEWALD, W., u. H. SCHMIDT: Z. anal. Chem. 134, 17 (1951); 139, 359 bis 361 (1953).
22 DEWALD, W., u. H. SCHMIDT: Z. anal. Chem. 134, 86 (1951).
23 DEWALD, W., u. H. SCHMIDT: Z. anal. Chem. 134, 245 (1951).
24 DEWALD, W., u. H. SCHMIDT: Z. anal. Chem. 136, 420—425 (1952).
25 DEWALD, W., u. H. SCHMIDT: Z. anal. Chem. 137, 178 (1952).
26 DEWALD, W., u. H. SCHMIDT: Z. anorg. Chem. 272, 253—264 (1953).
27 DEWALD, W., H. SCHMIDT u. R. W. NEEB: Fette u. Seifen 56, 105—108 (1954).
28 DEWALD, W., u. H. SCHMIDT: J. prakt. Chem. (4) 2, 196—202 (1955).
29 DYMON, J. J., and A. J. KING: Acta crystallogr. 4, 378 (1951).
30 EBACH, K., u. F. W. MÜLLER: Vorratspflege u. Lebensmittelforsch. 4 (1941).
31 EBEL, J. P., et Y. VOLMAR: C. r. Acad. Sci. (Paris) 233, 415—417 (1159).
32 EBEL, J. P.: C. r. Acad. Sci. (Paris) 234, 621—623 (1952).
33 EBEL, J. P.: C. r. Acad. Sci. (Paris) 234, 732—733 (1952).

34 EBEL, J. P., Y. F. BASSILI et Y. VOLMAR: C. r. Acad. Sci. (Paris) **235**, 372—373 (1952).

35 EBEL, J. P.: Bull. Soc. Chim. biol. **34**, 321—329 (1952).

36 EBEL, J. P.: Ann. de Biol. **28**, 113—114 (1952).

37 EBEL, J. P.: Bull. Soc. Chim. **20**, 1—5 (1953).

38 EBEL, J. P.: Bull. Soc. Chim. **20**, 991 (1953).

39 EBEL, J. P.: Bull. Soc. Chim. **20**, 998 (1953).

40 EBEL, J. P., Y. VOLMAR et Y. F. BASSILI: Bull. Soc. Chim. **20**, 1085 (1953).

41 EBEL, J. P.: Bull. Soc. Chim. **20**, 1089 (1953).

42 EBEL, J. P.: Bull. Soc. Chim. **20**, 1096 (1953).

43 EBEL, J. P., et J. COLAS: C. r. Acad. Sci. (Paris) **239**, 173—175 (1954).

44 EBEL, J. P.: Microchimica Acta **6**, 679 (1954).

45 ENDER, G.: Z. anal. Chem. **138**, 401—404 (1953).

46 ENDER, G.: Dtsch. Lebensmittel-Rdsch. **5**, 119—120 (1954).

47 ENNOR, A. H., and L. A. STOCKEN: Austral. J. Exper. Biol. a. Med. Sci. **28**, 647—655 (1950).

48 ERDEY, L., B. FLEPS et E. BODOR: Acta chim. Acad. Sci. hung. **5**, 65—80 (1954).

49 ETIENNE, H.: Belg. Chem. Industrie, T. 18, Nr. 4, 340—350 (1953).

50 FANVARQUE: L'Industrie chimique 1954, Februar.

51 FISCHER, J., u. H. KRAFT: Z. anal. Chem. **152**, 56—76 (1956).

52 FISCHER, J., u. H. KRAFT: Z. anal. Chem. **154**, 245—253 (1957).

53 FLYNN, R. M., M. G. JONES and F. LIPMANN: J. of Biol. Chem. **211**, 791—796 (1954).

53a GASSNER, K., W. KIEKEBUSCH u. K. LANG: Biochem. Z. **328**, 485—491 (1957).

54 GAUTHIER, P.: Bull. Soc. Chim. **5**, 981—983 (1955).

55 GERBER, A. B., and F. T. MILES: Ind. Engng. Chem., Anal. Ed. **10**, 519—524 (1938).

56 GERBER, A. B., and F. T. MILES: Ind. Engng. Chem., Anal. Ed. **13**, 406—412 (1941).

56a GERIKE, S., u. B. KURMIES: Z. anal. Chem. **137**, 15 (1952).

57 GERRITSMA, K. W., and J. G. FREDERIKS: Chem. Weekbl. **1955**, 197—202.

58 GERRITSMA, K. W., u. J. G. FREDERIKS: Dtsch. Lebensmittel-Rdsch. **5**, 130—132 (1955).

59 GOLDENSON, J., N. MULLER and P. C. LAUTERBUR: J. Amer. Chem. Soc. **78**, 3557—3561 (1956).

60 GRANDE, J. A., and J. BEUKENKAMP: Analyt. Chemistry **28**, 1497—1498 (1956).

61 GRAU, R., R. HAMM u. A. BAUMANN: Fleischwirtschaft **1953**, 78—79.

62 GRAU, R., R. HAMM u. A. BAUMANN: Angew. Chem. **9**, 242 (1953).

63 GRIFFITH, E. J.: Analyt. Chemistry **28**, 525—526 (1956).

64 GRUNZE, H.: Angew. Chem. **67**, 673 (1955).

65 GRUNZE, H., E. THILO u. W. WIEKER: Sitzgsber. dtsch. Akad. Wiss. Berlin **1955**.

66 HAMM, R.: Fleischwirtschaft **9**, 539—541 (1956).

[67] HECHT, H.: Z. anal. Chem. **143**, 93—102 (1954).

[68] HEINERTH, E.: Fette u. Seifen **53**, 31—34 (1951).

[69] HEINERTH, E.: Fette u. Seifen **54**, 621 (1952).

[70] HEINERTH, E.: Fette u. Seifen **55**, 165—169 (1953).

[71] ILER, R. K., and R. PFANSTIEL: J. Amer. Chem. Soc. **74**, 6059 (1952).

[72] ISHERWOOD, F. A., and C. S. HANES: Nature (London) **146**, 1107—1112 (1949).

[73] JAHR, K. F.: Forschng. u. Fortschr. **24**, 3 (1948).

[74] JONES, L. T.: Ind. Engng. Chem. **14**, 536—542 (1942).

[75] KARL-KROUPA, E.: Analyt. Chemistry **28**, 1091—1097 (1956).

[76] KATO, T., et col.: Tech. Rep. Tôhoku Univ. **19**, 93—103 (1954).

[77] KATO, T., Z. HAGIWARA and R. SHINOZAWA: Tech. Rep. Tôhoku Univ. **19**, 157—166 (1955).

[78] KAUFMANN, H. P., u. R. NEU: Fette u. Seifen **53**, 690—692 (1951).

[79] KÖBERLEIN, W., u. H. MAIR-WALDBURG: Z. Lebensmittel-Unters. u. -Forsch. **102**, 231—235 (1955).

[80] LINDENBAUM, S., J. T. V. PETERS u. W. RIEMANN III.: Anal. chim. Acta (Amsterdam) **11**, 530—537 (1954).

[81] LINDENBAUM, S.: Diss. Abs. **15**, 1711 (1955).

[82] LOHMANN, K.: Biochem. Z. **203**, 172—207 (1928).

[83] LOHMANN, K.: Angew. Chem. **67**, 14—15 (1955).

[83a] LOHMANN, K., u. L. JENDRASSIK: Biochem. Z. **178**, 419 (1920).

[84] LOHMANN, K., u. P. LANGEN: Biochem. Z. **328**, 1—11 (1956).

[85] LONGENECKER, H.: Analyt. Chemistry **21**, 1402 (1949).

[86] LOWRY, O. H., and J. A. LOPEZ: J. of Biol. Chem. **162**, 421—428 (1946).

[87] MABIS, A. J., and O. T. QUIMBY: Analyt. Chemistry **25**, 1814—1818 (1953).

[88] MADORSKI, S. L., and K. G. CLARK: Ind. Engng. Chem., Anal. Ed. **32**, 244 (1940).

[89] MATSUHASHI, M.: J. of Biochemistry **44**, 65—67 (1957).

[90] MATTENHEIMER, H.: Biochem. Z. **322**, 36—48 (1951).

[91] MATTENHEIMER, H.: JUPAC-Colloquium, Münster/Westf. **1955**,287—292.

[92] MATTENHEIMER, H.: Angew. Chem. **67**, 408—410 (1955).

[93] MATTENHEIMER, H.: Z. physiol. Chem. **303**, 107—139 (1956).

[94] MEISSNER, J.: Z. anorg. Chem. **281**, 293—302 (1955).

[95] MERVEL, R. V. (russ.): Ref. Chem. Abstracts **1946**, 1113.

[96] NETHERTON, L. E., A. R. WREATH and D. N. BERNHART: Analyt. Chemistry **27**, 860—861 (1955).

[97] NEU, R.: Z. anal. Chem. **131**, 102—103 (1950).

[98] NEU, R.: Fette u. Seifen **53**, 118—119 (1951).

[99] NEU, R.: Fette u. Seifen **53**, 148—149 (1951).

[100] NEU, R.: Fette u. Seifen **54**, 397—399 (1952).

[101] NEU, R.: Fette u. Seifen **54**, 682 (1952).

[102] NEU, R.: Fette u. Seifen **55**, 17—19 (1953).

[103] NEU, R., u. P. HAGEDORN: Fette u. Seifen **56**, 298—302 (1954).

[104] PARTRIDGE, E. P., V. HICKS and G. W. SMITH: J. Amer. Chem. Soc. **63**, 454—466 (1941).

[105] Patzsch, H.: Mittbl. GDCh-Fachgr. Lebensmittelchem. **1954**, Nr. 8, August.

[106] Peltzer, J.: Mittbl. GDCh-Fachgruppe Lebensmittelchem. u. gerichtl. Chem. **11**, 2 (1957) Februar.

[107] Peters, T. V. jr., u. W. Riemann III.: Anal. chim. Acta (Amsterdam) **14**, 131—135 (1956).

[108] Pfrengle, O.: Fette u. Seifen **58**, 81—87 (1956).

[109] Plieth, K., u. C. H. Wurster: Z. anorg. Chem. **267**, 49—61 (1951).

[110] Quimby, O. T.: J. Phys. Chem. **53**, 603 (1954).

[111] Quimby, O. T., A. J. Mabis and H. W. Lampe: Analyt. Chemistry **26**, 661—667 (1954).

[112] Raistrick, B., F. J. Harris and E. J. Lowe: Analyst **76**, 230—235 (1951).

[113] Sansoni, B., u. R. Klement: Angew. Chem. **65**, 422 (1953).

[114] Sansoni, B.: Angew. Chem. **65**, 423 (1953).

[115] Sansoni, B., u. R. Klement: Angew. Chem. **66**, 598—602 (1954).

[116] Schmid, J.: Diss. Univ. München, Mai 1956.

[116a] Schmitz, B.: Z. anal. Chem. **45**, 512 (1906).

[117] Schreier, K., u. H. G. Nöller: Arch. exper. Path. u. Pharmakol. **227**, 199—209 (1955).

[118] Shinagawa, M., and M. Kobayashi: J. Sci. Hiroshima Univ. **18**, 237 bis 244 (1954).

[119] Shinagawa, M., J. Takanaka, Y. Kiro, A. Trukiji and Y. Matama: Bull. Chem. Soc. Japan **28**, 565—567 (1955).

[120] Simon, A., u. E. Steger: Naturwiss. **42**, 604—605 (1955).

[121] Steger, E.: Angew. Chem. **67**, 408—410 (1955).

[122] Stollenwerk, W., u. A. Bäurle: Z. anal. Chem. **77**, 81 (1929).

[123] Strauss, U. P., E. H. Smith and P. L. Wineman: J. Amer. Chem. Soc. **75**, 3935—3939 (1953).

[124] Strauss, U. P., and E. H. Smith: J. Amer. Chem. Soc. **75**, 6186—6188 (1953).

[125] Thilo, E., u. I. Plaetschke: Z. anorg. Chem. **260**, 297—314 (1949).

[126] Thilo, E., G. Schulz u. E. A. Wichmann: Z. anorg. Chem. **272**, 182 bis 200 (1953).

[127] Thilo, E., W. Grunze, J. Hämmerling u. G. Werz: Z. Naturforsch. **116**, 266—270 (1956).

[128] Thilo, E.: Vortrag TH Darmstadt 1956.

[129] Treadwell, W. B., u. F. Leutwyler: Helvet. chim. Acta **21**, 1450 bis 1459 (1938).

[130] Volmar, V., J. P. Ebel et T. V. Bassili: C. r. Acad. Sci. (Paris) **235**, 372—373 (1952).

[131] Wade, W. E., and D. M. Morgan: Nature (London) **171**, 529—530 (1953).

[132] Wade, W. E., and D. M. Morgan: Biochemic. J. **60**, 264—270 (1955).

[133] Wazer, J. R. van: Ind. Engng. Chem. **41**, 189—194 (1949).

[134] Wazer, J. R. van: J. Amer. Chem. Soc. **72**, 906 (1950).

[135] Wazer, J. R. van, E. Karl-Kroupa and C. H. Russel: Manuskript. Monsanto 1954.

[136] WAZER, J. R. VAN, and B. J. KATCHMAN: Biochim. et Biophysica Acta **14**, 445 (1954).

[137] WAZER, J. R. VAN, E. J. GRIFFITH and J. T. McCULLOUGH: Analyt. Chemistry **26**, 1755—1759 (1954).

[138] WEIL-MALHERBE, H., and R. H. GREEN: Biochemic. J. **49**, 286—292 (1951).

[139] WEISER, H. J. jr.: Analyt. Chemistry **28**, 477—481 (1956).

[140] WESTMAN, A. Z. R., A. E. SCOTT and J. T. PEDLEY: Chemistry in Canada **4**, 35 (1952).

[141] WESTMAN, A. Z. R., A. E. SCOTT and J. T. PEDLEY: Analyt. Chemistry **24**, 1231 (1952).

[142] WESTMAN, A. E. R., and A. E. SCOTT: Nature (London) **168**, 740 (1951).

[143] WIAME, J. M.: J. of Biol. Chem. **178**, 919—929 (1949).

[144] WILLEKE, H., u. G. NIGMANN: Mittbl. GDCh-Fachgr. Lebensmittelchem. **1954**, Nr. 6, Juni.

[145] WOLLENBERGER, A., u. B. WAHLER: Internat. Physiol.-Kongreß 30. 7. bis 4. 8. 1955, Brüssel; ref. Angew. Chem. **4**, 144 (1957).

[146] WURZSCHMITT, B., u. W. SCHUHKNECHT: Angew. Chem. **52**, 711 (1939).

[147] ZIMMERMANN, M.: Angew. Chem. **62**, 291 (1950).

Über die Analytik kondensierter Phosphate
in Lebensmitteln

Von

W. Nielsch, Ludwigshafen

Mit 4 Textabbildungen

Herr Gassner hat interessante Erfahrungen über die quantitative Bestimmung von kondensierten Phosphaten in Lebensmitteln mitgeteilt. Der Redner bittet, die Diskussion, die zwangsläufig durch die Bekanntgabe derartiger in vollem Fluß befindlicher analytischer Probleme ausgelöst und hiermit begonnen wird, als eine positive, aber dennoch kritische Stellungnahme anzusehen.

Die analytische Aufgabe, kondensierte Phosphate in Lebensmitteln mittels Papierchromatographie quantitativ zu bestimmen, gliedert sich in folgende Teilaufgaben:

1. Probenahme,
2. Probevorbereitung zum Erhalt eines chromatographierbaren Probegutes,
3. Anfertigung des Chromatogramms,
4. Quantitative Bestimmung der auf dem Papier getrennten Phosphate.

Die Probenahme darf in diesem Kreise als bekannt vorausgesetzt werden. Zweckmäßig werden bei Schmelzkäse etwa 25 g, bei Fleisch- und Wurstwaren 100 g und bei kondensierter Milch 5 g mindestens umfassende Proben der Untersuchung zugeleitet, um eine gute Durchschnittsprobe zu gewährleisten.

Probevorbereitung zum Erhalt eines chromatographierbaren Probegutes

Wäßrige Auszüge von kondensierte Phosphate enthaltenden Lebensmitteln können auch nach unseren Erfahrungen häufig nicht unmittelbar chromatographiert werden. Es entstehen z. B. bei Schmelzkäse Chromatographiebänder, die bei Benutzung der in der Literatur bekannten Lösungsmittelgemische gar nicht oder nur sehr schwierig ausgewertet werden können. Eine wesentliche

Verbesserung bedeutet der Zusatz von stärkeren Komplexbildnern, wie z. B. Äthylendiamintetraessigsäure bzw. ihr Dinatriumsalz, das besser löslich ist, wie dies LOHMANN und LANGEN[1] bei der Aufarbeitung von Hefen zur Bestimmung der darin enthaltenen kondensierten Phosphate beschrieben haben.

Bei der Bestimmung von kondensierten Phosphaten in Fleisch haben wir chromatographierbare Proben auch ohne den Zusatz derartiger Komplexbildner erhalten, während für die Untersuchung von Käseproben der Zusatz von einem Komplexbildner als unbedingt notwendig gefunden wurde. Versuche, ob die Äthylendiamintetraessigsäure oder Cyclohexandiamintetraessigsäure oder deren Natriumsalze vorteilhafter eingesetzt werden sollten, haben keine deutlichen Unterschiede ergeben. Der p_H-Wert des Käse- bzw. Fleischbreies ließ keine wesentlichen Differenzen erkennen, wenn man einmal die Äthylendiamintetraessigsäure selbst oder zum anderen Mal ihr Natriumsalz in der benötigten Menge zufügte. Auch die Chromatogramme zeigten keine Unterschiede.

Wasser darf bei der Probevorbereitung in relativ großen Mengen zugesetzt werden, ohne befürchten zu müssen, daß die Phosphatkonzentration soweit absinkt, daß die Papierchromatographie und deren Auswertung unmöglich wird. Jedoch müssen die Bedingungen so gewählt werden, daß eine Hydrolyse der kondensierten Phosphate vermieden wird.

Zweckmäßig trägt man für die Papierchromatographie 10 μl des flüssigen Probegutes auf einmal auf das Papier auf. Durch mehrmalige Wiederholung ist es aber möglich, bis zu 50 μl der Probelösung auf den gleichen Fleck aufzutragen. Für die photometrische Auswertung der auf dem Papier getrennten und herausgelösten kondensierten Phosphate ist es günstig, wenn pro Fleck etwa 5—10 μg P vorliegen. Das ergibt notwendige Konzentrationen von etwa 0,2—1 μg/μl oder 0,2—1 mg/ml des wäßrigen Probegutauszuges für jedes chromatographisch trennbare Phosphat. Da z. B. in Fleisch- oder Wurstwaren mit einem Gehalt von insgesamt etwa 0,3—0,5% an kondensierten Phosphaten zu rechnen ist, können auf 100 g Probegut ohne weiteres 100 g Wasser zum Auszug Verwendung finden, ohne daß man befürchten muß, aus dem für die Analyse notwendigen Konzentrationsbereich zu gleiten. Wir kommen somit zu demselben Ergebnis wie Herr GASSNER. Bei der Untersuchung von Käse können, dem höheren

Phosphatgehalt entsprechend, größere Wassermengen angewandt werden. Für die Bestimmung kondensierter Phosphate in Milch müßte die Aufarbeitung der Probe entsprechend variiert werden.

Wir haben die Proben in ähnlicher Weise, wie es Herr Gassner schilderte, vorbereitet. Zum Unterschied von Herrn Gassner wurde aber nicht die ganze Masse auf das Papier gebracht, sondern durch Zentrifugieren eine Vortrennung zwischen zerkleinerten Fleischfasern und wäßrigem Auszug vorgenommen und dann eine genau abgemessene Menge des wäßrigen Auszuges (meist 15 bis 20 μl) aufgetragen. Dabei müßte, ebenso wie bei der von Herrn Gassner angegebenen Methode, die Frage geklärt werden, ob der wäßrige Auszug tatsächlich die gesamten Phosphate enthält. Wir glauben Gründe zu der Annahme zu haben, daß dies leider nicht der Fall ist. Zusätze von kondensierten Phosphaten mit bekannter Zusammensetzung zu Fleisch vor der Feinzerkleinerung wurden von uns nur zu 80—90% wiedergefunden. Gibt man aber die berechnete Menge Phosphat nach dem Abzentrifugieren in den Fleischsaft, so findet man sie quantitativ wieder. Es ist also anzunehmen, daß ein Teil des Phosphates von den Fleischfasern zurückgehalten wird.

Herr Gassner setzt voraus, daß die kondensierten Phosphate in demselben Verhältnis auf das Papier kommen, wie sie im Fleisch vorliegen. Unseres Erachtens ist nun die Auswertung bei dem angegebenen Verfahren eine derartige, daß eine Änderung des Konzentrationsverhältnisses der einzelnen Phosphate unbemerkt bleiben könnte, da nur Verhältnisse bestimmt werden. Es wird daher gebeten, diese Bedenken in der anschließenden Diskussion nach Möglichkeit zu zerstreuen.

Die Mitteilung des Herrn Gassner über die Verbesserung der Lösungsmittelgemische für die Chromatographie erscheint nachprüfenswert, um die offenbar guten Trennungserfolge bestätigen zu können.

Die geringsten Schwierigkeiten dürften bei Analysen der vorliegenden Art in der quantitativen Bestimmung des Phosphatgehaltes der Chromatographieflecken liegen, vorausgesetzt, daß analytisch geschulte Kräfte zur Verfügung stehen, die gewohnt sind, mikroanalytisch zu arbeiten. Meßtechnisch lassen gute Spektralphotometer Messungen auf etwa 0,5% absolute Fehler zu, die bei Benutzung von Präzisionsfilterphotometergeräten wie

z. B. des Elko II auf hundertstel Prozente herabgedrückt werden. In dieser Auswertestufe sind also bei fachgerechter Arbeit die geringsten Fehler methodischer Art zu erwarten.

Während Herr GASSNER es vorzieht, die herausgelösten und hydrolysierten Phosphate im wäßrigen Medium als Molybdänblau zu bestimmen, führen wir den Phosphor in Phosphomolybdänsäure über und messen diese photometrisch. Dazu lösen wir die auf dem Papier getrennten Phosphate mit 0,1 n Ammoniak aus dem Papier heraus, hydrolysieren 3 Std. auf dem siedenden Wasserbad in n-Salzsäure. Nach Neutralisation der Lösung und anschließender Zugabe einer sauren Natriummolybdatlösung wird die Phosphomolybdänsäure mit einem Butanol-Chloroformgemisch extrahiert, wie es von WADELIN und MELLON[2] angewandt wurde. Nach unseren Erfahrungen hat die von uns gewählte Auswertungsmethode mindestens die gleiche Nachweisgrenze wie die Molybdänblaumethode, wenn man die Messung im Absorp-

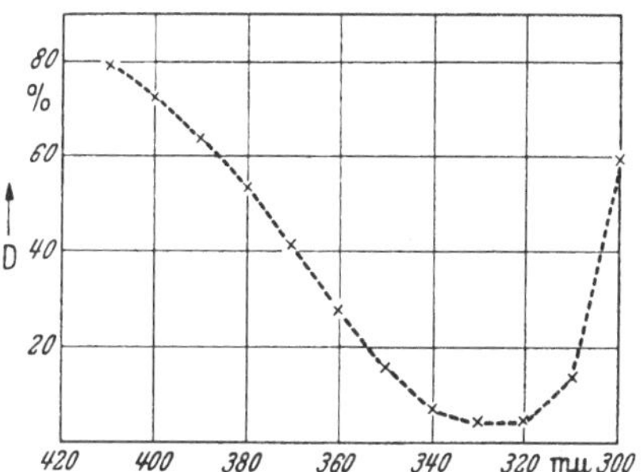

Abb. 1. Absorptionskurve Phosphomolybdänsäure in Butanol-Chloroform. Beckmann DU, 1 cm-Quarzcuvette

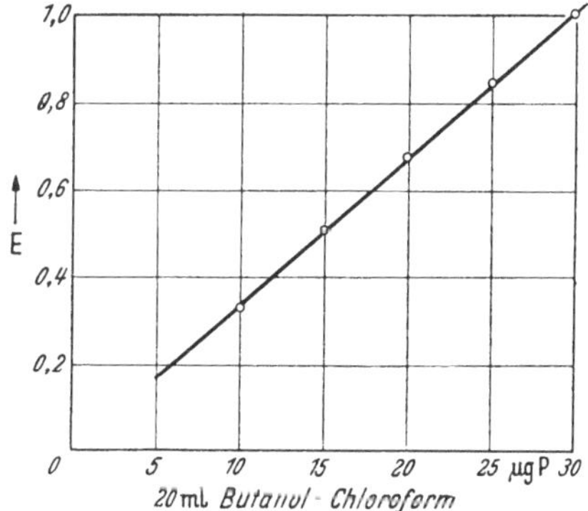

Abb. 2. Eichkurve 10—30 μg P als Phosphomolybdänsäure (0,5—1,5 μg P/ml). Beckmann DU. Sp. 0,01 mm, 320 mμ, 1 cm-Quarzcuvetten gemessen gegen Blindlösung

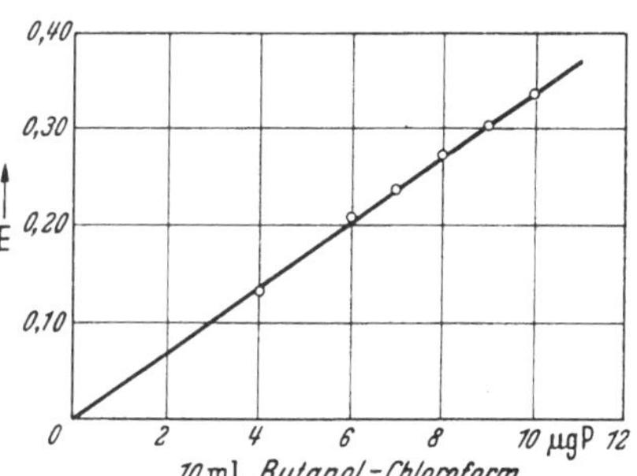

Abb. 3. Eichkurve 4—10 μg P als Phosphomolybdänsäure Beckmann DU, Sp. 0,01 mm, 320 mμ, 1cm-Quarzcuvetten gemessen gegen Blindlösung

tionsmaximum bei 310—320 mμ im Spektralphotometer oder im Eppendorfgerät vornimmt und nicht, wie vielfach angegeben, bei 380 oder 400 mμ. Abb. 1 (Absorptionskurve), Abb. 2, 3, 4 (Eichkurven).

Vergleich der Extinktionen für gleiche P-Mengen bei einer Konzentration von 1 μg/ml

Phosphomolybdänblau mit Filter S 72 E   E = 0,12
Phosphomolybdänsäure bei 320 mμ E = 0,33.

Wie bekannt, läßt die Farbkonstanz der verschiedenen Molybdänblaumethoden zu wünschen übrig, während die Gelbfärbung der Phosphomolybdänsäure über längere Zeit konstant bleibt (gemessen bis 7 Std.). Wir erhielten nach dieser Methode recht befriedigende Ergebnisse (Tab. 1).

Es kann also zusammenfassend festgestellt werden, daß wir heute, insbesondere auf Grund der Arbeiten von Herrn Gassner in der Lage sind, die Menge und Art der kondensierten Phosphate in Lebensmitteln relativ genau festzustellen. Anzustreben wäre hierbei jedoch, eine noch größere Genauigkeit zu erreichen.

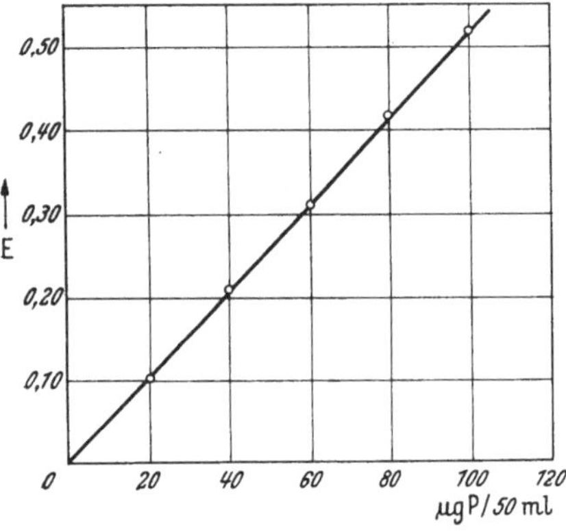

Abb. 4. Eichkurve 20—100 μg P als Phosphomolybdänblau (0,4—2 μg P/ml) in wäßriger Lösung reduziert mit Metol, 10 min auf 60° erwärmt, Elko II, Glühlampe, Filter S 72 E, 2 cm-Cuvette

Tabelle 1. *Quantitative Papierchromatographie mit Phosphatmischungen*

Grahamsalz mit 68,7% P_2O_5		Natriumpyrophosphat	
γ P aufgetragen	γ P gefunden	γ P aufgetragen	γ P gefunden
12,6	12,6	10,0	9,8
12,6	12,7	15,0	14,8
15,0	15,0	15,0	15,0
15,0	14,7	15,0	15,0
15,0	15,0	20,0	19,9
15,0	15,2	20,0	19,9
		20,0	20,0
		20,0	20,7
		20,0	20,0

Die vorgetragenen eigenen Arbeiten wurden gemeinsam mit Fräulein LIESELOTTE GIEFER durchgeführt.

Literatur

[1] LOHMANN, K., u. P. LANGEN: Biochem. Z. **328**, 1 (1956).

[2] WADELIN, C. O. E., and M. G. MELLON: Ind. Eng. Chem., Analyt. Edit. **25**, 1668—1673 (1953).

Diskussion zu den Vorträgen GASSNER und NIELSCH

MATTENHEIMER (Berlin): Eine Pipette, die man sehr gut für die quantitative Papierchromatographie benutzen kann, ist die sog. Konstriktions-Pipette, wie sie vor etwa 15 Jahren am Karlsberg-Laboratorium entwickelt wurde. Man kann diese Pipetten leider nicht kaufen und man muß sie sich selbst herstellen; sie gestatten das Abmessen von 5 mm³ bis zu 200 mm³. Ein Capillarrohr mit ziemlich dicker Wand wird zunächst durch Aufblasen zu einer Spitze ausgezogen und dann wird mit einer scharfen Flamme an einer Stelle, die man sich früher durch Aufziehen einer bestimmten Wassermenge markiert, erhitzt, so daß die Wand zusammenfällt und hier eine Konstriktion entsteht, welche die aufgezogene Flüssigkeitsmenge am Zurückfließen hindert. Man bringt dann einen Schlauch an und gibt entweder durch eine Preßluftanlage oder aber, wenn man es geübt hat, mit dem Mund soviel Überdruck, daß die Wassersäule ausfließt und dann genau in der Konstriktion stehen bleibt. Die Konstriktion muß dann mit Überdruck überwunden werden. Man eicht die Pipetten durch Auswiegen oder durch eine jodometrische Methode. Sie besitzen einen Fehler von etwa 0,5%, was bei diesen kleinen Mengen sehr gering ist. Sie bieten den Vorteil, daß man unerhört rasch arbeiten kann, denn man braucht keinen Meniscus einzustellen und keine Mikrometerschraube.

PFRENGLE (Budenheim): Es hat mich an dem Vortrag GASSNER besonders interessiert, daß bei ihm auch längerkettige Phosphate als P 9 gewandert sind. Wir können diesen Befund durchaus bestätigen. Wenn man sehr viel Glück hat, kann man auch die einzelnen Flecke noch mit P 11 oder P 12 ganz schön bekommen. Das gibt natürlich kleine Rückschlüsse auf die Nomenklatur. Wir haben bisher die Phosphate bis P 10, die wandern, als Oligophosphate bezeichnet. Ich meine aber, daß wir es bei dieser praktischen Bezeichnung durchaus belassen sollten, auch wenn längerkettige noch wandern. Wir haben darüber hinaus in Kreisen der Phosphatindustrie in letzter Zeit noch eine kleine Unterteilung vorgenommen, und zwar aus praktischen Gründen, indem wir als kurzkettige das Di- und Triphosphat zusammengefaßt haben, weil die Natriumsalze besonders gut technisch in reiner Form herstellbar sind, während wir die anderen von 4—10 als mittelkettige bezeichnen.

LANGEN (Berlin): Sie lassen bei der papierchromatographischen Auswertung immer auf dem Streifen, den Sie nachher eluieren, den Phosphor unangefärbt. Dann müssen Sie also immer einen Kontrollstreifen zur Hand haben. Ist das nötig oder kann man die blauen Flecke eluieren? Welche Fehler würden entstehen, wenn Sie das machen, würden die Werte zu groß oder zu klein werden, und ist überhaupt der Fehler so groß, daß man diesen Mehraufwand an Arbeit machen muß? Zum zweiten, das Auftragen von den Fleischmengen direkt an den Startstreifen erscheint mir nach allem, was man über das Verhältnis von Polyphosphaten und Eiweißen kennt, etwas problematisch. Die Reduktion zu Molybdänblau kann durch das Vorhandensein von anderen Substanzen gestört sein. Ich habe dieselbe Erfahrung bei der Extraktion von Polyphosphaten aus Algen gemacht, die immer sehr stark mit Polysacchariden verunreinigt sind, die auch unten am Start sitzen bleiben. Die Farbe kommt dann bei der Reduktion nicht heraus. Ich möchte noch darauf hinweisen, daß man vielleicht in ähnlicher Weise, wie wir dies bei den natürlich vorkommenden Polyphosphaten machen, mit Salzen extrahieren sollte. Man kann das Extraktionsvolumen sehr klein halten und verhindert die Bindung der Polyphosphate an das Eiweiß usw. Man kann auch analytische Bestimmungen in der Lösung machen und bei der Chromatographie stört es auch nicht sehr.

THILO (Berlin): Ich habe Herrn GASSNER nicht ganz verstanden, wie Sie die quantitative Bestimmung der Flecke über die Summe der Flecke auf Gesamtphosphat beziehen. Es ist doch ein natürliches, vorher nicht zugegebenes Phosphat im Fleisch, welches Sie bei der Analyse mitbestimmen. Dann können Sie sich doch nicht auf das, was Sie chromatographieren, beziehen.

GASSNER (Wiesbaden): Es wird die Gesamt-P_2O_5-Bestimmung im vorliegenden Fleisch durchgeführt. Damit erfaßt man das natürliche Orthophosphat, das kondensierte Phosphat und evtl. vorhandenes org. Phosphat. Anschließend bestimmt man das Verhältnis von Orthophosphat zu kondensiertem Phosphat papierchromatographisch. Angenommen, es bestünde ein Verhältnis von 50:50 und sagen wir 0,5% Gesamt-P_2O_5, dann findet man 0,25% o-P_2O_5 und 0,25% kondensiertes P_2O_5, vorausgesetzt, daß vernachlässigbar kleine Mengen organischen Phosphors anwesend sind.

THILO: Das kann aber doch nur stimmen, wenn Sie als Gesamtphosphat das eluierbare, also dasselbe Phosphat verwenden, das Sie nachher chromatographieren. Was bezeichnen Sie als Gesamtphosphat?

GASSNER: Das Fleisch wird in unverändertem Zustand verascht Anschließend bestimmt man den Gesamtphosphat-Gehalt nach klassischen Methoden und bringt womöglich das ganze Fleisch zur chromatographischen Trennung. Papierchromatographisch stellt man nun fest, daß verschiedene Phosphate anwesend sind. Das Verhältnis der Phosphatfraktionen zueinander wird bestimmt.

THILO: Das sehe ich nicht ein, denn 50:50 ist das eluierbare oder herauslösbare Orthophosphat zum polymeren Phosphat. Aber im Gesamtphosphat ist doch noch ein anderer Anteil enthalten.

GASSNER: Ja, welcher?

THILO: Ein Phosphatanteil, der nicht auf das Chromatogramm geht.

GASSNER: Es geht ja alles aufs Chromatogramm.

THILO: Das glaube ich nicht, denn es gibt viel organisch gebundenen Phosphor, der sicher nicht aufs Chromatogramm geht.

GASSNER: Der Fehler durch den organisch gebundenen Phosphor ist natürlich im Prinzip möglich. Wir haben aber sowohl die eiweißhaltigen Startzonen als auch die nicht von Phosphat bedeckten Zonen des Papiers einer Phosphorbestimmung unterworfen und konnten teils nach Auskochen des Papiers mit verdünnter Schwefelsäure, teils nach Veraschen desselben mit Magnesiumacetat keinen Phosphor nachweisen, der über dem in entsprechenden Papierabschnitten vorhandenem Phosphorblindwert lag, d. h. nicht mehr als $0,01\ \gamma/\mathrm{cm}^2$.

THILO: Da bleibt doch auch Phosphor drin enthalten und damit auch noch ein Phosphoranteil, den Sie sicher nicht auf dem Chromatogramm haben.

GASSNER: Auf das Papier kommt ein Adsorbat. Dies besteht aus Flüssigkeit, wasserlöslichem Eiweiß, nichtwasserlöslichem Eiweiß und feinsten Fleischteilchen. Wie weit sich dieses Adsorbat in seiner Zusammensetzung vom ursprünglichen Fleisch unterscheidet, haben wir nachgeprüft. Wir haben mehrere Male etwa 2 g Wurstmasse mit der beschriebenen Technik aufgetragen und anschließend etwa 1 g abgeschabte Masse erhalten. Durch Wasser- und Gesamt-P_2O_5-Bestimmung vor und nach dem Auftragen ergab sich, daß die Phosphatkonzentration am Papier z. B. wie ursprünglich $0,20\%$ P_2O_5 nun $0,22\%$ betrug, d. h., falls man die bei einer Filtration oder Zentrifugation auftretende Verschiebung des Verhältnisses von wäßriger Lösung:Festanteil $= 100\%$ setzt, 10% relativ. Wenn man nun annimmt, daß am festen, also wasserunlöslichen Teil etwas mehr kondensiertes Phosphat gebunden sei — sagen wir 20% —, dann bedeutet das einen relativen Fehler von 2%. So wurden z. B. $0,2\%$ Gesamt-P_2O_5, d. h. inclusive organischem Phosphor, in einer vorliegenden Wurst auf klassischem Wege ermittelt. Nach Zusatz von $0,2\%$ P_2O_5 als Kurrolsches Salz, das keine enzymatischen Veränderungen erfährt, wurden $0,4\%$ Gesamt-P_2O_5 wieder auf klassischem Wege festgestellt. Die papierchromatographische Auswertung ergab ein Verhältnis von Ortho-P_2O_5:kondensiertem $P_2O_5 = 1:1$, was indirekt die Anwesenheit größerer Mengen organischen Phosphors ausschließt.

THILO: Allgemein werden die Phosphatflecke, wenn sie mit Molybdat besprüht sind, mit reduzierenden Reagentien reduziert, etwa mit Schwefelwasserstoff, Sulfit oder mit anderen. Wir haben gefunden, daß das nicht notwendig ist. Man kann die Flecken viel besser und bequemer einfach unter dem ultravioletten Licht entwickeln. Man braucht dazu keine zusätzlichen Fremdstoffe und das Verfahren ist ausgezeichnet und quantitativ.

HOFFMANN-OSTENHOF (Wien): Ich glaube, es wäre doch wertvoll, daß man bei diesen Fleischuntersuchungen außerdem zur Kontrolle Totalanalysen des Fleisches auf Phosphor macht und zwar einschließlich des organischen Phosphates, um so eine Gesamtbestimmung zu haben und die Verhältnisse damit kennen zu lernen. Eine solche ließe sich natürlich am besten durch einen Perchlorataufschluß machen und ich glaube, das würde dann alle Mißverständnisse in dieser Richtung, die doch immerhin schon vorliegen, ausschließen.

Thilo: Abschließend möchte ich sagen, wir haben auf alle Fälle gesehen, daß die Bestimmung höhermolekularer Phosphate, überhaupt kondensierter Phosphate, im Fleisch schwierig ist, ja daß es sogar schwierig ist, die zugegebene Menge Phosphat wiederzufinden. Deswegen glaube ich, ist eine Aussage darüber, ob kondensierte Phosphate im Fleisch oder tierischen Material überhaupt enthalten sind, noch keineswegs mit ja oder nein zu beantworten. Denn die Bestimmung von zugesetztem Phosphat ist schwierig, dann ist sicher die Bestimmung von evtl. vorhandenem noch schwieriger.

Nielsch: Ich möchte darauf hinweisen, daß wir noch folgende Versuche gemacht haben: zuerst wurde das Fleisch zerkleinert, dann auf die Startlinie des Chromatogramms gestrichen. Wir haben als Mittelwerte bei rohem Fleisch, die Phosphate und das Fleisch waren hierbei keiner Wärmebehandlung unterzogen und auch nicht mit Trichloressigsäure angesäuert, 80—90% wiedergefunden. Wenn wir den Rückstand erneut mit der gleichen Wassermenge behandelt und dieses zweite Zentrifugat der gleichen Untersuchung unterzogen haben, dann haben wir nochmals 10—20% Phosphat gefunden. Die Versuche sind aber noch nicht so eindeutig, daß man sagen kann, daß das Wiederfinden durch die zweite Behandlung 100%ig wäre. Wenn wir nämlich dabei 100% wiederfinden würden, würde dies dafür sprechen, daß die Gassnersche Methode ohne Vorbehalt zulässig wäre. Es kann aber sein, daß durchaus noch Fehler durch Adsorption oder chemische Reaktionen der kondensierten Phosphate mit dem Fleisch existieren. Sie wären nach unseren Erfahrungen noch innerhalb der Größenordnung der Fehlerquelle der Chromatographie, also von 5—10% gelegen.

Die Verwendung von kondensierten Phosphaten in der Fleischwirtschaft

Von

R. Grau, Kulmbach

Die Verwendung von Phosphorsäuren und ihren Verbindungen ist gemäß § 1 Abs. 1 Ziff. 1 i der VO. über unzulässige Zusätze und Behandlungsverfahren bei Fleisch vom 31. 10. 1940 bei der Herstellung von Fleischerzeugnissen grundsätzlich verboten. Die genannte Verordnung stellt die Zusammenfassung früherer Verordnungen, Änderungen und Nachträge dar. Während in der entsprechenden VO. vom 30. 10. 1934 Phosphorsäuren und deren Salze noch nicht genannt waren, tauchten in der Folgezeit im Handel Mittel auf, deren Hauptbestandteil Orthophosphat war; sie sollten das Vergrauen des Hackfleisches verhindern, waren also unter die unerwünschten und verbotenen „Schönungsmittel" zu zählen. Dies führte bereits am 9. 5. 1935 zu einer Ergänzung der fraglichen VO., indem „die Säuren des Phosphors, deren Salze und Verbindungen" — so lautete der amtliche Text — zusätzlich verboten wurden. § 1 Abs. 2 der heute gültigen VO. läßt Ausnahmen von dem generellen Verbote zu. Eine dieser Ausnahmen ist die Verwendung phosphorsaurer Salze zum Schlachttierblut, das seit dem 6. 7. 1938 mit einem Zusatz von Phosphatfibrisol zur Flüssigerhaltung und zur Herstellung von Blutplasma versehen werden darf. Wie allgemein üblich, wurde dieser RdErl. mit den Worten „Im Hinblick auf die derzeitige Wirtschaftslage" eingeleitet. Die Diskontinuierlichkeit der deutschen Wirtschaftslage führte später dazu, daß die kondensierten Phosphate auf Grund privater industrieller Versuche, gestützt auf wissenschaftliche Überlegungen, auch in der Brühwurstherstellung empfohlen wurden. Nachprüfungen ergaben in der Tat, daß die fraglichen Phosphate gewisse Wirkungen auf Fleisch zeigten, so daß einige Länderregierungen Ausnahmen auf Grund des § 1 Abs. 2 der angeführten VO. aussprachen, wonach unter gewissen Bedingungen die kondensierten Phosphate in der Brühwurstherstellung zugelassen wurden. Diese Ausnahmeregelung gilt in den Ländern Hessen und Niedersachsen, während früher ausgesprochene Genehmigungen in Bremen, Rheinland-Pfalz und Hamburg wieder zurückgezogen wurden. Die Bundesforschungsanstalt für Fleischwirtschaft in Kulmbach hat sich in den letzten Jahren in zahlreichen Versuchen, sowohl technisch-wissenschaftlich als auch in Richtung der Grundlagenforschung, sehr eingehend mit dem Phosphatproblem beschäftigt und auf Grund der Versuchsergebnisse einen bestimmten Standpunkt eingenommen. Leider sind auch heute noch, trotz häufiger eingehender Darlegung der eigenen Anschauungen, Mißverständnisse und Unklarheiten vorhanden, die es an dieser Stelle notwendig erscheinen lassen, die Grundlagen des gesamten Fragenkomplexes näher zu beleuchten.

Es soll daher zunächst in großen Zügen der Herstellungsgang für Brühwürstchen erläutert werden. Als Rohmaterialien werden benötigt: 1. mageres Fleisch, meist Rindfleisch, 2. fettes Fleisch, entweder als Schweinebauch oder als Speck, 3. Wasser, 4. Kochsalz, und zwar meist als Nitritpökelsalz, auch wohl Kochsalz + Salpeter und 5. Gewürze. Das Verhältnis Rind- zu Schweinefleisch richtet sich nach der Art der herzustellenden Brühwurst. Im allgemeinen wird das Magerfleisch, ob vorbehandelt oder nicht, worauf noch einzugehen sein wird, nach genügender Vorzerkleinerung im sog. Kutter mit Wasser in ein bindiges Brät verwandelt. Die Wasserzugabe stellt einen notwendigen Teilvorgang dar, da ohne Wasser kein verkaufsfähiges Brühwürstchen erhalten werden kann. Der Wasserzusatz richtet sich nach der Bindigkeit des Magerfleisches und wird nach altem Handwerksbrauch durch den „Metzgergriff" kontrolliert. Ein erfahrener Wurst hersteller erkennt durch die Beschaffenheit des Brätes dessen Zusammenhalt, ähnlich wie der Brotbäcker beim Brotteig, ob die Wasserzugabe richtig bemessen ist oder ob das Brät noch eines weiteren Wasserzusatzes bedarf, um zu dem ansprechenden Brühwürstchen zu kommen, das der Kunde verlangt. Ist das Magerfleisch fertig gekuttert, wird das vorzerkleinerte fette Fleisch im selben Kutter sorgfältig untergemischt, schließlich mit Gewürz versehen und in vorbereitete Därme gespritzt. Die auf die gewünschte Länge gebrachten Würstchen werden anschließend geräuchert und gebrüht.

Es ist bekannt, daß die Bindigkeit des Fleisches, also sein Vermögen, seine Bereitschaft, Wasser aufzunehmen und zu binden, nicht für jedes verwendete Fleisch gleich ist. Das weiß der Metzger aus Erfahrung, daher auch der handwerkliche Kunstgriff des sog. Metzgergriffes. Ihm, dem Metzger, ist es vorher nicht bekannt, wieviel Wasser er zuzugeben hat. Denn es gibt Fleische, die viel Wasser zu binden vermögen und solche, die nur wenig Wasser aufnehmen. Nachdem sich die Wissenschaft dem Problem der Wasserbindung an Muskelfleisch gewidmet hat, ist etwas mehr Licht in diese Verhältnisse gekommen. Die Erfahrungen des Handwerks erhielten nicht nur ihre Bestätigung, sondern konnten auch wissenschaftlich untermauert werden.

Die unterschiedliche Fähigkeit des Fleisches zur Wasserbindung ist abhängig von vielen Einzelfaktoren, die sicher noch nicht alle durchleuchtet sind. Es spielen eine Rolle: Alter, Geschlecht, vielleicht auch Rasse, Fütterung und Ernährungszustand des Tieres, seine Haltung vor dem Schlachten, Zustand des Fleisches nach der Schlachtung, Höhe und Zeitpunkt des Salzzusatzes bei der Herstellung, Umlaufgeschwindigkeit der Kuttermesser, Temperatur des Kuttervorganges, Art des Räucherns usw. Ein frisch geschlachtetes, also noch warmes Fleisch mit einem hohen p_H-Wert von wenig unter 7 bindet sehr viel besser als ein in der Totenstarre befindliches Fleisch mit p_H-Werten von unter 6, etwa bei 5,5—5,6. Die Abhängigkeit der Wasseraufnahme vom p_H-Wert ist sehr deutlich. Es ist ferner nicht gleichgültig, ob ein bereits ausgekühltes Fleisch eine Nacht vorgesalzen liegen bleibt oder nicht vorgesalzen sofort mit Wasser gekuttert wird.

Es handelt sich hier um kolloidchemische Vorgänge, die bei diesen Fragen eine Rolle spielen. Wir haben versucht, ein einfaches und doch genau arbeitendes Verfahren zu entwickeln, um die Beziehungen der Faktoren zur Wasserbindung des Fleisches näher kennen zu lernen. Wir verwenden hierzu ein Plexiglaskompressorium nach F. Schönberg und ein vorbereitetes Fließpapier. Auf die Mitte des Papieres wird eine kleine Menge Fleisch (0,3 g) gebracht und das Papier im Kompressorium genau 5 Min. lang gepreßt. Nach Aufhebung des Druckes hat man Preßbilder zur Verfügung, die ein Maß für die dem geprüften Fleisch innewohnende Bindefähigkeit für Wasser geben können. Bei diesem Verfahren wird das Fleisch, je nach den ihm innewohnenden Eigenschaften, mehr oder weniger breit auseinandergequetscht.

Außerhalb des „Fleischkreises" ist das im Fleisch vorhandene, leicht bewegliche oder lockere Wasser (das einen Teil des Gesamtwassers ausmacht) in das Papier vorgedrungen. Als Maß für die wasserbindende Kraft des Fleisches läßt sich sowohl die Größe der Wasserfläche als auch des Fleischkreises verwerten. Wissenschaftlich arbeiten wir mit der planimetrisch ermittelten Fläche des ausgetretenen Wassers. Praktisch läßt sich aber die Größe der Fleischfläche durch Auflegen konzentrischer Kreise auf das Preßbild ausgezeichnet verwerten. Wir haben so die Bindigkeit von Fleisch in 5 verschiedene Stufen eingeteilt. Der kolloidchemisch ermittelte Befund wurde mit dem durch den handwerklichen „Metzgergriff' ermittelten Zustand des Fleisches, ob gut, mittel oder schlecht bindig, verglichen. Hierbei konnten wir zwischen beiden Methoden, der handwerklichen auf Erfahrung gegründeten Meinung und unserem Preßverfahren, eine sehr gute Übereinstimmung feststellen. Wir sind daher in der Lage, mit Hilfe des Preßverfahrens die Wasseraufnahmebereitschaft des Fleisches, d. h. seine Bindigkeit vorauszubestimmen. Da wir bei den zahlreichen praktischen Versuchen meist derart vorgegangen sind, daß das vorliegende Magerfleisch mit soviel Wasser gekuttert wurde, wie es der erfahrene Schlachter tun würde, wenn er eine gute Brühwurst herstellen möchte, hatten wir gleichzeitig ein einfaches Verfahren an der Hand, die nötige Wasserzugabe, die ein Fleisch zur Herstellung eines guten Erzeugnisses braucht, im voraus annähernd angeben zu können.

Alle diese Versuche haben uns die Richtigkeit der Beobachtung der Metzger über die Unterschiedlichkeit der Wasserbindung der Fleische bestätigt. Ein gutbindiges Fleisch verlangt eine größere Wasserzugabe und gibt eine geschmacklich einwandfreie Brühwurst von guter Bindung mit höherem Fremdwassergehalt als ein schlechterbindiges Fleisch, bei dem wiederum eine geringere Wasserzugabe erforderlich ist, um eine einigermaßen brauchbare Brühwurst, aber mit geringerem Fremdwassergehalt, zu erzielen. Es ist ferner notwendig zu wissen, daß die einzelnen Muskeln eines Tieres unterschiedliche Wasserbindung wie auch unterschiedliche p_H-Werte, Farbe und dergleichen aufweisen.

Ich möchte mit Nachdruck betonen, daß die Bindigkeit eines Fleisches nichts aussagt über seine sonstige Qualität, insbesondere in ernährungsphysiologischer Hinsicht. Die immer wieder zu hörende Ansicht, daß z. B. das Fleisch einer alten Kuh „minderwertig" sei, ist ein verhängnisvoller Irrtum, verhängnisvoll deswegen, weil manche Gerichte sich diesen Standpunkt zu eigen gemacht haben. Sehe ich davon ab, daß das Wort „minderwertig" falsch gewählt sein mag, daß man also hat „geringwertig" sagen wollen, so bleibt nach wie vor der Irrtum bestehen. Ein Schlachttier einer geringerwertigen Schlachtwertklasse wird meistens deshalb so eingestuft, weil durch höhere Schlachtabgänge, größeren Knochenanteil usw. der im Schlachtgewicht vorliegende Fleischanteil beachtlich geringer ist als bei einem Tier einer guten Schlachtwertklasse. Wir wissen, daß das Fleisch eines älteren Tieres trockener, dunkler und im Gefüge fester ist als das jüngerer Tiere, daß es ein wertvolles Rohmaterial für Roh- und Dauerwürste ist. Wenn dieses Fleisch mitunter auch derbere Bindegewebsbestandteile von größerer Menge aufweist, so ist das eigentliche Muskelfleisch in seinem biologischen Wert um nichts geringer als das lockerere, leimigere Gewebe junger Tiere. So stammt z. B. die bessere Fleischbrühe vom Fleisch älterer Tiere. Der Wert eines Fleischstückes hängt von seiner Verwendbarkeit ab. Selbst bei einem guten Schlachttier werden die Fleischteile in ihrer Verwendbarkeit unterschiedlich beurteilt. Man kann doch nicht sagen, ein Fleischstück sei deshalb geringwertig, weil es z. B. als Braten nicht verwendet werden kann. Richtig vielmehr ist es festzustellen, das Fleischstück sei zwar für einen Braten ungeeignet, aber deswegen nicht geringwertig.

Während die Warmverarbeitung des Fleisches früher — und z. T. auch heute noch — für die Herstellung von Brühwurst wegen der besseren Bindung bevorzugt wurde, wird dies heute durch die sich ändernde Marktlage mehr und mehr unmöglich gemacht. Viele Wursthersteller sind auf die Kaltverarbeitung angewiesen. Die Bindigkeit auch eines gut bindigen Fleisches läßt mit der Abkühlung des Fleisches und damit der p_H-Senkung nach. Es kommt hinzu, daß auch die Höhe des Salzzusatzes gegenüber früheren Zeiten gesunken ist. Unsere Väter haben salziger gegessen als wir es heute tun. Es sind also zwei wesentliche Faktoren ungünstig verändert worden, einmal der p_H-Wert, zum anderen die Salzkonzentration. Die Abhängigkeit der Wasserbindung von beiden Faktoren ist deutlich. Wir haben darüber hinaus auch durch einen praktischen Versuch festgestellt, daß durch eine

Erhöhung des Kochsalzgehaltes im Wurstbrät von 2 auf 3% die Fremdwasserzugabe von 34 auf 54% heraufgesetzt werden konnte, ohne daß das Brät als „überkuttert" angesehen wurde. Die fertigen brauchbaren Erzeugnisse der 3%igen Kochsalzgruppe unterschieden sich von denen der 2%igen Kochsalzgruppe um einen 16% höheren Fremdwassergehalt! Das ist meiner Meinung nach äußerst wichtig für die Beurteilung des Phosphatproblems.

All das bisher Gesagte war notwendig, um das nunmehr Folgende verständlicher zu machen.

Der verschiedene Grad der Wasseraufnahmebereitschaft des Fleisches ergibt nun gar nicht so selten sog. kurze Bräte. Es handelt sich hier um einen bekannten, sowohl vom Hersteller als vom Käufer höchst ungern gesehenen Fehler. Entweder hat nun die anfängliche Bindigkeit des Fleisches durch den nachfolgenden Herstellungsvorgang, also durch Anwendung hoher Temperaturen beim Räuchern und Brühen, nicht standgehalten, oder die Bindigkeit des Fleisches war schon zu Beginn des Kutterns nicht gut. Das Fleischeiweiß coaguliert in diesem Falle unter Abscheidung des zugefügten Wassers, in welchem sich nun auch die wasserlöslichen Bestandteile des Fleisches vorfinden. Das Brät ist nicht mehr gut gebunden, ist „kurz" oder „wollig", das Aroma nicht abgerundet, kurz, es liegt ein gerade noch verkäufliches oder gar ein Fehlerzeugnis vor. Dieser ärgerliche Fehler kann durch einen geringen Zusatz kondensierter Phosphate vermieden werden. Die Phosphate dienen mithin der echten Verbesserung eines Erzeugnisses. Sie sind nicht geeignet, eine bessere Beschaffenheit vorzutäuschen, da die Wurst nach wie vor aus hochwertigem, verdaulichem Fleischeiweiß besteht.

Die Fleischfaser wird, wie sehr zahlreiche Versuche bewiesen haben, durch Zugabe von Salzen, wie andere Kolloide auch, in ihrem Quellungszustand verändert. Während bei Gelatine als üblicher kolloider Standard-Eiweißsubstanz die sog. Hofmeistersche Reihe der Salze eingehalten wird, liegen beim Fleischeiweiß die Verhältnisse anders. Wir haben uns sehr eingehend mit den Grundlagen der Salzeinwirkung auf die Wasserbindung der Fleischfaser beschäftigt und glauben als Ergebnis unserer Untersuchungen ansehen zu können, daß der Phosphatzusatz zum Wurstbrät die Quellung und damit die Wasseraufnahmefähigkeit eines Fleisches verbessert durch 1. Erhöhung der Salzkonzentration, 2. Erhöhung des p_H-Wertes und 3. Einwirkung auf die Erdalkaliionen des Muskels. Das schließt keineswegs die Wirkung anderer Faktoren aus, wie sie von Möhler, Kiermeier und von Kotter angegeben werden. Bringt man z. B. die durch Phosphat bedingte Konzentrationserhöhung des Salzgehaltes durch Kochsalzzugabe auf dieselbe Konzentration bei gleichzeitiger p_H-Veränderung durch sorgfältige Zugabe von 0,1 n-NaOH, so resultiert die gleiche Wirkung wie mit Kochsalz + Phosphat. Andererseits, entzieht man einem Fleischbrei durch entsprechende Kationenaustauscher einen Teil des ionogenen Calciums, das der Hydratation entgegenwirkt, so ist das mit dem Austauscherharz behandelte Fleisch unter sonst gleichen Bedingungen viel stärker gequollen als das unbehandelte Fleisch. Wir glauben, in dem Verhalten der Phosphate bei der Gewinnung von Blutplasma, von Schmelzkäse, von kondensierter Milch, bei der Behandlung von Trinkwasser Parallelen dafür gefunden zu haben, daß die Ca-Bindung durch Phosphate bei der Phosphatwirkung auf Fleisch eine gewisse Rolle zu spielen scheint. Ich wiederhole, daß ich keineswegs bestreite, daß andere Faktoren gleichfalls eine Rolle spielen werden.

Mit der Erhöhung der Festigkeit des Brätes findet gleichzeitig eine merkliche Verbesserung des Aromas und eine gleichmäßige Fettverteilung statt. Es hat den Anschein, als ob die gute Bindung eines Brätes für beide genannten Tatsachen verantwortlich gemacht werden kann, denn ein kurzes Brät bei sonst gleicher Zusammensetzung schmeckt nicht so gut wie ein Brät im Zustand guter Bindung. Übermäßige Fettmengen lassen sich einem mit kleinen Phosphatmengen versetzten Brät nicht zufügen; das haben unveröffentlichte Versuche bewiesen. Anders liegt der Fall bei Verwendung von Fettemulsionen, die getrennt von der übrigen Herstellung der Brühwurst bereitet werden.

Was die Fremdwassererhöhung in der fertigen Brühwurst angeht, so sind hier die stärksten lebensmittelchemischen Bedenken geäußert worden. Ich will mich hier nicht in Einzelheiten verlieren. Fest steht, daß durch die bessere Wasseraufnahmefähigkeit und Quellung der Fleischfaser das einverleibte Wasser beim Denaturieren des Eiweißes in der Regel besser festgehalten wird. Dies trifft vor allem bei schlechterbindigem Fleisch zu, das ja erst durch den Phosphatzusatz zu einem besserbindigen gemacht wird. Wenn hier eine Erhöhung des Fremdwassergehaltes gegenüber einer zusatzfreien Kontrollwurst stattfindet, ist das verständlich und auch erwünscht. Die Kontrollwurst ohne Zusatz wies ja das unerwünschte „kurze" Brät auf, deren Fremdwassergehalt von Haus aus geringer war als bei einem gutbindigen Brät. Auf der anderen Seite aber führen sehr gutbindige Fleische, ob mit oder ohne Phosphatzusatz, zu den gleichen Erzeugnissen. Mit anderen Worten: Die Phosphate bewirken in geringen Mengen bei Verwendung von gutbindigem Fleisch keine wesentlichen Fremdwassererhöhungen gegenüber den ohne Phosphat hergestellten Kontrollwürsten. Das ist durch viele Versuche einwandfrei bewiesen worden. Wären die Phosphate Bindemittel im Sinne der Bindemittel-VO., so müßten sie ohne Rücksicht auf die unterschiedliche Bindigkeit der Fleische stets fremdwassererhöhend wirken. Ich erinnere ferner an die Wirkung des Kochsalzes, das, entgegen der Meinung mancher Sachverständiger, eine echte „Erhöhung der Bindigkeit" — um mit den Worten der Bindemittel-VO. zu reden — verursacht. Und Kochsalz kann doch nicht als Bindemittel angesehen werden! Auch die Herstellungsverluste, bedingt durch Räuchern und Brühen, ferner die Abhängeverluste können keinen Hinweis auf eine echte Bindemittelwirkung geben. Es ergibt sich keine eindeutige und stets vorhandene Abhängigkeit der Höhe der Wasserverluste von einem Phosphatzusatz.

Wie ist es nun mit der Wirkung höherer Phosphatzusätze als sie üblicherweise getätigt werden? Auch diese Frage glauben wir kolloidchemisch deuten zu können. Es ist bekannt, daß Phosphatpufferlösungen mit steigender Konzentration eine steigende Löslichkeit der Fleischeiweiße verursachen. Diese Eigenschaften werden in der Eiweißchemie verwendet. Die progressive Auflösung auch der „geformten" Eiweiße bedingt aber eine ebenso fortschreitende Aufnahme von Wasser bis ein Sol entsteht, das in der Hitzecoagulation ein Gel, eine Art von Pudding ohne Fleischfaserstruktur ergibt. Auch diese Tatsache hat nach meiner Überzeugung nichts mit einer Bindemittelwirkung zu tun.

Die eben genannten Erscheinungen sind auch von ELLERKAMP in seinen Versuchen beobachtet worden. Wenn er daraus den Schluß zieht, es handele sich um eine Bindemittelwirkung, so mag er lebensmittelpolizeilich dann recht haben, wenn er bei der reellen Verwendung von Phosphaten eine wesentliche Fremdwassererhöhung feststellen würde, biochemisch betrachtet aber ist er meines Erachtens im Irrtum. Es kommt ein weiteres hinzu: ELLERKAMP hat mehr, ja wesentlich mehr Phosphate angewendet, als sie üblicherweise benutzt werden, er hat weiterhin seine Versuchswürste nur aus magerem Rindfleisch hergestellt. Daß in diesem Falle die handwerksgerechte Praxis nicht eingehalten wurde, wonach Würste ohne Fettzugabe fast nicht hergestellt und auch geschmacklich abgelehnt werden, soll hier nicht erörtert werden. Anders liegt der Fall bei den höheren Phosphatzusätzen. ELLERKAMP behauptet, nach den Angaben der Firmenrezeptur verfahren zu haben, indem er 0,5% des Wurstbrätes an Phosphaten zusetzte. Unter Wurstbrät wird im allgemeinen Fleisch + Fett + normaler, d. h. handwerksgerechter Wasserzusatz verstanden. ELLERKAMP hat nun, das ist an sich sein gutes Recht, den Wasseranteil ständig erhöht, die gesamte Brätmenge und damit auch die einzuwiegende Menge des auf 0,5% festgesetzten Phosphatanteiles stieg laufend an. So kamen schließlich bei sehr hohen Wasserzusätzen auf 100 Teile Magerfleisch 1,25 Teile Phosphat zur Wirkung. Zu allem Überfluß wurde der 0,5%-Zusatz noch einmal erhöht, und zwar auf das 5fache, so daß beim höchsten von ihm verwendeten Wasserzusatz sogar 6,25% des Fleischanteiles als Phosphat zugefügt wurden! Das sind geradezu ungeheuerliche Mengen. Es kam bei seinen Versuchen naturgemäß das zustande, was vorhin bei Anwendung steigender Phosphatmengen gesagt wurde, nämlich ein Fleischgel, ein Fleischpudding, der nach der Hitzebehandlung noch schnittfest war. So entstanden die Entscheidungen über die Bindemittelwirkung der Phosphate. Davon rühren auch die jeden Beurteiler verblüffenden Fremdwassererhöhungen von 38—45% her. Ich habe immer wieder versucht, Klarheit in die Anschauungen über Tatsachen zu bringen, die an sich jeder Versuchsansteller beobachtet hat. Bisher vergeblich.

Nach meinen Untersuchungen handelt es sich bei den Phosphaten nicht um Bindemittel im Sinne der Bindemittel-VO. Um die unerwünschte Wirkung höherer Phosphatmengen auszuschalten, haben wir unserer vorgesetzten Dienstbehörde, dem Bundesministerium für Ernährung, Landwirtschaft und Forsten, empfohlen, die Phosphate unter besonderen Bedingungen, wie Begrenzung des p_H-Wertes der Mittel und Einschränkung der Höhe des Zusatzes, bezogen auf den Fleisch-Fettanteil des Wurstbrätes, zuzulassen, vorausgesetzt natürlich, daß ihre Gesundheitsunschädlichkeit bewiesen ist. Ich möchte nicht unerwähnt lassen, daß der Analytiker Methoden an der Hand hat, die Verwendung von Phosphaten nachzuweisen und diese mehr oder weniger quantitativ zu erfassen. Schließlich ist noch darauf hinzuweisen, daß in den Ländern Niedersachsen und Hessen, die bestimmte Phosphate zur Brühwurstherstellung zugelassen haben, Fremdwasserüberhöhungen durch Phosphate nicht ermittelt wurden. Darauf hat erst in jüngster Zeit Schönberg hingewiesen.

Zusammenfassend ist zu sagen, daß wegen der unterschiedlichen Beschaffenheit des zur Brühwurstherstellung verwendeten Fleisches in bezug auf seine wasserbindenden Eigenschaften ein geringer Zusatz von bestimmten Phosphaten unter genau festgelegten Bedingungen als für die gute Beschaffenheit des Enderzeugnisses förderlich und auch zweckmäßig anzusehen ist. Eine übermäßige Erhöhung des Phosphatanteiles kann analytisch erfaßt und muß entsprechend gemaßregelt werden. Die Gesundheitsunschädlichkeit der verwendeten Phosphate ist selbstverständliche Voraussetzung für ihre Zulassung.

Über die Wirkung kondensierter Phosphate auf das Aktomyosin-System*

Von

L. KOTTER, München

Bei der Brühwurstherstellung muß die mechanische Bearbeitung des Fleisches durch Elektrolyteffekte ergänzt sein, die optimale Bedingungen für Extraktion und Löslichkeit der fibrillären Muskeleiweißkörper garantieren. Es müssen so viel fein verteilte Muskeleiweißkörper vorliegen, daß sich ein Teil von ihnen auf Grund der hohen Grenzflächenaktivität an der Grenzfläche zum Fett anreichern und als Emulgator und Stabilisator die Fettverteilung begünstigen kann und ein weiterer Teil der peptisierten Eiweißkörper die Möglichkeit hat, zu den Eiweißfilmen um die Fettpartikelchen und zu den grobdispersen Fleischteilchen so enge Beziehungen aufzunehmen, daß bei der Hitzedenaturation ein festes Eiweißgerüst entsteht, das nicht nur die Fettpartikelchen, sondern auch feinste Capillarräume so eng umschließt, daß diese das bei der Hitzecoagulation freiwerdende Wasser aufnehmen können. Nachdem es nicht auf das Vorliegen gequollener Muskelfasern ankommt, sondern Faserzerstörung und Peptisation der fibrillären Muskeleiweißkörper die fundamentalen Vorgänge darstellen, haben sich Studien über die Wirkung von Salzen, die als Basis für Kutterhilfsmittel in Frage kommen, bevorzugt auf Extraktionsversuche zu konzentrieren.

Die in den meisten Kutterhilfsmitteln verwendeten kondensierten Phosphate erhöhen die Extraktion von fibrillärem Eiweiß aus Muskelbreiaufschwemmungen gegenüber anderen Salzen um ein Vielfaches. Zwischen Kochsalz, Orthophosphaten, Citraten, Lactaten u. a. Salzen waren in der extraktionsfördernden Wirkung keine statistisch gesicherten Unterschiede festzustellen. Während mit diesen Salzen unter bestimmten Bedingungen nur 4—6%

---

* Auszug aus einer zum Druck vorbereiteten Habilitationsschrift.

Myosin-N vom gesamten Muskeleiweiß-N zu extrahieren waren, ergaben sich für Tripoly- und Pyrophosphate bei gleichem p_H-Wert und gleicher Ionenstärke Werte um 28%. Dieses Ergebnis klärt die von der Praxis her bekannte Sonderstellung der kondensierten Phosphate und spricht gleichzeitig gegen die Vermutung, daß Orthophosphate und Citrate mit den kondensierten Phosphaten eine Wirkungsgruppe bilden.

Das extraktionsaktive Verhalten der kondensierten Phosphate beruht nach Viscositätsstudien auf der Dissoziation des Aktomyosins in Aktin und Myosin. Die in Fleischbreien bei verschiedenen Geschwindigkeitsgefällen gemessenen Schubspannungswerte ergaben für Pyrophosphat Fließkurven, die wesentlich steiler sind als bei den anderen Salzen; das Schubspannungsintervall, in dem der Übergang von $\eta_0 : \eta_\infty$ erfolgt, ist hierbei also kleiner. Diese Erniedrigung der Strukturviscosität des Bräts zeigt an, daß die fadenförmigen Aktomyosinmoleküle beim Zusatz der kondensierten Phosphate longitudinal dissoziieren und so kürzere und damit auch beweglichere Teilchen entstehen. Grau hatte schon vor Jahren einmal den Verdacht ausgesprochen, daß zwischen der „Weichmacherwirkung" der ATP und der Wirkung der kondensierten Phosphate ein Zusammenhang besteht.

Viscositätsstudien sind auch im Zusammenhang mit der Frage einer etwaigen Hydratationsbegünstigung von Bedeutung. Wenn es durch kondensierte Phosphate zu einer stärkeren Hydratation oder sogar zu einer stärkeren Quellung der Eiweißpartikel des Brühwurstbräts kommen würde als z. B. durch Kochsalz, so müßte die asymptotische Viscosität, also die Viscosität bei unendlich großem Geschwindigkeitsgefälle, das strukturbedingte Effekte weitgehend ausschaltet, beim Zusatz kondensierter Phosphate größer sein als bei ausschließlicher Verwendung von Kochsalz. Das Gegenteil ist jedoch der Fall. Nicht nur die Bestimmung der dynamischen Viscosität (η), sondern auch die Berechnung der asymptotischen Viscosität (η_∞) zeigt, daß die in den Kutterhilfsmitteln verwendeten kondensierten Phosphate im normal mit Kochsalz versetzten Brät zu einer Viscositätserniedrigung führen, die weder mit einer Quellung noch mit einer Hydratation zu erklären ist.

Nachdem Dichtebestimmungen als sicherste Methode zur Untersuchung der Hydratation angesehen werden und Pyrophosphate die Dichte des mit Kochsalz vorbehandelten Bräts erniedrigen, ergaben sich auch hieraus keine Anhaltspunkte für eine Begünstigung von Quellungs- und Hydratationsvorgängen, denn sowohl bei der Quellung als auch bei der Hydratation ist das Volumen des gequollenen bzw. hydratisierten Körpers kleiner als die Summe der Volumina des quellungs- bzw. hydratationsfähigen Stoffes und des aufgenommenen Quellungsmittels. Wenn man also Dichte und Viscosität als Kriterien für eine Beeinflussung von Hydratation oder Quellung zusammen auswertet, so ergibt sich übereinstimmend der Verdacht, daß Pyrophosphat als Prototyp der in den Brätzusatzmitteln verwendeten kondensierten Phosphate Hydratation und Quellung in einem salzfreien Fleischbrei weniger begünstigt als Kochsalz und daß es in einem mit den üblichen Kochsalzmengen versetzten Brät sogar gegenläufige Effekte auslöst.

Tatsächlich zeigten dann auch gesonderte Studien, daß Pyrophosphat in niedriger und hoher Ionenstärke das Eiweiß eines Muskelbreies bei gleicher Ionenstärke und gleichem p_H-Wert weniger zur Quellung bringt als Kochsalz, Orthophosphate und Citrate.

Der relativ geringe Einfluß der kondensierten Phosphate auf den Quellungszustand des Muskeleiweißes steht mit der Begünstigung des Wasserbindungsvermögens nur scheinbar im Widerspruch. Schon BENDALL hatte festgestellt, daß das Muskeleiweiß bei der Hitzecoagulation im Solzustand mehr Wasser einschließt als im Gelzustand.

Daß die dissoziierende Wirkung der kondensierten Phosphate auf das Aktomyosin an eine Adsorption von Polyphosphat-Ionen an das Eiweiß gebunden ist, ergibt sich vor allem aus den Arbeiten der Schulen von SZENT-GYÖRGYI und WEBER. Diese Adsorption wird durch Mg-Ionen vermittelt und bei einer vorherigen Beseitigung der Erdalkali-Ionen sind die in Frage kommenden kondensierten Phosphate auch tatsächlich nicht mehr zu einer dissoziierenden Wirkung befähigt, sofern nicht nachträglich wieder Mg beigegeben wird. Die „Eliminierung der Erdalkali-Ionen", insbesondere der Mg-Ionen und — wie unten noch gezeigt wird — auch der Ca-Ionen, kann also nicht die Ursache der hier interessierenden Wirkung der kondensierten Phosphate sein, zumal andere erdalkalibindende Substanzen nach Viscositätsuntersuchungen auch keine Dissoziation des Aktomyosins bewirken. Die Beobachtung, daß die extraktions-

fördernde Wirkung von Pyrophosphat erst nach etwa 24 Std. voll
zur Geltung kommt, dürfte ebenfalls darauf hindeuten, weil in
dieser Zeit nach HAMM auch wenig freies Magnesium vorhanden
ist. SWIFT und ELLIS haben im übrigen beim Zusatz von Ma-
gnesiumchlorid sogar eine Steigerung der Wasserbindung des Bräts
beobachtet und hielten damit nicht nur die Theorie von der Erd-
alkalieliminierung für widerlegt, sondern sprachen den Mg-Ionen
sogar eine spezifische Wirkung auf das Muskeleiweiß zu. In Wirk-
lichkeit wurde der verbessernde Effekt bisher aber nur in Gegenwart von Pyrophosphat festgestellt und damit bestätigt, was von
der Muskelphysiologie her schon bekannt war, daß die dissoziierende Wirkung der organischen und anorganischen Polyphosphate durch Mg vermittelt wird.

Bei Zugabe von Ca-Ionen wird die Dissoziation des Aktomyosins
unterdrückt. Die in der Muskulatur von Natur aus enthaltene
Ca-Ionen-Konzentration ist nach STEINBACH und BOWEN angesichts der von ihnen festgestellten Wirkungsmaxima aber zu
niedrig, um eine Hemmung der Aktomyosindissoziation bewirken
zu können, so daß der selektiven Eliminierung der Ca-Ionen —
sofern sie praktisch überhaupt möglich wäre — auch keine
besondere Bedeutung zukommen könnte.

Schließlich noch ein Hinweis auf die Vermutung von GER-
RITSMA, daß die kondensierten Phosphate möglicherweise auch
durch eine Verschiebung des isoelektrischen Punktes wirken. Die
Berechtigung dieser Vermutung kann durch Arbeiten aus dem
Forschungskreis um SZENT-GYÖRGYI erhärtet werden, weil nicht
nur bei Casein, sondern auch bei Aktomyosin durch den Zusatz
bestimmter Salze eine Verschiebung des I. P. zum sauren Bereich
hin zu erzielen war, die entstandenen Salzeiweißverbindungen
zeigten jedenfalls ein anderes Flockungsoptimum. Im Zusammenhang mit den kondensierten Phosphaten fehlen bisher entsprechende Versuche.

Diskussion zum Vortrag Kotter

LOHMANN (Berlin): Ich habe zu den Bemerkungen von Herrn KOTTER
einige Bedenken, ob man die Wirkung der ATP und der Polyphosphate bei
dem abgehangenen Fleisch gleichsetzen darf, denn schon bei frischen Prä-
parationen aus dem Fleisch eben geschlachteter Tiere finden wir doch
charakteristische Unterschiede zwischen ATP, Pyrophosphat und vor
allem auch den Polyphosphaten.

KOTTER: Die von mir angedeutete Verwandtschaft der Wirkung der ATP mit derjenigen der Pyrophosphate usw. betrifft selbstverständlich nicht den Kontraktionseffekt, sondern nur die im Hinblick auf das Fleisch bedeutungsvolle aktomyosindissoziierende Wirkung. Diese Zusammenhänge wurden insbesondere durch die Schule von WEBER erhärtet. — Es ist richtig, daß im abgehangenen Fleisch keine ATP mehr vorhanden ist. Gerade darauf und nicht so sehr auf die Erniedrigung des p_H-Wertes ist es auch zurückzuführen, daß nur dem schlachtwarmen Fleisch eine besondere Bindefähigkeit eigen ist. Wo man zur Brühwurstherstellung abgehangenes Fleisch verwendet, soll durch den Zusatz von Pyrophosphat oder Tripolyphosphat im Brät ein ähnlicher Zustand geschaffen werden, wie er bei Verwendung von schlachtwarmem Fleisch durch die Anwesenheit der ATP natürlicherweise gegeben wäre.

Anwendung und Wirkung kondensierter Phosphate in Milcherzeugnissen

Von

H. MAIR-WALDBURG*, Kempten/Allgäu

In der Milchwirtschaft haben die kondensierten Phosphate die größte Bedeutung bei der Schmelzkäseherstellung erlangt. Ich nehme aber aus theoretischen Gründen — auch wenn gesetzlich eine Anwendung der kondensierten Phosphate hier nicht gegeben ist[3] — die Kondensmilch vorweg, um ganz kurz den Einfluß der Salzgleichgewichte und das Zusammenspiel Calcium-Protein-Phosphat, das auch im Schmelzkäse wichtig ist, anzudeuten, so daß sich folgende *Disposition* ergibt:

A. Einleitung (Eiweißphase der Milch und Salzwirkung)
B. Kondensierte Phosphate in der Schmelzkäseherstellung
   1. Allgemeines (als Einführung und Überblick)
      a) Welche Schmelzsalze werden heute verwendet?
      b) Wie wird Schmelzkäse hergestellt?
      c) Wie muß ein guter Schmelzkäse beschaffen sein?
   2. Spezielles
      a) Chemisch-physikalische Vorgänge bei der Schmelzkäseherstellung
      b) Wirkung der Schmelzsalze, namentlich der kondensierten Phosphate
C. Zusammenfassung

A. Einleitung (Eiweißphase und Salzwirkung)

Die grundlegenden elektronenoptischen Arbeiten in den letzten Jahren über die Eiweißphase der Milch[1] sind von erheblicher Bedeutung, wie an einigen Bildern HOSTETTLERs[1] gezeigt werden kann.

Aus den Bildern — Magermilch in 5000facher Vergrößerung — war zu entnehmen, daß die in polydisperser, kugelförmiger Gestalt vorliegenden

---

* Im Vortrag ergaben sich einige unwesentliche Änderungen. — Im Manuskript sind im Vortrag nicht berücksichtigte Ergänzungen und Definitionen mitgeteilt, denen die vorliegende Darstellung gefolgt ist.

Caseinteilchen durch Zusatz von Calciumchlorid eine Zusammenlagerung und Vergrößerung erfahren, so daß ein der kondensierten Milch ähnliches Bild entsteht. Verdünnung der Magermilch mit Wasser wirkt sich gleichsinnig wie Zugabe von Phosphaten oder Citraten aus, nämlich in einer Desaggregation des Caseins.

In diesem Zusammenhang darf auf die im optischen Bild in ähnlicher Weise sich zeigenden Erscheinungen beim Labungsvorgang hingewiesen werden, wo Calciumionen auf die Gerinnung fördernd, Phosphat oder Citrat hemmend wirken. In einigen Dias wird die zunehmende Aggregation unter dem Einfluß der Labwirkung und schließlich die enge Vernetzung gezeigt.

Eindicken von Milch führt nun fast immer zu solchen Salzkonzentrationen, daß die gefürchteten flockigen oder gallertigen Gerinnungserscheinungen auftreten. Eine gehaltsreiche Milch ist naturgemäß gefährdeter. Die Gefahren sind also nach Gegend und Jahreszeit (Lactation!) verschieden. Besondere Schwierigkeiten ergaben sich bei der 10%igen Kondensmilch.

Man versucht nun schon lange mit Erfolg durch geeignete Zusätze zur Ausgangsmilch, wie Dinatriumphosphat oder Trinatriumcitrat bis 0,5$^0/_{00}$ diesen gefürchteten Fehler auszuschalten oder zurückzudrängen, — soweit er durch die Salzverhältnisse bedingt ist.

In manchen Fällen haben sich Gemische von Mono-, Di- und höher kondensierten Phosphaten besonders bewährt, wobei man sich eines gewissen Pufferungs- und Calciumbindevermögens bedient[3]*.

B. Kondensierte Phosphate in der Schmelzkäseherstellung

1. Allgemeines (als Einführung und Überblick).

Bevor wir uns den chemisch-physikalischen Vorgängen bei der Schmelzkäseherstellung und der Wirkung der Schmelzsalze zuwenden, erscheint es zweckmäßig, kurz auf die skizzierten Fragen einzugehen.

Die noch vor der Jahrhundertwende einsetzenden Bemühungen, bei Emmentalerkäse die Reifungsvorgänge durch Erhitzen zu unterbrechen und den Käse in eine haltbare, qualitativ befriedigende Form überzuführen, waren erst dann von Erfolg gekrönt, als neben technischen Neuerungen Citrate und Phosphate

---

* Kondensierte Phosphate haben allein nicht den gewünschten Effekt, weil sie nach MEYER[2] das Casein zu stark hydratisieren und hitzecoagulabel machen.

als „Richtsalze" oder Schmelzsalze, wie sie heute meist genannt werden, eingesetzt worden waren[34].

Heute bedient man sich in der Bundesrepublik Deutschland der gesetzlich genehmigten „Salze der Phosphorsäure (Ortho-, Meta-* und Polyphosphate) mit höchstens 3,5% oder der Citronensäure mit höchstens 4,5%, jeweils bezogen auf die verwendete Rohware"[4]. Sie müssen gewissen Reinheitsanforderungen genügen (vgl. [6]). In anderen europäischen Ländern, wie Dänemark, Frankreich, Österreich, der Schweiz werden ebenfalls kondensierte Phosphate verwendet, in den USA die Salze der Phosphorsäure (gemeint ist Monophosphorsäure), der Diphosphorsäure und Natriumhexametaphosphat (= Grahamsalz)[5].

In mehreren Bildern wurde die Schmelzkäseherstellung kurz erläutert: Zerkleinerung der gereinigten Rohware (Wolf, Schnitzler, Walzen), Schmelzpfanne, Abfüllautomaten.

Die jedem lebenskräftigen Industriezweige innewohnende Dynamik gab auch der jungen Schmelzkäseindustrie immer neue Impulse für die Weiterentwicklung der Verfahrenstechnik und der Schmelzsalze, als deren Ergebnis die heutige Skala verschiedenartiger Schmelzkäseerzeugnisse gelten kann, die vom schnittfesten Emmentaler- oder Chesterblock bis zur weichen, streichfähigen Käsecreme feinster Konsistenz reicht**.

Bei der Beurteilung von Schmelzkäseerzeugnissen[7] unterscheiden wir

Geruch und Geschmack,
Inneres (Teigbeschaffenheit, Konsistenz, Farbe),
Äußeres.

Es soll nur soweit darauf eingegangen werden, wie es für die Ausführungen über Wirkung und Eignung der Schmelzsalze bedeutsam ist. Erzeugnisse, die auf einen Ausgangskäse, z. B. Emmentaler hinweisen, sollen dessen Aroma behalten und hervortreten lassen. Man spricht von aromaerhaltendem Schmelzen. Bei den fettreichen Käsecremes wird ein milder, ziemlich neutraler Geschmack mit einem Anklang an Butter bevorzugt, wie überhaupt in der Bundesrepublik eine mildere Geschmacksrichtung

---

* Gemeint ist Grahamsalz. — Die ringförmigen Metaphosphate (P_3 und P_4) haben nach Meyer[30] keine Schmelzsalzeigenschaften und werden nicht in Schmelzsalzen benützt.

** Vgl. dazu Kieferle und Umbrecht[21], Egger[37], Storck[37].

herrscht als beispielsweise in angelsächsischen Ländern. Käsezubereitungen haben mit ihrem leicht süßlich-salzigen Geschmack große Verbreitung gefunden. Stets sollen die Erzeugnisse rein, nicht bitter, laugig oder seifig schmecken, — Geschmacksqualitäten, auf die neben der Rohware das Schmelzsalz von entscheidendem Einfluß ist, ebenso wie auf die Konsistenz. Blockschmelzkäse sollen schnittfest sein, Käsecreme oder Weichschmelzkäse eine schöne Streichfähigkeit und glänzende Schnittfläche aufweisen, sie dürfen nicht pappig oder sandig sein.

Für die Anwendung der kondensierten Phosphate in der Schmelzkäseindustrie ist heute noch die Empirie in hohem Maße bestimmend. Angesichts der spärlichen wissenschaftlichen Arbeiten beispielsweise über die Wechselbeziehungen Käseeiweiß/Phosphate wird sich, wie die vorliegende, wohl jede Betrachtung über Schmelzkäse und -salze bemühen, mit der Anwendung kolloidchemischer Erfahrungen eine Vorstellung über die Verhältnisse zu vermitteln.

2. Spezieller Teil. Chemisch-physikalische Vorgänge bei der Schmelzkäseherstellung. Wirkung der Schmelzsalze.

Wie sind nun Käse und Schmelzkäse kolloidphysikalisch zu betrachten?

Käse gilt als ein polydisperses und polymolekulares* System[17a]. In dem Dispersionsmittel (Suspensionsmittel) Wasser sind eine ionen- und niedermolekulardisperse Phase (z. B. Salze und Milchzucker), sodann eine grobdisperse (Fettkügelchen) und schließlich eine kolloiddisperse Phase (Eiweiß) verteilt**. Das Ganze ist zu einer Hohlraumstruktur erstarrt (SCHULZ[8], HOSTETTLER und IMHOF[1]). WURSTER spricht von geflechtartigen Micellarverbänden, in die Fett und Wasser eingelagert sind (zit. nach [8]).

---

* Polydisperses System, wenn die Teilchen verschiedene Größe haben, im Gegensatz zu „monodispers" bei Teilchen gleicher Größe; polymolekular nach STAUDINGER[9], wenn auch verschieden große Makromoleküle kolloid gelöst sind.

** Nach der Kolloideinteilung von STAUDINGER[9], zählt das Fett/Wasser-System als Emulsoid zu den lyophoben Dispersionskolloiden. Das Eiweiß/Wasser-System ist als lyophiles nur durch Hauptvalenzen gebundenes Molekülkolloid und als „makromolekulare Assoziation", die aus Molekülkolloiden durch Nebenvalenzbindungen (van der Waals'sche Kräfte) sich bildet, zu verstehen.

Ähnlich liegen die Verhältnisse beim *Schmelzkäse*. Nur tritt hier, je nach Sorte, der Emulsions- oder der „Eiweißstruktur"-Charakter stärker hervor. Beim schnittfesten Blockschmelzkäse mit seinem hohen Trockenmasse- und insbesondere Eiweißgehalt dürften die Vernetzungen durch Haupt- und vornehmlich Nebenvalenzen* schon wegen der dichteren Lagerung der Eiweißmoleküle viel intensiver sein.

Bei den fett- und wasserreicheren Käsecremes beispielsweise bleibt auch beim Abkühlen der Emulsoidcharakter besser erhalten**.

Der *Schmelzkäsevorgang* besteht — summarisch betrachtet — in einer Zerteilung und Auflösung der Käsemasse[17]. Wirkung und Bedeutung der Schmelzsalze können leicht gezeigt werden:

Erhitzen wir Käse ohne Schmelzsalze, so scheidet sich Fett aus***, das sich auch beim Rühren nicht mehr einarbeiten läßt. Gibt man aber etwas Schmelzsalz hinzu, so bildet sich beim Rühren bald wieder eine homogene Masse (vgl. Bilder bei [21]).

Aufgabe der Schmelzsalze (verbunden mit der emulgierenden Wirkung des Rührens) ist es, Eiweiß zu lösen und ausgetretenes Fett wieder in Emulsion zu bringen, um schließlich eine stabile Fett- und Wasserverteilung zu erreichen. Bei der Umwandlung

---

* Bekanntlich sind als Hauptvalenzen die salzartigen (heteropolaren), homöopolaren und Komplexbindungen anzusehen, als Nebenvalenzen dagegen zwischenmolekulare van der Waals'sche Kräfte infolge Dipolbildung; bei ihrer Entstehung kommt keinerlei Elektronenübergang oder andere Änderung der Elektronenverteilung (also keine Änderung der Quantenzahlen der in den Reaktionspartnern vorhandenen Elektronen) vor[13]. Proteine haben stark ausgeprägte Dipolkräfte, also starke Nebenvalenzen (van der Waals'sche Kräfte). Wenn man zu einem Verständnis der tatsächlichen Eigenschaften kommen will, muß man alle Bindungsarten als gleichzeitig nebeneinander bestehend ansetzen. Häufig sind die Nebenvalenzen für das Verhalten von hochmolekularen Stoffen besonders bedeutsam. Eine strenge Trennung der verschiedenen Valenzarten ist nicht möglich[13].

** Etwas andere Verhältnisse sind wieder bei den milchzuckerhaltigen Käsezubereitungen zu beobachten, bei denen als weiterer Stabilisator der gelartigen Form Zucker hinzukommt[14].

*** Nach HABICHT ([15], S. 382) werden die das Fett umgebenden Eiweißhüllen durch Erhöhung der inneren Wärmebewegung und Wärmeausdehnung zerstört, das Fett kann austreten. Weiter wird der Hydratwassergehalt herabgesetzt, worauf Gerinnung eintritt, die durch die aussalzende Wirkung der Käse-Elektrolyte gefördert wird (HABICHT[15]).

von Käse in Schmelzkäse kommt demnach den *Dispergierungs-** *und Quellungsvorgängen* der Eiweißkolloide des Käses eine große Bedeutung zu. Nach KOESTLER ([17], S. 470) geht der Lösung des Eiweißes eine Quellung bzw. Hydratation** voraus.

Es werden aber wohl vornehmlich Dispergierungsvorgänge, die auf eine Adsorption der dispergierenden Ionen und eine Hydratation zurückzuführen sind, mit Quellungsvorgängen, die auf einer chemischen Wasserabbindung und möglicherweise osmotisch bedingten, rein physikalischen Wasseraufnahme beruhen, nebeneinander verlaufen und sich überlagern, um schließlich zu einer Lösung der Eiweißphase der Käsemasse zu führen.

Die Verhältnisse im Schmelzkäse sind deshalb schwer zu überblicken, weil die Eiweißphase eine vielfältige Zusammensetzung besitzt. Einmal ist Paracasein kein einheitlicher Körper ([10], S. 160; [11], S. 138) und unter Umständen liegen Desaggregationen im Bereiche des Möglichen (neue Übersicht bei [10], S. 93; vgl. auch [11], S. 663). Ferner sind von der Herstellung her mit der Molke Albumin und Spaltprodukte vom Labvorgang ([10], S. 161) im Käse enthalten. Vor allem ist die Eiweißphase einem ständigen fermentativen Abbau unterworfen (VAS, SCHWARZ und MUMM, BEINERT und OESER, u. a., [12]). Der Gehalt an niedermolekulardispersen Stoffen (Aminosäuren und Peptide) nimmt auf Kosten der Proteine und proteinähnlichen Polypeptide zu. Die von der

---

* Dispergierung (manchmal auch mit Peptisation gleichgesetzt vgl. [21]) bedeutet Zerteilung, z. B. von Makromolekülen.

** Solvatation bedeutet eine gerichtete (vgl. [18], S. 611) Anlagerung von Molekeln des Lösungsmittels an Ionen, Moleküle, Makromoleküle oder Kolloidteilchen (unter Bildung einer Solvathülle). Wenn das Lösungsmittel (= Dispersionsmittel) Wasser ist, spricht man von *Hydratation:* Anlagerung von Wassermolekeln, hier an Kolloidteilchen, durch elektrostatische Kraftwirkungen zwischen Ionen und permanenten oder induzierten Di- bzw. Multipolen oder durch Wasserstoffbindung. Diese Hydratation (= Solvatisierung = Löslichmachung nach WALDSCHMIDT-LEITZ[10], S. 37) leitet den Lösungsvorgang vieler Proteine in Gestalt einer Quellung der festen Proteinteilchen ein. (Hier nur Weiterquellung des von der Käseherstellung bereits gequollenen Eiweißes.) Dabei erscheint es in diesem Zusammenhang weniger bedeutsam, ob die Hydratation auf der Ausbildung einer die Lösungsstabilität erhöhenden Schutzhülle von Wassermolekeln um die Eiweißteilchen beruht, oder ob sie nach neuerer Anschauung als eine chemische Bindung durch die Proteinmoleküle zu verstehen ist ([10], S. 37). — Bei Solvatation wird Energie frei ([18]; [11], S. 634); vgl. dagegen auch STAUDINGER[9].

Reifung des Käses her bereits aufgelockerten Proteinstoffe erleiden sodann beim Schmelzen des Käses unter dem Einfluß der Hitze und der leicht sauren Reaktion eine weitere, milde Hydrolyse, die sich in einer Vermehrung des wasserlöslichen N zeigt*.

*Die dispergierende Wirkung verschiedener Salze** ist nur bei bestimmten Konzentrationen und nur bei Salzen mit einwertigen Kationen gegeben, wobei die Dispergierung mit der Wertigkeit des Anions zunimmt. Am besten wirken also die Salze mehrwertiger Anionen (Tartrate, Citrate, Phosphate). Mit Salzen mehrwertiger Kationen, wie Calcium, gelingt keine Dispergierung. Die Dispergierbarkeit läuft ferner parallel mit der Eigenschaft des Anions, schwerlösliche Verbindungen mit Calcium einzugehen. Die Dispergierfähigkeit eines fettarmen Käses fand Habicht[15]*** doppelt so hoch wie die eines fettreichen Käses. Ähnliche Kräfte, die zu einer Dispergierung des Eiweißes führen, bedingen auch die *Quellung.* Wie jedes Kolloid, so haben auch die Eiweißkolloide des Käses das Bestreben zu quellen und in ihre Micellen Wasser einzulagern[14]. Nach Koestler[17] führt die bestmögliche Quellung zu den erwünschten chemisch-physikalischen Eigenschaften und übt einen großen Einfluß auf die Konsistenz der Schmelzkäse aus, auf ihre Schnittfestigkeit, Streichfähigkeit (pappig, salbig), Beständigkeit (kein Nachsäuern, kein Ausfetten). Meyer[2] weist wiederholt auf die Unterschiede der Quellung bei Verwendung verschiedener Salze und deren erhebliche Bedeutung hin. Nach Becker und Clemens[41] verursacht NaCl-Zugabe eine schnellere Erhöhung der Viscosität (die sie mit Quellung gleichsetzen), aber keine Ausflockung; bei 1% $CaCl_2$-Zusatz erhöhte sich die Viscosität etwas, größere Zusätze verursachten aber Eiweißausflockungen in Verbindung mit starkem p_H-Abfall (in mehreren Bildern wurde durch graphische Darstellungen gezeigt, wie verschieden einzelne

Salze oder Salzkombinationen auf die Viscosität der Schmelzmasse wirken)*. Nach UMBRECHT[35] kommt es besonders bei den streichfähigen Schmelzkäsen auf das Quellungsvermögen des Käses an.

Wenn beim Schmelzen die strukturwirksame Vernetzung des Eiweißes im Rohkäse gelöst wird, kommt der emulsionsähnliche Charakter des Schmelzkäses stärker zum Vorschein**. Die Grenzflächenspannung der Emulsion Fett/Wasser wird herabgesetzt durch protein- und peptidartige Stoffe. (Die Beziehung zur Dispergierung ergibt sich daraus: je kleiner die Grenzflächenspannung, um so leichter die Dispergierung.) Bedeutsam ist also eine schnelle Dispergierung zu Beginn des Schmelzens und somit eine schnelle und weitgehende Wirkung der Schmelzsalze. Auch nach HABICHT[15], KIEFERLE[21], FAIVRE[22] und MEYER[2] ist wichtig, daß unter dem Einfluß der Schmelzsalze schnell eine gewisse Menge löslicher Eiweißstoffe gebildet wird, die als Emulgatoren*** wirken und das ausscheidende Fett wieder einhüllen ([15], S. 382). HABICHT führt anfängliche Fettausscheidungen darauf zurück, daß das Schmelzsalz noch nicht gleichmäßig im Käse verteilt war****. Die Schmelzsalze bilden also zunächst durch Dispergierung und wohl auch Hydrolyse Stoffe, die als Emulgatoren wirken.

Bei der Ausbildung und Haltbarkeit einer Emulsion spielt der p_H-Wert eine große Rolle[38]. Auch Dispergierung und Quellung

---

* LÜCK und JOUBERT[20] fanden das Quellungsvermögen von Casein, das 1—2 Std. in saurer Molke auf 55° C erhitzt worden war, erhöht. Sie vermuten als Ursache eine Veränderung der zwischenmolekularen Kräfte oder eine Ladungsänderung unter dem Einfluß der Milchsäure.

** In der Wärme zeigen sich die für eine Emulsion charakteristischen Eigenschaften deutlicher: polydisperses System aus zwei nichtmischbaren Flüssigkeiten und eine, je nach Konzentration und Temperatur flüssige oder salben- oder geleeartige Konsistenz.

*** Stabilisierend wirken auf Kolloide bekanntlich alle Stoffe, welche die einzelnen kolloiden Teilchen mit einem Schutzmantel umhüllen und/oder die innere Reibung (Viscosität) der Dispersionsflüssigkeit erhöhen oder die Oberflächenspannung herabsetzen ([14], S. 180; [18], S. 339).

**** Wichtig ist nach HABICHT[15] eine *schnelle* Dispergierung, damit nicht Teilchen entstehen, deren äußere Schichten mit dem Elektrolyten aufgeladen werden und die dann den nachrückenden Ionen gleicher Art und Ladung ein starkes Hindernis für das Eindringen bilden.

sind nur innerhalb gewisser Grenzen möglich*. Beste Schmelz-
käsequalität ist überdies nur innerhalb einiger Zehntelpotenzen
erreichbar und zwar bei schnittfesten Erzeugnissen etwa zwischen
p_H 5,4—5,6, bei streichfähigen etwa bei 5,6—5,9**. Steigt der
p_H-Wert zu stark an, so wird das Erzeugnis u. a. weich, pappig
und bekommt einen laugigen, seifigen Geschmack. Wird das p_H
zu niedrig, so geht die lange, plastische Struktur in eine kurze
bröckelige über und wird schließlich zerstört***.

Nach Schulz ([8], S. 114) ist auch bei Rohkäse der Bereich um
p_H 5 besonders wichtig, wie an einigen Bildern erläutert werden
kann. In diesem Zusammenhang wurde in Dias auch die unterschiedliche Pufferungskapazität verschiedener Käsesorten gezeigt.

Das *Pufferungsvermögen der Schmelzsalze* spielt somit eine große
Rolle, vor allem, wenn extreme Rohware verwendet werden muß.
Die Auswahl des Schmelzsalzes richtet sich — bei gegebenem
Fertigerzeugnis — nach dem p_H und Reifegrad des Rohkäses.
Eine ausgeglichene Rohwarenmischung wäre zu wünschen, ist aber
unter den praktischen Verhältnissen nicht immer möglich.

Ich möchte dieses Gebiet nicht verlassen, ohne die „Quellung‘‘
noch etwas betrachtet zu haben.

Der Begriff „*Quellung*‘‘, wie man ihn in der Schmelzkäse-
literatur antrifft, ist komplex und wird für verschiedene Vorgänge
und Erscheinungen benützt, und zwar für

„Quellung im engeren physikalischen Sinne‘‘, wobei die heutigen Auffassungen der Kolloidphysik für unsere vielgestaltigen
Verhältnisse der Eiweißphase mehrere Deutungen zuläßt,

---

* Mit Natriumzitratlösung z. B. ist Dispersion nur möglich zwischen
p_H 5 und 9, darunter Flockung, darüber Fettausscheidung; die Quellung
nahm ab von p_H 7 bis 5,2 (Habicht[15]). Nach Loeb[9b] ändern die Eiweißstoffe bei p_H-Verschiebungen ihr Quellvermögen.

** Die Verhältnisse sind in den einzelnen Ländern teilweise etwas verschieden. Die Angaben schwanken z. T. auch deshalb, weil die p_H-Bestim-
mung im Schmelzkäse auch heute noch gewissen Schwierigkeiten begegnet
(z. B. Eiweiß- und Salzfehler).

*** Vermutlich infolge beginnender Entladung und Ausflockung in der
Nähe des isoelektrischen Punktes, der beim Casein etwa bei 4,6 und beim
Paracasein und bei den Polypeptiden etwas höher liegt. Am isoelektrischen
Punkt liegt nicht das ganze Protein isoelektrisch vor. Es handelt sich viel-
mehr um einen Gleichgewichtszustand, in dem anionisch und kationisch
geladene Moleküle neben wirklich isoelektrischem Eiweiß existieren ([11],
S. 621).

ferner für Vorgänge, die man besser als Dispergierungsvorgänge bezeichnen sollte.

Die „Quellung im weiteren Sinne" wurde weiter verwendet für die Viscositätszunahme beim Schmelzen,

für die Wasserabbindung (Wasserbindevermögen = gutes Quellvermögen), und teilweise auch

für den sog. Aufschluß des Käseeiweißes, d. i. die Überführung des „langen" Teiges eines jungen Käses in einen „kürzeren", „kremigen" Zustand, also auch für das in der Praxis verwendete Wort „Kremen".

Es ist zwar im Hinblick auf den Endzustand des Schmelzkäses möglich, das Wort Quellung im weiteren Sinne so vielseitig zu verwenden, bei der Bewertung der Salzeigenschaften sollte man jedoch zweckmäßig die Einzelfaktoren beachten*.

Wenn wir berücksichtigen, daß Quellung und Hydratation exotherme Vorgänge sind, so wäre denkbar, daß die Viscositätsänderung beim Erwärmen, wie wir sie gesehen haben, noch andere Ursachen hat, und daß die „Quellung im engeren Sinne" von anderen Vorgängen überlagert wird.

Es ist bekannt, daß SENTI, EDDY, ASTBURY u. a. das Casein und andere Sphäroproteine durch Erhitzen aus der Knäuelform in „Faserproteine" überführen konnten ([10], S. 110; [10a]). Faser- oder Linearkolloide haben naturgemäß eine viel größere innere Reibung als die Sphärokolloide. Wenn wir berücksichtigen, daß die Molekülgestalt einen viel größeren Einfluß auf die Viscosität ausübt als die Quellung u. a., so wäre denkbar, daß die beim Schmelzen zunehmende Viscosität bei den höheren Temperaturen nicht unwesentlich darauf zurückzuführen ist, daß unter dem Einfluß des Erhitzens und des intensiven Rührens die knäuelförmigen Caseinmoleküle wenigstens eine gewisse Streckung und Ausrichtung erfahren. In diesem Zusammenhang wurde mit Dias auf graphische Darstellungen von BECKER und CLEMENS[41] im Vergleich zu JIRGENSONS[9a] hingewiesen.

---

* Jedenfalls sollten die herkömmlichen Anschauungen über die Quellung beim Schmelzkäsevorgang unter thermodynamischen und kolloidphysikalischen Aspekten überprüft und die Vorgänge bei den einzelnen Phasen der Schmelzkäseherstellung (Erwärmen, Schmelzen, Abkühlen, Lagern) differenziert werden: Dispergierung, Quellung, Viscositätsveränderung u. a. m.

Es ließen sich die von Meyer[2] aufgezeigten verschiedenen Zustände beim Schmelzkäseprozeß: Lösen—Cremen—Übercremen (also Zerstörung der Struktur) erläutern.

Die vorher erwähnten Ergebnisse Beckers und Clemens'[41] über den Einfluß der Salze auf die Viscosität der Schmelzkäsemasse zeigen aber, wie kompliziert und heute noch wenig überschaubar die Verhältnisse sind und wie unterschiedlich die Salze bei verschiedener und verschieden alter Rohware wirken.

Beim Erkalten würde die Verfestigung des Schmelzkäses durch mehrere konkurrierende Vorgänge erfolgen: Einmal durch die Neuorientierung der Proteine, weiter durch eine zunehmende dreidimensionale Vernetzung und Verflechtung der Eiweißstoffe infolge der beim Abkühlen wieder stärker hervortretenden Nebenvalenzen (van der Waalschen Kräfte) und schließlich durch weitere und wesentliche Quellungs-(und Hydratations-)vorgänge zwischen Protein und Dispersionsmittel Wasser. Beim Abkühlen treten die gerüstbildenden Eigenschaften infolge zunehmender Vernetzung der Proteinstoffe je nach Schmelzkäsesorte mehr oder weniger in den Vordergrund. Damit bekommen wir sozusagen wieder den Anschluß an die klassischen kolloidchemischen Vorstellungen. Nach Meyer[2] hat der Schmelzprozeß die Aufgabe, das unlösliche Paracasein-Gel in eine lösliche Form, das Paracasein-Sol zu verwandeln. Habicht[15] und Kieferle[21] sehen die *Verfestigung beim Abkühlen* als einen Übergang vom Sol- in den Gel-Zustand an: Sol-Gel-Umwandlung infolge netzartiger Aggregation und damit verbundenem Ansteigen der Viscosität ([13], S. 155). Die Eiweißkonzentration ist aber im Schmelzkäse zu hoch, um in dem flüssigen Schmelzkäse ein ausgesprochenes Sol zu sehen, eher könnte man diesen Zustand nach Staudinger[9] als eine Zwischenform: eine Gel-Lösung bezeichnen. Eine weitere Verfestigung tritt durch Festwerden des Fettes ein.

Die Wechselbeziehungen zwischen Eiweißstoffen, Schmelzsalzen, Fett und Wasser sind also nicht auf die Dauer des Schmelzens beschränkt, sie dürfen auch im Fertigerzeugnis während der Abkühlung und bei der weiteren Lagerung nicht vernachlässigt werden: Schnelle oder langsame Abkühlung der Schmelzkäsepackungen ist wegen der Nachwirkung der Schmelzsalze und der Temperatur nicht nur von theoretischem Interesse, sondern mitunter von entscheidender Bedeutung für die Konsistenz des Schmelzkäses.

Die *Quellungsverhältnisse* können auch an der Entwicklung von Schmelzkäsefehlern, wie z. B. Nachdicken oder Nässen wesentlich beteiligt sein. Der gefürchtete Fehler *Nässen* hat verschiedene Ursachen: Er ist meist nicht dadurch bedingt, daß der Schmelzkäse zuviel Wasser enthält. Die Erhöhung der Wasserbindefähigkeit bei Schmelzkäse ist von untergeordneter Bedeutung, einmal, weil ohne Salze keine Schmelzkäse hergestellt werden können und weil der Gesetzgeber infolge der außerordentlich verschiedenen Wassergehalte der Rohware zu einer für jede Fettstufe und Sorte vorgeschriebenen Mindesttrockenmasse gelangt ist[29], die nach ERBACHER u. a.[23] zugleich ein wesentliches Qualitätsmerkmal darstellt. Neben einer Überforderung der Eiweißphase, die bei älteren oder wenig geeigneten Käsen, wie Camembert oder Roquefort, leichter erfolgt, ist eine gewisse p_H-Verschiebung in das saure Gebiet bedeutsam. Diese p_H-Verschiebung ist noch nicht ganz geklärt. Es hat sich aber bei eigenen Untersuchungen gezeigt, daß bei Grahamsalz während der Herstellung und bei der weiteren Lagerung des Schmelzkäses eine beachtliche Hydrolyse eintritt[28]. Die dabei entstehenden sauren Bruchstücke bewirkten eine p_H-Erniedrigung. Weiter ist an Austauschreaktionen zwischen Protein und Schmelzsalz zu denken, derart, daß Kationen in das Proteinmolekül eintreten und dafür Wasserstoffionen frei werden, wie von HOSTETTLER*[27], KIERMEIER[40], MÖHLER[43] beobachtet wurde.

Dieser beim Schmelzprozeß einsetzende Abbau der höher kondensierten Phosphate zu niedermolekularen ist auch für ihre Bewertung im Schmelzkäse wichtig. Wenn ich als Beispiel den Blockschmelzkäse herausgreife, so werden beispielsweise 2%

---

* HOSTETTLER und RUEGGER[27] fanden beispielsweise in der Milch durch $CaCl_2$ und andere Erdalkalisalze sowie durch Alkalisalze p_H-Abnahmen bis zu 0,5—0,8, ähnlich auch in Natriumcaseinatlösungen. Grund: Die zwitterionischen ammoniumähnlichen Aminosäuregruppen des Caseins tauschen ihre an die Aminogruppe angelagerten Protonen (= Wasserstoffionen) gegen die zugesetzten Kationen aus, wodurch die Wasserstoffionenkonzentration stark erhöht wird. Calcium geht an das einsame Elektronenpaar. — Bei Schmelzkäse gibt es für die Nachsäuerung noch eine bakteriologische Ursache, die aber normalerweise ausscheidet: Abbau evtl. vorhandenen Milchzuckers durch säuernde Bakterien und dadurch bedingten p_H-Abfall[28].

Grahamsalz (zu Rohware!) zugeführt, von dem nach dem Schmelzen je nach der Schmelzart (Temperatur, Dauer) und je nach der Zusammensetzung des Grahamsalzes noch $^2/_3$ und nach einigen Tagen vielleicht noch die Hälfte vorhanden ist[28].

Die Wechselbeziehungen der verschiedenen Phasen im Schmelzkäse schränken die praktische Verwendbarkeit vieler Salze erheblich ein. Nennen wir nochmals als Grundbedingungen: Einwertigkeit des Kations und Mehrwertigkeit des Anions, gutes Calciumbindevermögen und gute Pufferkapazität.

Die *Wirkung der Schmelzsalze* beruht auf verschiedenen Einzelreaktionen und — wie aus der Literatur dargelegt — bei dem gemeinsamen Kation Natrium in der Dispergier- und z. T. Quellfähigkeit der Anionen. Bei den Anionen treten noch die calciumbindenden* Eigenschaften hinzu, wobei eine weitere Dispergierung und z. T. Quellung eintritt, wenn der hemmende Einfluß des Calciums zurückgedrängt oder beseitigt wird**. Wenn Natrium, wenigstens teilweise, anstelle von Calcium ins Proteinmolekül eintritt, ergibt sich eine weitere Lösungstendenz durch Bildung des leicht löslichen „Alkali-Caseinats" ([10], S. 159).

Als Schmelzsalze empfehlen sich die früher erwähnten und mitunter verwendeten Tartrate wenig. Als besonders nachteilig hat sich die Neigung zur Bildung von Kristallen erwiesen, die sich auf der Zunge wie Glassplitter anfühlen (MEYER[30], KIEFERLE[21]; [31]; [32]). Citrate haben bei Blockschmelzkäse gewisse Vorteile, sie gelten als aromaerhaltende Schmelzmittel, geben aber nicht die oft verlangte extrem gute Schnittfestigkeit, wie sie das Grahamsalz hervorbringt. Die bei Citratblocks gern auftretende unerwünschte *Marmorierung* kann oft durch Mitverwendung von Grahamsalz leicht verhindert werden. Bei der Herstellung der streichfähigen Erzeugnisse, die heute ja den Hauptanteil der Schmelzkäseproduktion ausmachen, befriedigen Citrate nicht, wie wiederholt

---

* Calciumbindung wird auch als Maskierung, Sequestration (= mit Beschlag belegen) des Calciums bezeichnet.

** Die Dispergierung wird bekanntlich vergrößert, u. a. wenn die Ladung eines Kolloidteilchens vergrößert wird ([13], S. 151) und dadurch, daß das Fällungsmittel (Ca) entfernt wird und/oder der zugesetzte Stoff sich als elektrisch geladenes Ion an das Kolloidteilchen anheftet. Die dispergierende Wirkung der Schmelzsalze kann also direkt (Na) oder zusammen mit dem Calciumbindevermögen gegeben sein.

von KIEFERLE und UMBRECHT[21] u. a. gezeigt wurde (vgl. 26) und wie auch wir bei eigenen Versuchen feststellen mußten.

Auf Monophosphate und Diphosphate kann man nicht verzichten. Die völlige Ablehnung des Diphosphats durch FAIVRE[22], der ihnen pappigen Teig und bittere Geschmacksqualitäten nachsagt, hat sich bei uns in der Praxis in dieser Ausschließlichkeit nicht bestätigt und durchgesetzt. Allerdings ist seine alleinige Anwendung aus diesen Gründen und weil öfters Bildung von Diphosphatkristallen auftrat (MEYER[30], RANK und SIEBENLIST[33], MAIR-WALDBURG[7]), nicht mehr üblich. Die Kristalle machen sich in einer sehr störenden Sandigkeit des Teiges bemerkbar.

Auch die alleinige Verwendung von Monophosphat empfiehlt sich wegen der Kristallbildungsgefahr nicht, es neigt — je nach Rohware — zu einem klebrigen, pappigen Teig und laugigen Geschmack (MEYER[30], KIEFERLE[21]). Wir konnten mit Monophosphat bei Vergleichsschmelzungen einen „rauhen" körnigen Teig feststellen, wie wenn die Dispergierung nicht tief genug gegangen wäre. Häufig wurde der Teig durch Calciummonophosphatkristalle „sandig".

Dagegen werden beide Salze heute als „Korrigentien" in Kombination mit etwas höher kondensierten Phosphaten, vor allem Tri- und Tetraphosphat verwendet, wobei die gute Pufferungskapazität von Mono- und Diphosphat und die guten Aufschlußeigenschaften mit Erfolg ausgenützt werden, die das Pyrophosphat z. B. bei der Überführung des „langen" verfestigenden Teiges junger Käse in einen kürzeren, streichfähigen besitzt.

Die Oligophosphate stehen mit ihren dispergierenden Eigenschaften zwischen den Diphosphaten und den hochkondensierten Phosphaten. Sie werden heute am meisten verwendet, und zwar für streich- und schnittfeste Portionskäse. Die Einführung der Oligophosphate brachte nach FAIVRE[22], MEYER[30] u. a.[21, 36] einen technologischen Fortschritt, und zwar wegen des verbesserten Calciumbindevermögens bei noch befriedigender Pufferung. Sie haben eine größere Leistungsbreite als die anderen Salze. Ihre Einführung hat die qualitative Entwicklung des Schmelzkäses gefördert.

Auch UMBRECHT[35], der sich auf der Seite der Wissenschaft als erster näher mit den kondensierten Phosphaten beschäftigte, fand eine Überlegenheit gegenüber anderen Schmelzmitteln*. Faivre[22] sieht den besonderen Fortschritt in der Brauchbarkeit von Tri- und Tetraphosphaten für das Verarbeiten *reiferer* Käse und für die Stabilität des Schmelzkäses. Die Emulgierung von Fett ist mit diesen Salzen gesicherter als z. B. mit Orthophosphat. Nach Schulz[42] zeichnen sich die kondensierten Phosphate (Oligo) dadurch aus, daß sie durch Kochsalz weniger gestört werden als die anderen Salze. Die „Schmelzsalzfrage" ist nach Faivre mit der Verwendung der Polyphosphate in sehr zufriedenstellender Weise gelöst**.

Das Pufferungsvermögen kondensierter Phosphate nimmt mit wachsender Kettenlänge ab. Das ungepufferte, leicht sauer reagierende Grahamsalz wird schon aus diesem Grunde mit Trinatriummonophosphat zusammen verwendet. Faivre u. a.[22, 24, 30] leiten auch aus dem besseren Calciumbindevermögen der kondensierten Phosphate ihre weitere Überlegenheit ab und führen die guten praktischen Erfahrungen z. T. auch darauf zurück.

Am ausgeprägtesten ist das Ca-Bindevermögen ja beim Grahamsalz, das deshalb besonders geeignet ist, um bei der Emmentalerverarbeitung die dispergierungshemmende Wirkung des Calciums schnellstens zu beseitigen. Grahamsalz ist nach Meyer[30] besonders durch sein hervorragendes Lösungsvermögen unter weitestgehender Schonung der langen Eiweißstruktur ausgezeichnet.

Zusammenfassend läßt sich feststellen: Die wissenschaftlichtheoretische Durchdringung des Schmelzkäseprozesses blieb hinter der technologischen Vervollkommnung zurück. Die Einflüsse der Schmelzsalze auf die Zusammenhänge Dispergierung/Quellung/Viscosität sind wichtig für Qualität. Sie sind sehr kompliziert und bisher nicht völlig geklärt.

Zur Bedeutung der kondensierten Phosphate für die Schmelzkäseherstellung läßt sich sagen: Die Angaben der Literatur

---

* Er spricht — wohl in Anlehnung an enzymchemische Vorstellungen — davon, daß diese Phosphate einen „anders gearbeiteten Schlüssel" darstellen, der das Eiweiß in anderer Art und Weise erschließt: „Die verschiedenen bekannten Schmelzmittel werden alle teils mehr, teils weniger verschiedene Schlüssel zu den zweifellos oft in der verschiedensten Art vorliegenden Schlössern der Eiweißkomplexe gleicher und verschiedener Käsesorten sein."

** Die ringförmigen Metaphosphate P_3 und P_4 haben keine Schmelzsalzeigenschaften und werden nicht in Schmelzsalzen benützt (Meyer[30]).

und eigene Erfahrungen stimmen dahin überein, daß die kondensierten Phosphate, besonders die Oligophosphate, bei der Herstellung streichfähiger Ware, den anderen Salzen überlegen sind. Ihre Einführung bedeutete technologisch einen echten Fortschritt. Sie hat die qualitative Entwicklung des Schmelzkäses gefördert. Es ist erfreulich, daß hier die wissenschaftlichen Erkenntnisse mit den praktischen Erfahrungen übereinstimmen.

Literatur

[1] HOSTETTLER, H., u. K. IMHOF: Milchwiss. **6**, 351 (1951).

[2] MEYER, A.: Die Phosphate in der Lebensmittelindustrie. Unveröffentlichter Vortragsbericht 1956.

[3] Runderl. Bundesmin. d. Inneren vom 8. Mai 1953.

[4] Verordnung über Käse, Schmelzkäse und Käsezubereitungen (Käseverordnung) vom 2. Juni 1951, § 17.

[5] Definitions and Standards for Food. Title 21, part 19 — Cheeses; Processed Cheeses, Cheese Foods; Cheese Spreads, and Related Foods.

[6] DEMMLER, GG., u. G. FRIESE: Milchwiss. **9**, 341—344 (1954).

[7] UMBRECHT, J.: In KIEFERLE und UMBRECHT[21]; H. MAIR-WALDBURG, Dtsch. Molkerei-Ztg. Kempten (Allgäu) **76**, 1—3, 36—39 (1955).

[8] SCHULZ, M. E.: Milchwiss. **6**, 74 (1951).

[9] STAUDINGER, H.: Organische Kolloidchemie. Braunschweig 1950.

[9a] JIRGENSONS, B., u. M. STRAUMANIS: Kurzes Lehrbuch der Kolloidchemie. München 1949.

[9b] LOEB, J.: Die Eiweißkörper und die Theorie der kolloidalen Erscheinungen. Berlin 1924.

[10] WALDSCHMIDT-LEITZ, E.: Chemie der Eiweißkörper II. Stuttgart 1957.

[10a] SENTI, F. R., C. R. EDDY and G. C. NUTTING: J. Amer. Chem. Soc. **65**, 2473 (1943); vgl. W. T. ASTBURY, Biochemic. J. **29**, 2351 (1935); Nature (London) **142**, 33 (1938); Kolloid-Z. **83**, 130 (1938). — PALMER, K. J., and J. A. GALVIN: J. Amer. Chem. Soc. **65**, 2187 (1943). — LUNDGREN, H. P.: J. Amer. Chem. Soc. **63**, 2854 (1941). — HALLE, F.: Kolloid-Z, **81**, 334 (1937).

[11] GRASSMANN, W., u. J. TRUPKE: Chemie der Proteine, allgemeiner Teil (584—683); Spezieller Teil, Kasein (738—740) in B. FLASCHENTRÄGER u. E. LEHNARTZ: Physiologische Chemie, Bd. I, Die Stoffe. Berlin-Göttingen-Heidelberg: Springer 1951.

[12] SCHWARZ, G., u. H. MUMM: Molkerei-Ztg. Hildesheim **16**, 129—132 (1942). — BEINERT, B., u. H. OESER: Dtsch. Molkerei-Ztg. Kempten

(Allgäu) **76**, 257—260, 294—296, 323—325 (1955); vgl. auch M. E. SCHULZ u. G. MROWETZ: Dtsch. Molkereiztg. Kempten (Allgäu) **73**, 495 bis 496 (1952). Über die Zusammenhänge zwischen „Eiweißabbau und Schmelzbarkeit des Emmentalerkäses", siehe vor allem K. VAS[19].

[13] KUHN, W.: Physikalisch-chemische Grundlagen biologischer Vorgänge (8—172), in FLASCHENTRÄGER und LEHNARTZ, siehe [11].

[14] HOLTZ, F.: Wasser (176—183), in FLASCHENTRÄGER und LEHNARTZ, siehe [11].

[15] HABICHT, L.: Milchw. Forsch. **16**, 347—387 (1934).

[16] CLEMENS, W.: Milchwiss. **9**, 195—201 (1954).

[17] KOESTLER, G.: In Schweiz. Milchwirtschaft. S. 467. Thun 1948.

[17a] Landwirtschaftl. Jb. Schweiz **48**, 339—347 (1934); Ber. XII. Internat. Milchkongr. Stockholm **5**, 9—18 (1949).

[18] WESTPHAL, WILH. H.: Physikalisches Wörterbuch. Springer 1952.

[19] VAS, K.: Milchw. Forsch. **12**, 183—198 (1931).

[20] LÜCK, H., u. F. J. JOUBERT: Milchwiss. **10**, 417 (1955).

[21] KIEFERLE, F., u. J. UMBRECHT: Die Schmelzkäseindustrie. Entwicklung, Technologie, Beurteilung und Untersuchung. Kempten (Allgäu) 1939.

[22] FAIVRE, R.: Chemie et Industrie **56**, 373—381 (1946).

[23] ERBACHER, E.: Dtsch. Molkereiztg. Kempten (Allgäu) **70**, 973 (1949); vgl. auch M. E. SCHULZ: Südd. Molkerei-Ztg. Kempten (Allgäu) **53**, 1097 bis 1099 (1932). — NOTTBOHM, F. E.: Z. Lebensmittel-Unters. u. -Forsch. **63**, 37—47 (1932). — UMBRECHT, J.: [21] und [35]; vgl. PASZTOR[39]. — TEICHERT, K.: Molkerei-Ztg. Hildesheim **46**, 318—319 (1932).

[24] KRÖMER, F.: Dtsch. Molkerei-Ztg. Kempten (Allgäu) **72**, 1361—1363 (1951); vgl. aber auch [25].

[25] HEIDE, R. VON DER: Dtsch. Molkerei-Ztg. Kempten (Allgäu) **73**, 36—37 (1952).

[26] BOHAC, VL.: Ber. XIV. Internat. Milchkongr. Rom, Bd. II, Teil II, 80—92 (1956).

[27] HOSTETTLER, H., u. M. R. RUEGGER: Landwirtschaftl. Jb. Schweiz **64**, 669 (1950); zit. nach Milchwiss. **6**, 97 (1951).

[28] MAIR-WALDBURG, H., u. W. STURM: Untersuchungen über Schmelzsalze in Fertigstellung.

[29] Siehe [4], § 14.

[30] MEYER, A.: Österr. Milchwirtsch. **11**, 427—430, 447—450 (1956).

[31] GRATZ, O.: Die Technik der Schmelzkäseherstellung. Kempten (Allgäu) 1931.

[32] OWTSCHINNIKOW, A., u. I. ALJAMOWSKI: Milchindustrie **13**, 21—22 (1952) (UdSSR); zit. nach Chem. Zbl. **125**, 2075 (1954).

[33] RANK, B., u. E. SIEBENLIST: Dtsch. Molkereiztg. Kempten (Allgäu) **62**, 1036—1038 (1941).

[34] Zur Geschichte der Schmelzkäseherstellung siehe[21] und W. FLEISCHMANN u. H. WEIGMANN: Lehrbuch der Milchwirtschaft. VII, S. 810. Berlin 1932.

[35] UMBRECHT, J.: Süddtsch. Molkerei-Ztg. Kempten (Allgäu) **53**, 233—236 (1932).

[36] DIBBERN, H.: Molkerei-Ztg. Hildesheim **5**, 92 (1951).

[37] EGGER, K.: Die modernen Schmelzkäseverfahren. Bern. STORCK, W., in W. RIEDEL: Handbuch der Käserei. S. 486. Hildesheim 1952. — SOMMER, H. H., and H. L. TEMPLETON: The Making of Processed Cheese. Res. Bull. 137. Univ. Wisconsin (Madison) 1939.

[38] Vgl. auch Patente JOH. A. BENCKISER und F. DRAISBACH (B. 141822/53e); zit. nach UMBRECHT[35].

[39] PASZTOR, ST.: Molkerei-Ztg. Hildesheim **44**, 1403 (1930).

[40] KIERMEIER, F.: Lebensmittel-Unters. u. -Forsch. **95**, 85—89 (1952).

[41] BECKER, E., u. W. CLEMENS: Milchwiss. **10**, 258—266 (1955).

[42] SCHULZ, M. E.: Molkerei-Lexikon. Milchwirtschaft von A bis Z. Kempten (Allgäu) 1952.

[43] MÖHLER, KL., u. F. KIERMEIER: Z. Lebensmittel-Unters. u. -Forsch. **95**, 170—177 (1952).

Über die Verwendung von Polyphosphaten in der Wasseraufbereitung und über die Bekömmlichkeit und Genußfähigkeit phosphatbehandelten Wassers

Von

P. Höfer, Berlin

Da die meisten der zur Anwendung kommenden Wässer in ihrer Zusammensetzung keineswegs immer den Anforderungen des jeweiligen Verwendungszweckes entsprechen, ist es notwendig, sie für den gewünschten Verbrauch entsprechend aufzubereiten. Dies erfordert neben einer physikalischen-mechanischen Behandlung sehr häufig den Einsatz von Chemikalien, insbesondere auch von Phosphaten. Soweit nun solche Wässer mehr gewerblichen und industriellen Zwecken dienen und daher kaum oder wenig mit Menschen und Tieren oder Lebensmitteln in Berührung kommen, sind sie für den Hygieniker von nur bedingtem Interesse.

Für die Wässer der zentralen Wasserversorgungen, die der Allgemeinheit dienen und daher mit Tier und Mensch aufs innigste in Berührung kommen, gelten ganz spezielle Richtlinien, die von vornherein gewisse Aufbereitungsmöglichkeiten ausschließen. Während bei einem guten Trinkwasser Klarheit, Farb-, Geruch- und Geschmacklosigkeit, niedrige Temperatur und Freiheit von krankheitserregenden Keimen Bedingung sind, dagegen die mehr oder weniger große Härte meist nur von untergeordneter Bedeutung ist, liegen die Verhältnisse bei den technisch genutzten Wässern häufig völlig umgekehrt. Ein gutes natürliches Trinkwasser soll in seiner natürlichen Zusammensetzung möglichst unverändert bleiben, soweit nicht eine möglichst einfach gehaltene Aufbereitung zur Abscheidung von Eisen und Mangan und eine gewisse Entsäuerung aus Gründen des Schutzes des Rohrnetzes notwendig ist. Dies gilt insbesondere für Grund- und Quellwässer. Für die heute mehr und mehr zur Verwendung kommenden Oberflächenwässer läßt sich allerdings der erhöhte Einsatz von Chemikalien nicht vermeiden, doch bleibt er schon aus wirtschaftlichen Gründen auf das Notwendigste beschränkt.

Bei den industriell genutzten Wässern dagegen ergibt sich sehr häufig die Notwendigkeit einer intensiveren Aufbereitung, wie z. B. die einer weitgehenden Enthärtung, Entsäuerung und Entgasung, und die heute in den Hochdruckkesselanlagen verwendeten Wässer werden durch chemische und physikalische Verfahren von allen löslichen Bestandteilen befreit und entsprechen damit praktisch einem Leitfähigkeitswasser.

Die Behandlung mit Phosphaten kann sowohl für industriell genutzte Wässer als auch für Trink- und Brauchwasser in Frage kommen. Bei industriell genutzten Wässern ist die Anwendung von Orthophosphaten, speziell für die Aufbereitung von Kesselspeisewasser zur Abscheidung der Härtebildner, schon seit langem üblich. In der Trink- und Warmwasserversorgung werden die Orthophosphate seit etwa rund 20 Jahren verwendet, weil sie auf den Innenwandungen der Rohre in Verbindung mit Eisen und Calcium einen sehr schwer löslichen Belag von Eisencalciumphosphat bilden, der eine ungewöhnlich gut haftende und haltbare Schutzschicht gegen Korrosionen ergibt. Die Zugabe an Orthophosphat bewegt sich um etwa 2 mg/l P_2O_5 und soll 10 mg/l nicht überschreiten.

Die Verträglichkeit der dem menschlichen Organismus durch Trinkwasser zugeführten Mengen an Phosphorsäure ist in der Fachliteratur meist nur gestreift und nie eingehend erörtert worden. Über die ganz allgemein zulässige Dosis an Phosphorsäure, nicht nur den Phosphorsäuregehalt im Trinkwasser betreffend, gehen die Ansichten ziemlich weit auseinander. Während HAASE[1] bereits einen Zusatz von 50 mg/l P_2O_5 wegen der zu erwartenden Pufferung der Magensalzsäure schon für bedenklich hält, können nach LAUERSEN[2] diese Werte unbedenklich überschritten werden. Bayern[3] läßt z. B. in Limonaden Phosphorsäure bis zu 500 mg/l P_2O_5 zu, wobei allerdings zu beachten ist, daß es sich dabei nur um gelegentliche Zuführungen handelt, also nicht um konstante Aufnahmen wie es beim Trinkwasser der Fall ist.

Die Bedeutung des Phosphorhaushaltes im menschlichen Organismus sei hier als bekannt vorausgesetzt, und es soll daher hier nur soweit wie nötig darauf eingegangen werden.

Der menschliche Organismus ist auf die Zufuhr von Phosphorsäure angewiesen. Bezüglich der Menge spielen selbstverständlich die verschiedenen Bedingungen wie Alter, Lebensweise usw. eine wesentliche Rolle. Die Angaben über die wünschenswerte tägliche Zufuhr an Phosphorsäure bzw. ihren Verbindungen stimmen im ganzen gut überein. Nach LANG-RANKE[4] und LAUERSEN[2] dürfte die anzustrebende Tagesmenge bei etwa 2,3 g P_2O_5 liegen. Die tatsächliche Aufnahme liegt im Mittel etwa 60% höher. Der vom Körper nicht benötigte Anteil verfällt der Ausscheidung.

Da die Calciumsalze sowohl der Menge nach als auch in der allgemeinen Verbreitung im menschlichen Organismus an der Spitze aller anorganischen Salze stehen, spielt das Verhältnis von Phosphorsäure zu Calcium schon insofern eine sehr wichtige Rolle, als bei beiden Verbindungen eine gegenseitige Beeinflussung der Löslichkeiten stattfindet, die unter Umständen bis zur völligen Unlöslichkeit der Komponenten führen kann. Dieses Verhältnis Kalk zu Phosphorsäure wird nun je nach Alter, Beanspruchung und Leistung des Organismus immer verschieden sein und um ein gewisses Gleichgewicht herumpendeln, so daß allgemein gültige Werte nicht ohne weiteres zu geben sind. Da nach LEHNARTZ[5] die meisten unserer Nahrungsmittel verhältnismäßig kalkarm sind, so wäre die Mindestzufuhr von etwa 1 g Kalk nicht immer gewährleistet und eine übermäßige Zufuhr an Phosphorsäure mit Bedenken aufzunehmen.

Es erhebt sich also die Frage, ob die im Mittel mit etwa 7 mg/l P_2O_5 mit dem Wasser zugeführten Mengen als bedenklich anzusehen sind. Angesichts der Tatsache, daß die tägliche tatsächliche Aufnahme an Phosphorsäure etwa 3,6—4,5 g P_2O_5 beträgt und damit beträchtlichen Schwankungen unterworfen ist, muß als sicher angenommen werden, daß diese mit dem Wasser aufgenommenen Mengen in gesundheitlicher Hinsicht als unbedenklich anzusehen sind, und dies um so mehr, als die Phosphorsäure als Orthophosphat und damit in resorbierbarer Form vorliegt und mit dem Wasser gleichzeitig eine beträchtliche Zufuhr von Kalk in Form der Härtebildner erfolgt. Diese Frage einmal näher zu erörtern schien schon deshalb gegeben, weil die natürlichen, als Trinkwasser genutzten Wässer im allgemeinen keine oder nur minimale Gehalte an Phosphorsäure führen, die den Wert von etwa 0,2 mg/l P_2O_5 kaum überschreiten. Ein höherer Gehalt deutet, soweit nicht besondere örtliche Verhältnisse vorliegen, fast immer auf fäkale Verunreinigungen hin.

In neuerer Zeit — in Amerika ungefähr seit Ende der dreißiger Jahre — hat man die Polyphosphate in der Wasserbehandlung mit großem Erfolg eingeführt. Im Gegensatz zu den Orthophosphaten, die als Fällungs- und Nachfällungsmittel der Härtebildner (bzw. als Korrosionsschutzmittel) angewandt werden, verhindern die Polyphosphate das Ausfällen der Härtebildner, insbesondere stabilisieren sie die Carbonathärte.

Bekanntlich unterscheidet man zwischen Carbonathärte („temporärer Härte") und Nichtcarbonathärte („permanenter Härte"). Die Carbonathärte ist durch die löslichen Erdalkalibicarbonate gegeben, deren Löslichkeit von der Gegenwart freier Kohlensäure abhängig ist, d. h. es bildet sich bei einer gegebenen Temperatur ein gegenseitiges Abhängigkeitsverhältnis bzw. ein Gleichgewicht aus, das zudem stark temperaturbedingt ist. Führt man einem solchen Gleichgewichtswasser freie Kohlensäure zu, so vermag das Wasser noch als Bodenkörper vorhandenes Calciumcarbonat zu lösen. Im umgekehrten Falle, also bei Entzug von Kohlensäure, scheidet ein solches Wasser Calciumcarbonat aus. Eine Kalkausscheidung erfolgt auch, wenn bei einem Gleichgewichtswasser eine Temperaturerhöhung eintritt, weil dann die vorhandene Kohlensäuremenge nicht mehr ausreicht, um das Bicarbonat in Lösung zu halten. Der Vorgang wird sehr häufig durch ein gleichzeitiges Entweichen von Kohlensäure beschleunigt. Im Haushalt ist dieser Vorgang als Wassersteinbildung bekannt. Die Nichtcarbonathärte wird durch diese Vorgänge praktisch nicht beeinflußt. Die Ausscheidung ihrer Härtebildner (Chloride und Sulfate der Erdalkalien) beginnt erst mit Überschreiten der Löslichkeitsgrenze, d. h. also meist erst bei starkem Eindampfen des Wassers.

Eine Veränderung des Temperaturzustandes des Wassers (besonders eine Erhitzung) gehört in der Industrie gewissermaßen zur Tagesordnung, ist aber auch im Haushalt oft gegeben. Es braucht hier nur an die Warmwasserbereitung gedacht zu werden. Demgemäß bleibt die Frage der Verhinderung einer Calciumcarbonatabscheidung immer offen. Ihr zu begegnen, gibt es eine Anzahl Möglichkeiten, die in der Industrie mehr oder weniger angewandt werden.

Das Verfahren, die Carbonathärte durch Mineralsäurezugabe (die sog. Säureimpfung) in temperaturunabhängige Nichtcarbonathärte überzuführen, wird heute nur noch wenig durchgeführt, weil dieses Verfahren eine sehr sorgfältige Überwachung und Dosierung erfordert und die Gesamthärte nicht ändert. Eine ausgedehntere Anwendung findet dagegen die Vorbehandlung des carbonathärtehaltigen Wassers mit Kalk, die sog. Entcarbonisierung. Bei diesem Vorgang wird die gesamte Kohlensäure, auch die des Bicarbonates, neutralisiert, d. h. also das gesamte Kalk-Kohlensäure-Gleichgewicht gestört, so daß die als Bicarbonat vorhandenen Härtebildner praktisch bis auf einen kleinen Rest als unlösliche Carbonate ausfallen und somit bei einer folgenden Temperaturerhöhung nicht mehr in Erscheinung treten können. Das Wasser wird also bei diesem Vorgang enthärtet.

Eine weitere Möglichkeit zum Ausscheiden der Carbonathärte bietet die Anwendung der modernen organischen Basenaustauscher, mit denen die verschiedensten Kombinationsverfahren gegeben sind.

Die Arbeitsweise, dem Wasser Kolloide zuzugeben, um dadurch die Ausbildung von Kristallen und damit die Abscheidung des Calciumcarbonates zu verhindern oder zu verzögern oder es in nicht festhaftender Form abzuscheiden, war früher stark verbreitet, besonders in den USA mit Tannin. Sie dürfte jedoch durch die Anwendung des neuen in den USA entdeckten Polyphosphatverfahrens allmählich vollkommen verschwinden. Zweifellos hat sie eine gewisse Ähnlichkeit mit diesem neuen Verfahren und ist auch bei entsprechenden Versuchsreihen von Rosenstein[6] entdeckt worden.

Auf die Darstellung und speziellen Eigenschaften der verschiedenen Polyphosphate soll hier im einzelnen nicht eingegangen werden. In der Wasserbehandlung kommen vorzugsweise das Grahamsalz [$(NaPO_3)_x \cdot H_2O$], unter dem üblichen — aber falschen — Namen Natriumhexametaphosphat bekannt, und das Natriumtripolyphosphat $Na_5P_3O_{10}$ zur Anwendung. Letzteres zerfällt bei der vollständigen Hydrolyse unter Aufnahme von 2 Mol Wasser in 3 Mol Orthophosphat. Nach Ammer[7] soll es gegenüber dem „Natriumhexametaphosphat" den Vorteil haben, daß es nicht hygroskopisch ist, nicht zur Klumpenbildung neigt, in Lösung alkalisch reagiert und daher besser zu handhaben ist als das Grahamsche Salz. Bei diesem Grahamschen Salz [$(NaPO_3)_x \cdot H_2O$]

handelt es sich um eine Verbindung, in der die Glieder

$$-\overset{\overset{\textstyle O}{\|}}{\underset{\underset{\textstyle ONa}{|}}{P}}-O-$$

lange Ketten bilden und keineswegs bei x = 6 endigen. Aus dieser Kettenstruktur geht also eindeutig hervor, daß es sich bei dem Grahamschen Salz somit *nicht* um ein *Meta*phosphat, sondern um ein *Poly*phosphat handelt und ferner, daß der Kondensationsgrad wesentlich höher als 6 ist. Über die Zusammensetzung der Polyphosphate findet sich Näheres in der Arbeit von Thilo[8], der sich mit der Konstitution dieser Verbindungen eingehend beschäftigt hat, s. S. 17. Das Salz selbst ist hygroskopisch. Die wäßrige Lösung reagiert schwach sauer.

Früher war man der Auffassung, daß die Polyphosphate mit den Schwermetallen und Erdalkalimetallen Komplexsalze bilden. Die neueren Arbeiten von Thilo haben aber gezeigt, daß es sich hierbei um eine Ionenaustauschreaktion handelt.

Den Wasserfachmann interessiert vor allem, daß ein ungewöhnlich kleiner Zusatz solcher Polyphosphate zu carbonathärtehaltigem Wasser das Ausfallen von Calciumcarbonat sowohl bei Temperaturerhöhungen als auch bei einer Alkalisierung verhindert, also bei z. T. vollständiger Störung des im Wasser immer anzustrebenden, aber keineswegs immer einzuhaltenden Kalk-Kohlensäuregleichgewichtes.

Um diesen Effekt zu erzielen, genügt ein Zusatz von etwa 3 mg/l Grahamsches Salz, das sind rund 2 mg/l P_2O_5, also eine Menge, die zu stöchiometrischen Berechnungen keine Grundlage gibt. Diese Erscheinung ist von verschiedenen Forschern studiert worden[10], dürfte jedoch noch nicht endgültig geklärt sein. Vermutlich handelt es sich um Adsorptionserscheinungen an der Oberfläche sich gerade eben bildender, mehr oder weniger stark verformter Feinstkristalle von Calciumcarbonat, wodurch das weitere Wachstum und damit auch die Ausfällung verhindert wird. Diese Vermutung wird durch die Untersuchungen Hollutas[11], der bei solchen an sich klaren Lösungen einen ausgesprochenen Tyndalleffekt feststellte, gefördert.

Die bisher vorliegenden Untersuchungen aus der Praxis lassen erkennen, daß sich bei Kaltwasser bei einem Zusatz von etwa

2 mg/l Grahamsches Salz Ausscheidungen bis zu einer Carbonathärte von rund 17° d KH mit Sicherheit vermeiden lassen. Eine
wesentliche Erhöhung des Zusatzes erübrigt sich, da sie wirkungs-
los bleibt. Von den Amerikanern sind gelegentlich höhere Härten
angeführt worden, doch scheint der Erfolg fraglich.

Nach SCHUMANN und LANDERS[12] soll der Effekt durch höhere
Anteile der Nichtcarbonathärte etwas herabgesetzt, durch Alkalisalze, insbesondere durch Natriumsulfat, verstärkt werden.

Von Bedeutung ist ferner noch, daß bis zu einem gewissen
Grad im Wasser vorliegende Eisenverbindungen stabilisiert werden
können. Bei diesen Verbindungen, die im Wasser zunächst meist
in der zweiwertigen löslichen Form vorliegen, wird das Ausflocken
des durch Oxydation entstehenden Ferrihydroxydes vermutlich
durch eine Hemmung des Oxydationsvorganges verhindert bzw.
verzögert. Wie bisher festgestellt werden konnte, ist diese Wirkung
zeitlich begrenzt und abhängig von der vorhandenen Eisenmenge,
von der Zugabe an Polyphosphat, der Menge des gelösten Sauer-
stoffes, der Wassertemperatur und verschiedenen anderen Umständen. Die Menge an benötigtem Polyphosphat ist wesentlich
höher als bei der Stabilisierung der Carbonathärte. Sie soll etwa
viermal so groß sein wie der vorhandene Eisengehalt, d. h. bei
einem im Wasser vorhandenen Eisengehalt von 1 mg/l wären rund
4 mg/l Grahamsches Salz anzuwenden.

Durch diese Eigenschaften haben die Polyphosphate in der
industriellen Wasserwirtschaft eine ausgedehnte Anwendung gefunden, und zwar werden sie vorzugsweise bei Kühlwässern und
in der Warmwasserbereitung verwandt.

Bei der praktischen Auswertung dieser Phosphate in der
Wasserwirtschaft haben sich nun noch interessante Nebenwirkun-
gen herausgestellt, die für viele Betriebe von gewisser Bedeutung
sein können. Schon bei dem geringen Zusatz von rund 2 mg/l
Graham-Salz kann eine allmähliche Auf- bzw. Ablösung alten
abgelagerten Wassersteins erfolgen, die nach amerikanischen
Angaben und solchen HOLLUTAs[11] allerdings nur bei bewegtem
Wasser, also beim Durchströmen der Rohre, deutlich zu beobachten ist. Die Art und Zusammensetzung des Wassersteines
dürfte dabei aber eine gewisse Rolle mitspielen. Ob diese lösende
Wirkung auf die Polyphosphate an sich zurückzuführen ist oder
auf eine Adsorption dieser Phosphate an große Calcitkristalle,

wobei hier allmählich eine Hydrolyse zu saurem löslichen Orthophosphat stattfindet, ist noch nicht geklärt.

Die gelegentlich aufgestellten Behauptungen, daß auch eine
Ablösung alter Rostknollen eintrete, muß jedoch mit einer gewissen
Skepsis aufgenommen werden. Vermutlich findet nur eine Aus-
lösung des meist darin enthaltenen Kalkgehaltes und anschließend
ein Zerfall der Rostknollen statt. Es besteht auch die Möglichkeit,
daß die Polyphosphate in die mehr oder weniger porösen Ablagerungen eindringen, hydrolysieren und dann sprengend wirken.

Den Polyphosphaten wird bei ihrer Verwendung zur Stabilisierung der Carbonathärte gleichzeitig ein Korrosionsschutz zu-
gesprochen[10], wobei es offen bleibt, ob diese Phosphate direkt als
solche an der Filmschutzschicht beteiligt sind. Nach den bisherigen
praktischen Erfahrungen, insbesondere bei der Warmwasser-
behandlung, besteht die Möglichkeit einer Schutzschichtbildung.
Sie ist im übrigen immer gegeben, wenn gleichzeitig Orthophosphate zugefügt werden. Es liegt also nahe, das Auftreten
einer solchen Phosphatschutzschicht bei Anwendung von nur
Polyphosphaten durch eine Hydrolyse dieser Verbindungen zu
Orthophosphaten, wenn auch nur in kleinsten Mengen, zu erklären.
Da die Hydrolyse dieser Verbindungen mit steigender Temperatur
zunimmt, in kaltem Wasser jedoch gering ist, wird man immer
gut tun, bei ihrer Verwendung in Kaltwasser zum Zwecke des
Korrosionsschutzes einen Anteil an Orthophosphat zuzugeben. Bei
Warmwasser, bei der die Hydrolyse rascher vor sich geht, kann
man je nach den Verhältnissen auf eine gleichzeitige Zugabe von
Orthophosphat verzichten.

SCHILLING[13] empfiehlt die Polyphosphate, speziell das Penta-
natrium-tripolyphosphat, auch für Kesselspeisewasser. Der bei der
Eindickung des Kesselwassers nicht zu vermeidende Ausfall von
Calciumcarbonat-sulfat und -phosphat führt bei Anwesenheit des
Polyphosphates, das bei den erhöhten Kesseltemperaturen mehr
oder weniger schnell zu Orthophosphat hydrolysiert, nur zu
schlammigen Ausscheidungen, keinesfalls aber zu Steinbildungen.

Die Verwendung der Polyphosphate in der Warmwasserbereitung und auch die noch recht strittige Frage seiner Korrosions-
schutzwirkung führt zu der Frage der Stabilität dieser Verbindungen. In wäßrigen Lösungen ist ihre Haltbarkeit begrenzt.
Für die Beständigkeit sind neben verschiedenen Faktoren vor

allem die Temperatur und der p_H-Wert des Wassers wesentlich. Bei höheren Temperaturen wie bei 80° und z. T. solchen in der Nähe des Siedepunktes tritt nach WATZEL[14] mehr oder weniger schnell eine Hydrolyse (= Rehydratisierung) zu Orthophosphaten ein, wobei aber in Warmwasseranlagen, Kühlwässern und dergleichen die wassersteinverhütende Wirkung noch weitgehend gegeben ist. Das Gesamtergebnis ist daneben natürlich noch sehr abhängig von der Dauer des Erhitzens, von der Wasserzusammensetzung, der Wasserstoffionenkonzentration, der Strömungsgeschwindigkeit und einigen anderen Faktoren. Auch die Eigenkonzentration scheint für die Stabilität von Bedeutung zu sein. KARBE und JANDER[15] fanden, daß bei 60° 10%ige Lösungen stabiler waren als 1%ige. Bei noch weitergehender Verdünnung war allerdings wieder eine etwas größere Beständigkeit festzustellen. Diese Ergebnisse können wir bis zu einem gewissen Grad bestätigen. Wir haben Versuche durchgeführt, die feststellen sollten, wie weit bereits durch eine magensaftähnliche Salzsäurekonzentration ein Abbau, also eine Hydrolyse von Grahamschem Salz zu Orthophosphaten erfolgt. Die Versuche wurden mit 0,1 n-Salzsäure ohne und mit Pepsin unter Zugabe von 5, 10, 100 und 1000 mg/l Grahamsalz bei einer Temperatur von 37° und einer Einwirkungsdauer von 2—4 Std. durchgeführt. Die Einwirkungszeit entsprach etwa der Verweildauer leichtverdaulicher Speisen bzw. einer gemischten Kost im normalen Magen. Der p_H-Wert der Lösungen lag bei etwa 1,6. Es ergab sich, daß in keinem Falle mehr als 9% der angewandten Polyphosphate zu Orthophosphaten hydrolysiert worden waren. Mit zunehmender Konzentration nahm der Gehalt an Orthophosphat ab, so daß schließlich bei dem hohen Gehalt von 1000 mg/l Grahamschem Salz überhaupt keine Orthophosphorsäure mehr nachzuweisen war. Die Versuche ergaben eindeutig, daß geringere Konzentrationen im Magen voraussichtlich prozentual einen stärkeren Abbau erleiden als höhere Dosen[16].

Diese Befunde interessieren den Wasserhygieniker, weil er an der Entscheidung mitzuwirken hat, ob die dem Wasser zugesetzten Mengen an Polyphosphat zu gesundheitlichen Bedenken Anlaß geben oder nicht. In natürlichen Wässern kommen diese Verbindungen praktisch nicht vor. Sie dem Trinkwasser zuzusetzen, liegt im allgemeinen keine Veranlassung vor. Immerhin kommen

Sonderfälle in Frage, in denen ein solcher Zusatz notwendig erscheint. Aber schon die Tatsache, daß die Polyphosphate bereits in der Bereitung von Warmwasser Eingang gefunden haben, das im Haushalt auch zu Genußzwecken verwendet wird, zwingt den Hygieniker zu einer Stellungnahme.

Er kann sich hierbei im wesentlichen nur auf die Ergebnisse der Pharmakologen und physiologischen Chemiker stützen und an Hand des gesammelten Materials eine Zulassung befürworten oder ablehnen.

Das Verfahren zur Stabilisierung der Carbonathärte in Wässern ist bekanntlich zuerst in den Vereinigten Staaten unter der Bezeichnung "threshold treatment" eingeführt worden[17 a, c]. Die USA stellen im allgemeinen bei der Zulassung von Zusatzstoffen für Produkte, die der menschlichen Ernährung dienen, verhältnismäßig hohe Anforderungen, und demgemäß sind daher der Zulassung dieser Phosphate auch entsprechende Prüfungen vorausgegangen. Ich verweise hier auf die Arbeiten von MADDRY und FREEMAN[18] und JONES[19], denen jedoch bereits die Arbeiten deutscher Forscher wie BEHRENS und SEELKOPF[20] vorausgingen. GÖTTE[21] und EBEL[22] haben sich mit dem Umlauf und der Speicherung solcher Phosphate in den lebenden Zellen beschäftigt, und in neuerer Zeit haben MATTENHEIMER[23], SCHREIER[24], LANG und Mitarbeiter[25], sowie HAHN und Mitarbeiter[26, 27] sehr eingehend über die Bedeutung von Polyphosphaten in lebenden Zellen sowie über den Stoffwechsel im lebenden Organismus gearbeitet.

Im ganzen haben diese Arbeiten, bei denen im Vergleich zu den dem Wasser zugesetzten Mengen an Polyphosphaten mit erheblich größeren Dosen gearbeitet wurde, keine ausgesprochen nachteiligen Folgen für den lebenden Organismus gezeitigt. Die dem Warmwasser zugesetzten Mengen in Höhe von rund 2 bis maximal 10 mg/l Polyphosphat können auf Grund der bisherigen Ergebnisse daher als unbedenklich angesehen werden, und zwar schon aus der Tatsache heraus, daß im allgemeinen Warmwasser kaum als Trinkwasser sondern vielmehr zur Bereitung von Getränken, Speisen usw. benutzt wird, wobei beim Kochen vermutlich noch der größte Teil der Polyphosphate zerstört wird. Eine gelegentliche direkte Aufnahme eines solchen Wassers, die 0,5 l pro Tag nicht überschreiten wird, dürfte ohne Bedeutung sein.

Die Frage, ob die Genußfähigkeit eines mit Polyphosphat behandelten kalten Trinkwassers zu bejahen ist, bedarf einer vorsichtigeren Erwägung. Dem Wasserhygieniker ist durchaus geläufig, daß die durch viele Lebensmittel wie z. B. Käse, Wurst, Backpulver u. ä. aufgenommenen Phosphatmengen weitaus höher liegen als im Trinkwasser.

Wenn man die Zugabe an solchen Phosphaten für Trinkwasser im Gegensatz zu der Nahrungs- und Getränkeindustrie bewußt so niedrig wie möglich hält, so sind dafür zunächst rein hygienische Gründe maßgebend. Bei einem so wichtigen Lebensstoff wie dem Trinkwasser ist eine stärker konservative Haltung einzunehmen als bei sonstigen Lebensmitteln, deren Zuführung einem lebhafteren Wechsel unterworfen ist. Man muß weiter bedenken, daß die von den oben genannten Forschern durchgeführten Untersuchungen sich ja immer nur auf verhältnismäßig begrenzte Zeiträume bezogen. Trinkwasser wird täglich genossen und seine Einwirkung bzw. die der darin enthaltenen oder zugesetzten Stoffe dauert praktisch unbegrenzt an.

Von dem Spurenelement Fluor wissen wir heute, daß sich seine Anwesenheit im Wasser erst nach rund einem Jahrzehnt mehr oder weniger angenehm bemerkbar macht. Der Wasserfachmann und noch mehr der Wasserhygieniker wird daher mit dem Zusatz von Stoffen, die im natürlichen Wasser nicht vorkommen, ungewöhnlich vorsichtig sein. Man wird das Wasser in seiner natürlichen Beschaffenheit nur soweit beeinflussen, als es hygienische und gewisse technische Belange (vor allem der Rohrschutz!) erfordern, ganz abgesehen davon, daß bei einem solch „sozialen" Massenprodukt auch die Wirtschaftlichkeit nicht unberücksichtigt bleiben kann.

Erfreulich ist nun bei einer evtl. notwendigen Polyphosphatdosierung, daß sich wirtschaftliche und hygienische Belange infolge der äußerst geringen Zugabe gewissermaßen vereinigen. Die Frage der Bekömmlich- und Genußfähigkeit eines mit Polyphosphat behandelten Wassers läßt sich beantworten, wenn man in einem solchen Falle die täglich durch den menschlichen Organismus aufgenommene Menge an Polyphosphat ermittelt. Und dies hängt natürlich von der pro Tag aufgenommenen Trinkwassermenge ab. Da hierbei die örtlichen, klimatischen und persönlichen Verhältnisse eine große Rolle spielen, kann man nur einen annähernden Wert annehmen. Kinder trinken vermutlich mehr als Erwachsene, im Sommer mehr als im Winter usw. Legt man einen maximalen täglichen Trinkwasserverbrauch von etwa 1,5 l zugrunde, so ergibt sich bei einer Normaldosierung von 2 mg/l Polyphosphat bzw. einer Maximaldosierung von 10 mg/l eine tägliche Aufnahme von 3 bzw. 15 mg Polyphosphat. Nach dem heutigen Stande der Forschung können diese Mengen für den menschlichen Organismus als völlig unbedenklich bezeichnet werden und die bisherige Annahme über die Unschädlichkeit eines mit rund 7 mg/l P_2O_5 versetzten Trinkwassers, gleichgültig ob der Zusatz mit Ortho- oder Polyphosphat erfolgt, kann als richtig anerkannt werden. Vermutlich liegt die zu Bedenken Anlaß gebende Dosis wesentlich höher, so daß gelegentliche Überschreitungen dieser Mengen unbedenklich hingenommen werden können. Ob eine Revision zugunsten einer erhöhten Zugabe einmal möglich ist, hängt von den weiteren Forschungsergebnissen ab.

Literatur

[1] HAASE, W.: Phosphat als Mittel zur zentralen Wasserbehandlung. Ges. Ing. **73**, 404 (1952).

[2] LAUERSEN, F.: Über gesundheitliche Bedenken bei der Verwendung von Phosphorsäure und primären Phosphaten in Erfrischungsgetränken. Z. Lebensmittel-Unters. u. -Forsch. **96**, H. 6, 418 (1953).

[3] Bekanntmachung des Bayerischen Staatsministeriums d. Inn. vom 16. 7. 1952. Bayer. Staatsanz. **1952**, Nr. 31.

[4] LANG, K., u. O. F. RANKE: Stoffwechsel und Ernährung. S. 186. Berlin 1950.

[5] LEHNARTZ, E.: Einführung in die chemische Physiologie. 7. Aufl., S. 115. Berlin 1947.

[6] ROSENSTEIN, L.: USP 2038 316.

[7] AMMER, G.: Natriumpolyphosphate zur Güteverbesserung des Wassers. Wasser **18**, 128 (1949).

[8] THILO, E.: Die kondensierten Phosphate. Angew. Chem. **67**, Nr. 5, 141 (1955).

[9] RUDY, H., H. SCHLOESSER u. R. WATZEL: Über die Calciumkomplexe von Natriumhexameta- und -tripolyphosphat. Angew. Chem. **53**, 525 (1940).

[10] HATCH, G. B., and O. RICE: Industr. Engin. Chem. **31**, 51 (1939); Amer-Water Works Assoc. **39**, H. 7 (1947). — BÜHRER, T. F., and R. F. REITEMEIER: J. phys. Chem. **44**, 535, 552 (1939).

[11] HOLLUTA, J.: Kondensierte Phosphate in der Trinkwasseraufbereitung. Wasser **19**, 265 (1952).

[12] Schumann, E., u. P. Landers: Die Behandlung von Rücklaufkühlwasser mit Natriumhexametaphosphat. Wärme **66**, 122 (1943).

[13] Schilling, K.: Polymere Phosphate für Kesselspeisewasseraufbereitung. Wasser **19**, 298 (1952).

[14] Watzel, R.: Über die Hydrolysegeschwindigkeit von Pyrophosphat, Tripolyphosphat und Hexametaphosphat. Chemie **55**, 356 (1942).

[15] Karbe, K., u. G. Jander: Kolloidchem. Beih. **54**, 1 (1942).

[16] Höfer, P.: Über die Bekömmlichkeit und Genußfähigkeit von phosphatbehandeltem Wasser. Ges. Ing. **77**, 45 (1956).

[17a] Kleber, J. P., and O. Rice: Threshold treatment of water for brewery use. Brewers Digest **15**, 102 (1940).

[17b] Welde, V. J.: Hexametaphosphate in public supplies. Ohio conference on water purification. Toledo, Ohio; 3. u. 4. 10. 1939, p. 102.

[17c] Young, O. H.: Hexametaphosphate in public water supplies. Toledo, Ohio, 3. u. 4. 10. 1939, p. 101.

[18] Maddry, L. G., and C. Freeman: Studies on sodium hexametaphosphate in water. Its effect on bones, teeth, vitamin content of cooked foods. North Carolina water and Sewage Works Association, p. 54.

[19] Jones, K. K.: The physiology of sodium hexametaphosphate. Amer. Water Works Assoc. **32**, 1471 (1940).

[20] Behrens, B., u. K. Seelkopf: Zur Pharmakologie der Metaphosphorsäure. Arch. exper. Path. u. Pharmakol. **169**, 241 (1933).

[21] Götte, H.: Untersuchungen mit hochpolymeren radioaktiv markierten Phosphaten im Säuretierorganismus. Z. Naturforsch. **86**, H. 4, 173 (1953).

[22] Ebel, J. P.: Recherches sur les polyphosphates contenus dans divers cellules vivantes. Bull. Soc. Chim. biol. **34**, 321 (1952).

[23] Mattenheimer, H.: Naturwiss. **40**, 530 (1953).

[24] Schreier, K., u. H. G. Nöller: Stoffwechselversuche mit verschiedenen markierten Polyphosphaten. Arch. exper. Path. u. Pharmakol. **227**, H. 3, 199—209 (1955).

[25] Lang, K., L. Schachinger, O. Karges, F. K. Blumenberg, G. Rossmüller u. K. Schmutte: Der Stoffwechsel von Polyphosphaten. Biochem. Z. **327**, H. 2, 118—125 (1955).

[26] Jacoby, H., K. Pfleger u. W. Rummel: Einfluß von Phosphaten auf die enterale Resorption physiologischer Eisenmengen. Naturwiss. **43**, 354 (1956).

[27] Hahn, F., H. Jacoby u. W. Rummel: Chronische Fütterungsversuche mit Polyphosphaten. Naturwiss. **43**, 539 (1956).

Verhalten der kondensierten Phosphate im Stoffwechsel

Von

K. LANG, Mainz

Untersuchungen über das Verhalten der höher kondensierten Phosphate und der unphysiologischen cyclischen Metaphosphate im Stoffwechsel des tierischen Organismus sind erst in der neueren Zeit durchgeführt worden.

Nach der i.v. Injektion eines hoch kondensierten Phosphats verschwindet die Substanz rasch aus der Blutbahn und wird in den Organen, und zwar hauptsächlich in Leber und Milz gespeichert (GÖTTE[4]). GÖTTE nimmt an, daß die kondensierten Phosphate in den Organen durch Adsorption gebunden werden und daß zwischen den kondensierten Phosphaten in den Organen und den im Blut gelösten ein Adsorptionsgleichgewicht besteht. Er schließt dies vor allem aus dem Befund, daß das durch die Leber strömende Blut die Substanz bei einer einmaligen Passage nicht völlig abgibt und daß bei einer längeren Durchströmung der Leber das Organ jeweils einen stets gleichbleibenden Bruchteil der angebotenen Polyphosphatmenge aufnimmt.

Das von den Organen aufgenommene kondensierte Phosphat verschwindet aus ihnen in einer Exponentialkurve. Ein großer Teil wird zu Orthophosphat abgebaut, das dann dem Phosphat-Pool zugeführt wird und daher zu allen möglichen Reaktionen zur Verfügung steht. Man findet es dann beispielsweise in Lipoide oder andere Verbindungen eingebaut. Es wird weiterhin in großem Umfange im Harn ausgeschieden. Daneben findet man im Harn aber auch noch — wenn auch nur wenig — höherkondensierte Phosphate, die nicht dialysabel sind. Auch im Blut läßt sich durch den Dialyseversuch kondensiertes Phosphat nachweisen. Bei den Versuchen von GÖTTE[4] an Hunden wurden nach der Injektion von

P^{32}-Grahamschem Salz innerhalb von 8—9 Std. 13,7% der gesamten Radioaktivität im Harn ausgeschieden. Versuche an Kaninchen führten zu analogen Resultaten.

Eine ausgedehnte Studie über die Ausscheidung von kondensierten Phosphaten verdanken wir GOSSELIN und Mitarbeitern[6]. Die Autoren zeigten, daß ringförmige Metaphosphate (Trimetaphosphat und Tetrametaphosphat) nach parenteraler Einverleibung praktisch quantitativ im Harn ausgeschieden werden. Offensichtlich ist der Organismus nicht in der Lage, sie in nennenswertem Umfange aufzuspalten. Immerhin zeigt aber die Mehrausscheidung von Orthophosphat, daß einige Prozente der injizierten Dosis gespalten wurden. Die Ausscheidung der injizierten ringförmigen Phosphate erfolgt rasch. Das Verteilungsvolumen, das beim Trimetaphosphat zu 12% des Körpergewichts bestimmt worden war, zeigt, daß die Substanz praktisch extracellulär bleibt.

Die intravenöse Injektion von linearen, kondensierten Phosphaten wie von Tripolyphosphat oder „Hexametaphosphat" führte im Gegensatz zu den cyclischen Phosphaten zu einer prompten starken Erhöhung der Orthophosphatkonzentration im Plasma. Die ausgedehnte Aufspaltung der linearen kondensierten Phosphate geht auch noch aus der großen Zunahme der Ausscheidung von Orthophosphat im Harn hervor. Immerhin wird aber auch ein Teil der injizierten Polyphosphate im Organismus nicht hydrolysiert. Nach der Injektion von Hexametaphosphat scheiden Ratten innerhalb von 24 Std. 15—20% der Dosis in Form von nicht identifizierten kondensierten Phosphaten aus.

Bei den linearen, kondensierten Phosphaten, die parenteral Ratten oder Kaninchen injiziert werden, nimmt die Spaltbarkeit im Organismus mit zunehmender Kettenlänge immer mehr ab (GOSSELIN und MEGIRIAN[5]).

Wesentlich anders liegen die Dinge, wenn die kondensierten Phosphate nicht parenteral, sondern per os gegeben werden. Alle Untersucher berichten über eine nur geringe Resorbierbarkeit der Substanzen (GÖTTE[4], LANG und Mitarbeiter[7], GASSNER und Mitarbeiter[2], SCHREIER und NÖLLER[8]). Dies ist dadurch bedingt, daß die Zellmembran für die kondensierten Phosphate praktisch kaum durchlässig ist und daß die Substanzen im Magen-Darm-Trakt nur unvollkommen aufgespalten werden. Der Umfang der Spaltung bzw. Resorption ist stark vom Kondensationsgrad abhängig.

Je größer der Kondensationsgrad ist, um so schlechter ist auch die Resorption. In den Versuchen von GÖTTE[4] erwies sich das Tammannsche Salz als praktisch unresorbierbar. Die nur unvollkommene Resorption der kondensierten Phosphate geht auch aus den Untersuchungen von GILLIS und Mitarbeitern[3] hervor, die feststellten, daß kondensierte Phosphate nur in geringem Umfange als P-Quelle von Hühnern verwendet werden können. Bei derartigen Versuchen muß allerdings auf die Reinheit der verfütterten Präparate geachtet werden. Diese sind darauf zu überprüfen, ob sie meßbare Mengen an Orthophosphat oder Oligophosphaten als Verunreinigungen enthalten.

Gibt man Tieren Grahamsches Salz oder Kurrolsches Salz per os, so werden etwa 10—30% der Substanz im Magen-Darm-Trakt zu Orthophosphat aufgespalten und als solches resorbiert. Dieses steht dann dem Organismus für alle Zwecke des Phosphatstoffwechsels zur Verfügung. Man findet daher nach der Verfütterung von mit P^{32}-markierten kondensierten Phosphaten P^{32} in jede beliebige P-enthaltende Verbindung des Organismus eingebaut. Daneben werden aber auch in kleinerem Umfange Oligophosphate und etwas an höherkondensierten Phosphaten resorbiert. Dies geht daraus hervor, daß im Harn solche Substanzen ausgeschieden werden.

GASSNER und Mitarbeiter[2] stellten mit Beginn der Verfütterung von hochkondensiertem Kaliumphosphat (Kurrolsches Salz) sofort bei Ratten eine stark erhöhte Orthophosphatausscheidung fest. 10—56% (im Mittel 25%) der verfütterten Tagesdosis wurden im Harn als Orthophosphat gefunden. Kondensierte Phosphate traten in kleinen Mengen nicht sofort, sondern erst nach 2 Tagen Fütterungsdauer im Harn auf. Wie die Tab. 1 zeigt, bestehen hinsichtlich der Ausscheidung von kondensierten Phosphaten im Harn große individuelle Unterschiede. 1—12% der verfütterten Dosis, im Mittel 4%, wurden in Form von kondensiertem Phosphat im Harn nachgewiesen. Eine papierchromatographische Untersuchung ergab, daß der größte Teil (80—100%) aus linear kondensierten Oligophosphaten von einem Kondensationsgrad von 4—10 mit einem Schwerpunkt bei 4—5 bestand. Ferner ließen sich kleinere Mengen Pyrophosphat und Tripolyphosphat bei einigen Tieren nachweisen. Außerdem wurden von einigen Tieren Spuren von Trimetaphosphat ausgeschieden, außer

Tabelle 1. *Ausscheidung von Phosphaten im Harn von Ratten nach Verfütterung von Kurrolschem Kaliumphosphat.*

Nach einer Vorperiode von 2 Tagen zur Ermittlung der normalen Ausscheidung erhielten die Tiere 6 Tage hindurch täglich 750 mg Kurrolsches Kaliumsalz entspr. 185 mg Polyphosphat-P. Die papierchromatographische Untersuchung dieses hochviscosen Kaliumphosphats ergab:

ges.-P_2O_5 59,6%   Tripoly-P_2O_5 0,6%   cyclische Phosphate:
ortho-P_2O_5 2,4% $(KPO_3)_x$-P_2O_5 56,6%   keine.

Harn Probe-Bezeichnung	Gesamt-P mg	kondensierte Phosphate in P mg	Papierchromatographische Bestimmung der kondensierten Phosphate in mg P			
			Pyro	Tripoly	Trimeta	höher-kondensierte Phosphate als P 3
I/1—VI/2	10,0—24,9					
I/1	66,7	0,0				
II/1	51,5	0,0				
III/1	25,9	0,0				
IV/1	58,9	0,0				
V/1	24,1	0,0				
VI/1	36,9	0,0				
I/2	67,6	0,0				
II/2	71,1	0,0				
III/2	24,8	0,0				
IV/2	72,8	0,0				
V/2	39,9	0,0				
VI/2	64,6	0,3				
I/3	61,9	0,3				
II/3	60,6	0,0				
III/3	33,0	0,0				
IV/3	65,4	0,0				
V/3	30,1	0,2				
VI/3	51,4	0,0				
I/4	100	5,1	1,3	0,0	0,0	3,8
II/4	120	0,6				
III/4	74,1	0,4				
IV/4	98,5	0,5				
V/4	57,1	6,6	0,2	0,5	0,2	5,7
VI/4	62,4	0,3				
I/5	92,4	3,0	0,3	0,0	0,3	2,4
II/5	91,6	0,4				
III/5	71,9	8,6	0,0	0,0	0,3	8,3
IV/5	93,7	24,0	2,0	0,0	0,4	21,6
V/5	81,1	12,6	1,3	1,3	0,0	10,0
VI/5	60,6	3,3	0,4	0,0	0,3	2,6
I/6	68,0	2,5	0,1	0,0	0,2	2,2
II/6	89,0	0,5				
III/6	41,8	2,6	0,3	0,1	0,2	2,0
IV/6	120	0,6				
V/6	58,0	3,4	0,3	0,3	0,3	2,5
VI/6	74,5	2,2	0,0	0,0	0,0	2,2

ine inem einzigen Fall war jedoch die Menge zu klein, um quantitativ erfaßt werden zu können. Im Mittel wurden rund 0,1 % der verfütterten Polyphosphatdosis in Form von Trimetaphosphat im Harn ausgeschieden.

Ähnliche Befunde ergaben sich auch nach der Verfütterung des Grahamschen Polyphosphats an Ratten (GASSNER und Mitarbeiter, noch unveröffentlicht). Die papierchromatographische Analyse des verfütterten Präparats ergab (ausgedrückt als P_2O_5) 0,4% Orthophosphat, 4% Oligophosphat P_4-P_5 und 52,5% hochkondensiertes Phosphat, insgesamt 56,9% Phosphat. Die Endgruppenbestimmung nach VAN WAZER und Mitarbeiter[9] ergab einen mittleren Kondensationsgrad von $\bar{n} = 68$. Das Präparat war frei von ringförmigen Phosphaten. Das Ergebnis war ähnlich dem mit dem Kurrolschen Salz erhaltenen. Einzelheiten gehen aus der Tab. 2 hervor. Bis zu 40%, im Mittel 26% der verfütterten Polyphosphatdosis wurden im Harn ausgeschieden und zwar 23% in Form von Orthophosphat und 3% in Form von kondensiertem Phosphat. Wieder bestand die Hauptmenge der kondensierten Phosphate aus Oligophosphaten der Kettenlänge 4—10. Es wurden aber auch kleinere Mengen kondensierter Phosphate mit einer Kettenlänge von mehr als 10 im Harn nachgewiesen. Daneben schieden manche Tiere kleine Mengen Pyrophosphat und Tripolyphosphat aus. Im Harn einiger Tiere war Trimetaphosphat enthalten, jedoch mit wenigen Ausnahmen nur in quantitativen nicht mehr auswertbaren Spuren.

Interessant ist es, daß im Organismus beim Abbau der linearen kondensierten Phosphate eine, wenn auch nur sehr geringe Menge an cyclischem Phosphat entsteht. Die Hydrolyse verläuft offensichtlich analog der nichtenzymatischen in vitro, bei der unter ähnlichen Bedingungen Trimetaphosphat entsteht, weil es das stabilste kondensierte Phosphat ist.

Bei den erwähnten Untersuchungen über den Stoffwechsel von per os gegebenem Grahamschen Salz oder Kurrolschen Salz begann die Ausscheidung von kondensierten Phosphaten im Harn

---

Erläuterungen zu Tabelle 1:

 L = Leerversuche während der zweitägigen Vorperiode zur Ermittlung der normalen Ausscheidung.
I—VI = Bezeichnung der Versuchstiere.
1—6 = Bezeichnung des Versuchstages.

erst nach einer Latenzzeit von etwa 2—3 Tagen. Wir hatten auf Grund der Befunde, daß i.v. injizierte hochmolekulare Phosphate im RES gespeichert werden, die Vermutung, daß die verzögerte Ausscheidung dadurch bedingt sein könne, daß zunächst eine Ablagerung des resorbierten kondensierten Phosphats im RES erfolge und daß die Ausscheidung erst dann beginne, wenn die Zellen des RES mit kondensiertem Phosphat beladen seien. Eine experimentelle Überprüfung dieser Annahme ergab jedoch, daß sie unzutreffend ist. Nach Blockierung des RES durch Injektion von Trypanblau begann die Ausscheidung von kondensiertem Phosphat im Harn bei Verfütterung von Kurrolschem Salz ebenfalls erst am dritten Tage nach Beginn der Phosphatverabreichung. Weiterhin wurden von uns die Organe von Ratten, die 3 Tage hindurch mit Kurrolschem Kaliumsalz oder Grahamschen Natriumsalz gefüttert worden waren, papierchromatographisch auf die Anwesenheit von kondensierten Phosphaten untersucht. Bei keinem Tier ließ sich jedoch in den Organen kondensiertes Phosphat nachweisen. Eine Speicherung von kondensiertem Phosphat nach Gaben per os findet demnach im Organismus, insbesondere im RES, nicht statt.

Wie die Tab. 2 zeigt, hört die Ausscheidung von kondensierten Phosphaten im Harn sofort auf, wenn die Verfütterung von Polyphosphat eingestellt wird. Schon am ersten Tag der Nachperiode ist das kondensierte Phosphat völlig aus dem Harn verschwunden. Auch dieser Befund zeigt, daß eine Speicherung — im Gegensatz zur i.v. Injektion — nicht stattgefunden hat.

Bei Untersuchungen über den Stoffwechsel von per os verabreichtem Trimetaphosphat erhielten wir Ergebnisse, die im wesentlichen den Befunden von Gosselin und Mitarbeitern[6] entsprechen. Einzelheiten sind aus der Tab. 3 zu ersehen. Im Kot der Ratten ließen sich 20—55% der verfütterten Dosis als Trimetaphosphat und 0,1—20% als Pyrophosphat nachweisen. In keiner Kotprobe war Tripolyphosphat enthalten. Im Harn wurden 0,5—10% der verabreichten Dosis als unverändertes Trimetaphosphat aufgefunden, 1—10% der Dosis wurden in Form von Orthophosphat ausgeschieden. Pyrophosphat wurde vereinzelt und nur in unbedeutenden Spuren im Harn angetroffen, ebenso Tripolyphosphat. Gegenüber dem Verhalten der linearen kondensierten Phosphate ergaben sich beim Trimetaphosphat zwei

Tabelle 2. *Ausscheidung von Phosphaten im Harn von Ratten nach Verfütterung von Grahamschem Natriumpolyphosphat*

Nach einer Vorperiode von 2 Tagen zur Ermittlung der normalen P-Ausscheidung erhielten die Tiere 6 Tage hindurch täglich 750 mg Grahamsches Natriumpolyphosphat entspr. 750 mg Polyphosphat-P.

Probe	Gesamt-P mg	Kondensierte Phosphate in mg P			
		Pyro	Tripoly	Trimeta	höherkondensierte Phosphate als P 3
L I/1	21,7	0,0	0,0	0,0	0,0
L II/1	3,1	0,0	0,0	0,0	0,0
L III/1	20,4	0,0	0,0	0,0	0,0
L IV/1	15,7	0,0	0,0	0,0	0,0
L V/1	36,3	0,0	0,0	0,0	0,0
L VI/1	18,2	0,0	0,0	0,0	0,0
L I/2	17,2	0,0	0,0	0,0	0,0
L II/2	19,7	0,0	0,0	0,0	0,0
L III/2	24,0	0,0	0,0	0,0	0,0
L IV/2	24,2	0,0	0,0	0,0	0,0
L V/2	20,7	0,0	0,0	0,0	0,0
L VI/2	14,6	0,0	0,0	0,0	0,0
I/1	51,0*	0,0	0,0	0,0	0,0
II/1	21,1**	0,0	0,0	0,0	0,0
III/1	53,7*	0,0	0,0	0,0	0,0
IV/1	42,4*	0,0	0,0	0,0	0,0
V/1	63,2*	0,0	0,0	0,0	0,0
VI/1	18,5*	0,0	0,0	0,0	0,0
I/2	24,7**	0,0	0,0	0,0	0,0
II/2	74,3	0,0	0,0	0,0	0,1
III/2	46,7*	0,0	0,0	0,0	0,0
IV/2	76,9*	0,0	0,0	0,1	0,1
V/2	45,0	0,0	0,0	0,0	0,1
VI/2	22,7**	0,0	0,0	0,0	0,0
I/3	76,5*	0,4	0,4	0,0	5,0
II/3	137,0*	0,0	0,0	0,0	0,1
III/3	65,1	0,0	0,1	0,0	7,8
IV/3	93,0	0,0	1,2	0,7	9,0
V/3	90,8	0,0	0,6	0,0	8,3
VI/3	62,6*	0,2	0,2	0,0	7,5
I/4	30,1**	0,0	0,0	0,0	0,1
II/4	49,4**	0,1	0,0	0,1	0,1
III/4	62,5	2,8	0,0	0,2	3,1
IV/4	65,0	0,2	0,0	0,4	6,7
V/4	71,2	0,2	1,5	0,0	9,8
VI/4	65,5	0,2	0,0	0,1	4,6
I/5	53,3	0,0	0,0	0,3	11,0
II/5	84,6*	0,0	0,0	0,0	4,6
III/5	63,3	0,0	0,0	0,0	1,0

Tabelle 2 (Fortsetzung)

Probe	Gesamt-P mg	Kondensierte Phosphate in mg P			
		Pyro	Tripoly	Trimeta	höherkondensierte Phosphate als P 3
IV/5	82,5	0,0	0,0	0,0	3,9
V/5	50,7	0,1	0,1	0,1	4,5
VI/5	73,0	0,0	0,0	0,0	0,5
I/6	47,6	0,1	0,0	0,1	0,1
II/6	60,3	0,0	0,0	0,0	1,0
III/6	69,0	0,0	0,0	0,4	0,4
IV/6	46,7	0,0	3,0	0,0	4,4
V/6	76,4	0,0	0,0	0,0	5,6
VI/6	61,1	0,8	0,0	0,3	1,3
NL I/1	25,3	0,0	0,0	0,0	0,0
NL II/1	14,7	0,0	0,0	0,0	0,0
NL III/1	25,8	0,0	0,0	0,0	0,0
NL IV/1	18,8	0,0	0,0	0,0	0,0
NL V/1	21,4	0,0	0,0	0,0	0,0
NL VI/1	14,2	0,0	0,0	0,0	0,0
NL I/2	27,5	0,0	0,0	0,0	0,0
NL II/2	28,7	0,0	0,0	0,0	0,0
NL III/2	23,6	0,0	0,0	0,0	0,0
NL IV/2	15,3	0,0	0,0	0,0	0,0
NL V/2	19,7	0,0	0,0	0,0	0,0
NL VI/2	15,3	0,0	0,0	0,0	0,0

* entsprechend der aufgenommenen Futtermenge korrigiert.
** keine oder zu geringe Futteraufnahme.

L = Leerversuche während der zweitägigen Vorperiode zur Ermittlung der normalen Ausscheidung.
I—VI = Bezeichnung der Versuchstiere.
1—6 = Bezeichnung des Versuchstages.
NL = Leerwert in der zweitägigen Nachperiode.

wesentliche Unterschiede: 1. setzte die Ausscheidung im Harn sofort und nicht erst nach einer Latenzperiode von 2 Tagen ein, 2. sistierte die Ausscheidung nicht sofort nach Aussetzen der Verfütterung, sondern bestand noch 3 Tage weiter, in deren Verlauf sie auf praktisch Null absank. Auch die Ausscheidung an Orthophosphat im Harn blieb zunächst noch etwas erhöht.

Unsere Befunde weisen wie die von GOSSELIN und Mitarbeitern[6] darauf hin, daß sich der Stoffwechsel der cyclischen Phosphate wesentlich langsamer vollzieht als der der linearen kondensierten Phosphate. Aus dem noch im Darm verbliebenen Trimetaphosphat

Tabelle 3. *Ausscheidung von Phosphaten im Harn von Ratten nach Verfütterung von Trimetaphosphat*

Nach einer Vorperiode von 3 Tagen zur Ermittlung der normalen P-Ausscheidung erhielten die Tiere 6 Tage hindurch täglich 750 mg Trimetaphosphat.

Probe	Kot				Urin				
	Gesamt-P	Pyro-P	Tripoly-P	Tri-meta-P	Gesamt-P	Pyro-P	Poly-P	Tri-meta-P	Tetra-meta-P
	mg	mg	mg	mg	mg	mg	mg	mg	mg
Vorperiode	—	—	0,0	0,0	—	0,0	0,0	0,0	0,0
I/1	110,0	6		70	23,6	0,0	0,0	1,3	0,0
II/1*	4,0	0,0	0,0	0,0	11,7	0,0	0,0	0,0	0,0
III/1	108,3	7,2	0,0	66,2	47,4	0,0	0,0	20,7	0,0
IV/1	111,8	6	0,0	65	45,7	0,0	0,0	7,4	0,0
V/1	112,9	5	0,0	75	36,2	0,0	0,0	5,7	0,0
VI/1	117,0	6	0,0	60	39,0	0,0	0,0	4,7	0,0
I/2	—	10	0,0	50	26,7	0,0	0,9	6,3	0,0
II/2*	26,0	15	0,0	60	27,1	0,0	0,0	1,5	0,0
III/2	97,4	4,7	0,0	78	24,3	0,0	0,0	1,7	0,0
IV/2	121,0	1	0,0	55	27,0	0,2	0,5	2,8	0,0
V/2	167,4	3	0,0	45	49,5	0,0	0,0	10,5	0,0
VI/2	145,0	3	0,0	80	54,6	0,0	0,0	19,8	0,0
I/3	163,3	20	0,0	80	39,1	1,3	1,3	5,6	0,0
II/3**	141,7	15	0,0	70	45,8	0,0	0,0	9,7	0,0
III/3	137,2	9,0	0,0	76	38,2	0,0	0,0	4,6	0,0
IV/3	122,2	5	0,0	55	36,4	0,0	0,0	3,9	0,0
V/3	133,5	12	0,0	40	44,2	0,0	0,0	11,5	0,0
VI/3	217,5	10	0,0	70	46,7	0,0	0,0	14,3	0,0
I/4	127,5	8	0,0	82	45,4	0,0	0,0	6,3	0,0
II/4**	79,2	3	0,0	52	36,2	0,0	0,0	10,8	0,0
III/4**	110,4	10	0,0	78	31,2	0,0	0,0	3,6	0,0
IV/4**	152,4	4	0,0	85	36,8	0,0	0,0	6,4	0,0
V/4	137,1	2	0,0	73	39,9	0,0	0,0	4,9	0,0
VI/4	146,9	10	0,0	88	40,1	0,0	0,0	9,6	0,0
I/5	74,6	7	0,0	42	34,7	0,0	0,0	4,7	0,0
II/5	147,6	25	0,0	45	51,5	0,0	0,0	13,3	0,0
III/5	199,5	15	0,0	80	60,6	0,0	0,0	16,5	0,0
IV/5	173,0	7	0,0	0,2	44,6	0,0	0,0	11,6	0,0
V/5	133,0	6	0,0	44	43,1	0,0	0,0	7,3	0,0
VI/5	168,0	22	0,0	50	54,4	0,0	0,0	11,4	0,0
I/6	178,0	30	0,0	95	34,7	0,0	0,0	7,4	0,0
II/6	—	3	0,0	17	19,2	0,0	0,0	1,9	0,0
III/6	193,9	14	0,0	122	46,7	0,0	0,0	18,0	0,0
IV/6	132,6	16	0,0	53	47,0	0,5	1,4	5,1	0,0
V/6	215,0	34	0,0	41	44,8	0,0	0,0	6,2	0,0
VI/6	230,5	43	0,0	37	42,3	0,0	0,0	8,5	0,0
NL I/1	74,6	13	0,0	15	19,3	0,0	0,0	2,5	0,0

Tabelle 3. (Fortsetzung)

Probe	Kot				Urin				
	Gesamt-P	Pyro-P	Tripoly-P	Tri-meta-P	Gesamt-P	Pyro-P	Poly-P	Tri-meta-P	Tetra-meta-P
	mg	mg	mg	mg	mg	mg	mg	mg	mg
NL II/1	145,0	22	0,0	31	48,5	0,0	0,0	1,2	0,0
NL III/1	90,8	10	0,0	34	19,1	0,0	0,0	1,0	0,0
NL IV/1	146,3	33	0,0	48	34,2	0,0	0,0	2,6	0,0
NL V/1	49,3	7	0,0	23	27,7	0,0	0,0	2,7	0,0
NL VI/1	86,9	3	0,0	40	32,2	0,0	0,0	2,6	0,0
NL I/2	86,0	2	0,0	12	12,4	0,0	0,0	1,9	0,0
NL II/2	186,0	3	0,0	10	23,8	0,0	0,0	0,4	0,0
NL III/2	87,3	3,5	0,0	0,0	13,8	0,0	0,0	0,2	0,0
NL IV/2	88,6	6	0,0	21	21,6	0,0	0,0	1,7	0,0
NL V/2	86,9	4	0,0	8	25,7	0,0	0,0	0,6	0,0
NL VI/2	134,5	1	0,0	10	27,1	0,0	0,0	0,5	0,0
NL I/3	70,7	2	0,0	0,5	14,5	0,0	0,0	0,2	0,0
NL II/3	56,9	3	0,0	0,0	18,5	0,0	0,0	0,2	0,0
NL III/3	66,3	0,0	0,0	0,0	8,64	0,0	0,0	0,2	0,0
NL IV/3	126,5	0,5	0,0	0,0	14,1	0,0	0,0	0,2	0,0
NL V/3	90,0	0,0	0,0	0,0	8,78	0,0	0,0	0,0	0,0
NL VI/3	62,8	0,0	0,0	0,0	3,69	0,0	0,0	0,0	0,0

* keine Futteraufnahme.

** Werte wurden der geringeren Futteraufnahme entsprechend korrigiert.

L = Leerversuche während der dreitägigen Vorperiode zur Ermittlung der normalen Ausscheidung.

NL = Leerversuche während der dreitägigen Nachperiode.

I—VI = Bezeichnung der Versuchstiere.

1—6 = Bezeichnung des Versuchstages.

wird langsam, sei es durch die Tätigkeit der Darmbakterien, sei es durch die eigenen Enzyme des Tierkörpers, noch etwas Orthophosphat gebildet, so daß dessen Ausscheidung noch eine Zeitlang erhöht bleibt.

Auch bei der Aufspaltung der linearen kondensierten Phosphate im Magen-Darm-Trakt sind die Darmbakterien weitgehend beteiligt. In den tieferen Darmabschnitten, aus denen die Resorption von Orthophosphat bekanntlich schlecht ist, sammeln sich daher größere Mengen Orthophosphat an. In unseren Bilanzversuchen fanden wir daher, daß im Kot nach der Verfütterung von Polyphosphaten rund die Hälfte der gesamten P-Ausscheidung auf Orthophosphat entfiel.

Unsere Befunde haben gezeigt, daß kleinere Mengen kondensierter Phosphate, und zwar vermutlich nur von im Darm entstandenen Oligophosphaten, resorbiert werden. In Einklang damit steht ein sehr interessanter Befund von CARE und WILSON[1]. Diese Autoren zeigten, daß man das Auftreten von experimentell erzeugten Blasensteinen (durch Einbringen von Zinkpartikelchen in die Blase von Ratten) durch Verfütterung von kondensierten Phosphaten (Kettenlänge 14—100) verhindern kann. Kontrollversuche ergaben, daß dies eine typische Polyphosphatwirkung ist, denn Gaben von Orthophosphat blieben ohne jeden Effekt. Diese Schutzwirkung gegenüber dem Entstehen von Harnsteinen ist auf die Komplexsalzbildung zurückzuführen.

Zusammenfassend läßt sich über den Stoffwechsel von per os verabreichten, höheren linearen kondensierten Phosphaten folgendes aussagen:

1. Der größte Teil wird unresorbiert im Kot ausgeschieden. Die Resorption wird um so schlechter, je länger die Kettenlänge ist. Ein kleinerer Teil wird im Darm zu Orthophosphat und Oligophosphaten aufgespalten, wobei auch die Darmbakterien beteiligt sind.

2. Kleinere Mengen Oligophosphat werden resorbiert und erscheinen dann im Harn. Eine Speicherung von kondensiertem Phosphat im Organismus konnte nicht nachgewiesen werden. Man muß — auch auf Grund von Injektionsversuchen — annehmen, daß die kondensierten Phosphate extracellulär bleiben. Nach Verfütterung werden nachweisbare Konzentrationen in der extracellulären Flüssigkeit nicht erreicht. Dies dürfte dadurch bedingt sein — und hierfür sprechen die Ausscheidungsbefunde —, daß die Geschwindigkeiten der Resorption und der Ausscheidung durch die Niere praktisch gleich groß sind.

3. Ein mehr oder minder hoher Prozentsatz der per os gegebenen linearen kondensierten Phosphate wird zu Orthophosphat aufgespalten und gibt zu einer vermehrten Ausscheidung von Orthophosphat Anlaß. Bei dem Grahamschen Natriumsalz und dem Kurrolschen Kaliumsalz sind dies etwa 10—40% der verfütterten Dosis.

Literatur

[1] CARE, A. D., and G. WILSON: Clin. Sci. 15, 183 (1956).
[2] GASSNER, K., W. KIECKEBUSCH u. K. LANG: Biochem. Z. 328, 485 (1957).

[3] GILLIS, M. B., L. C. NORRIS and G. F. HEUSER: J. Nutrit. **52**, 114 (1954).

[4] GÖTTE, H.: Z. Naturforsch. **8 b**, 173 (1953).

[5] GOSSELIN, R. E., and R. MEGIRIAN: J. of Pharmacol. a. Exper. Ther. **115**, 402 (1955).

[6] GOSSELIN, R. E., A. ROTHSTEIN, G. J. MILLER and H. L. BERKE: J. of Pharmacol. a. Exper. Ther. **106**, 180 (1952).

[7] LANG, K., L. SCHACHINGER, O. KARGES, F. K. BLUMENBERG, G. ROSS-MÜLLER u. K. SCHMUTTE: Biochem. Z. **327**, 118 (1955).

[8] SCHREIER, K., u. H. G. NÖLLER: Arch. exper. Path. u. Pharmakol. **227**, 199 (1955).

[9] WAZER, J. R. VAN, E. J. GRIFFITH and J. F. McCULLOUGH: Analyt. Chemistry **26**, 1755 (1954).

Die Pharmakologie der kondensierten Phosphate im Zusammenhang mit der Anwendung dieser Stoffe als Lebensmittelzusätze

Von

H. van Genderen, Utrecht

mit 1 Textabbildung

Es ist üblich, daß, wenn man eine toxikologische Untersuchung einer neuen Stoffklasse anfängt, man sich zuerst die physikalischen und chemischen Eigenschaften anschaut und Spekulationen macht, in welchem Maß sich diese Eigenschaften im Tierkörper äußern werden.

Als Einleitung zur Pharmakologie der kondensierten Phosphate möchte ich mit solchen Spekulationen anfangen, um später, während der Behandlung der Versuchsergebnisse, darauf zurückgreifen zu können.

Zuerst ist zu beachten, daß wir hier eine relativ heterogene Gruppe von Stoffen haben. Die Vertreter dieser Gruppe sind sehr verschieden in Molekülgröße und Art der Verknüpfung der Phosphatreste. Große Variationen in den Eigenschaften wie Hydrolysegeschwindigkeit, Löslichkeit, Calciumbindungsvermögen — alle von großer Wichtigkeit — stehen damit im Zusammenhang. Man kann daher die biologischen Versuchsergebnisse mit einem der Polyphosphate nicht ohne weiteres auf die anderen übertragen, und man soll nicht zu schnell generalisieren.

An erster Stelle ist es wichtig, daß wir es bei den hochpolymeren Phosphaten wie Tammannschem Salz, Grahamschem Salz und Kurrolschem Salz mit so großen Teilchen zu schaffen haben, daß ein einfaches Durchdringen durch die biologische semipermeable Membran nicht möglich ist und daß daher die Wirkung dieser Polymeren weitgehend lokalisiert sein muß.

Die charakteristischen physikalischen Eigenschaften der höheren Polyphosphate sind die auffallend hohe Viscosität ihrer wäßrigen Lösungen und ihre stabilisierende Wirkung auf Emul-

10*

sionen und Dispersionen von festen Teilchen, ferner auch der Einfluß auf die Adsorptionsverhältnisse und Wasserbindung von Kolloiden. Im Tierkörper könnte man, bei Aufnahme durch den Mund, eine Förderung der Dispersion der Nahrungsbestandteile erwarten. Da es aber verschiedene ungiftige Dispersionsmittel gibt, braucht dieser Effekt an sich nicht schädlich zu sein.

Weiter ist zu beachten, daß die Phosphatasen im Stoffwechsel der Zelle eine außerordentlich wichtige Rolle spielen und daß gerade die enzymatische Spaltung von einem Triphosphat, dem Adenosintriphosphat, unerläßlich für die Energieübertragung ist. Es wäre möglich, daß die kondensierten Phosphate durch Affinitäten zu den Phosphatasen, zu einer Hemmung der Energieübertragung von katabolen auf anabole Prozesse oder die Muskelarbeit Anlaß geben würden, allerdings nur insofern diese Stoffe in das Zellinnere zu permeieren vermögen.

Chemisch ist vielleicht das wichtigste Merkmal das Vermögen der kondensierten Phosphate, wie ein Ionenaustauscher (Thilo[10]) mehrwertige Kationen, z. B. Calcium, Magnesium, Eisen und Kupfer fest zu binden.

Im lebenden Organismus kann man daher einen Entzug von gelöstem Calcium oder einem der anderen zweiwertigen Kationen in der Nähe von Polyphosphatteilchen erwarten. Im Darm kennen wir etwas Ähnliches schon lange, nämlich die Calcium- und Magnesiumbindung von Phytinsäure (Inosithexaphosphorsäure), einem Bestandteil von vielen Getreidearten, insbesondere von Hafer, zu einem nicht resorbierbaren Salz. Unter der Bedingung einer mangelhaften Zusammensetzung des Futtergemisches kann Phytinsäure im Tierexperiment rachitogen wirken. Ein Zusammenhang zwischen Vorkommen der Phytinsäure und Rachitis bei dem Menschen ist aber trotz vieler eingehenden Arbeiten nicht mit Sicherheit festgestellt worden. Einen ähnlichen Effekt könnte man auch von den höheren Polyphosphaten erwarten, insoweit sie nicht im Darmtractus hydrolysiert werden.

Die intravenöse Injektion von Polyphosphat könnte zu einer akuten Erniedrigung des Calcium-Blutspiegels führen und die dazu gehörenden Symptome wie tetanische Krämpfe auslösen.

Bei Hydrolyse der hochmolekularen Polyphosphate wird, nach intermediärem Auftreten von Trimetaphosphat, wie wir das von Mattenheimer gehört haben, in erster Linie Orthophosphat gebildet. Soweit eine solche Hydrolyse auftritt, soll man die physiologische Wirkung vom Orthophosphat auf den Kalkstoffwechsel und darüber in hohen Konzentrationen die unphysiologische Wirkung von diesen Salzen auf die Nieren erwarten können. Bei der Hydrolyse im Darm, die hauptsächlich durch die Bakterien stattfinden soll, ist es wichtig, die Lokalisierung dieser Hydrolyse zu kennen. Eine Hydrolyse im distalen Abschnitt würde vermutlich nicht im großen Maße zur Orthophosphat-Aufnahme beitragen. Für eine genaue Bewertung des Effekts der kondensierten Phosphate auf die Nieren ist also eine Kontroll-Untersuchung mit Orthophosphat unerläßlich.

Endlich muß noch daran gedacht werden, daß bei der Hydrolyse von kondensierten Phosphaten saure Gruppen frei werden, die eine Acidose zur Folge haben könnten.

Ich glaube, daß wir jetzt eine genügende Grundlage für die Betrachtung der Versuchsergebnisse haben. Die älteren Untersuchungen mit ungenau definierten Präparaten sollen außer Betracht gelassen werden. Neben den neuen Arbeiten von verschiedenen Autoren möchte ich auch die Resultate von eigenen Untersuchungen in Zusammenarbeit mit VAN ESCH, VINK und WIT[2] (1957) vortragen. Diese Untersuchungen wurden mit einem Mischpräparat für die Verwendung in Fleischwaren durchgeführt. Das Gemisch ist gut in Wasser löslich und besteht zu $^2/_3$ aus Pyrophosphat und zu $^1/_3$ aus Kurrolschem Kaliumsalz.

Die akute Giftigkeit

Bei oraler Gabe mit der Schlucksonde kann man große Mengen der verschiedenen Polyphosphate geben, ohne daß Vergiftungserscheinungen zu sehen sind. In eigenen Versuchen an Ratten fanden wir eine mittlere letale Dosis von 4 g/kg Körpergewicht für unser Mischpräparat und 4—5 g/kg für Tetranatriumpyrophosphat. Die Tiere, die bei den hohen Dosen starben, zeigten bei der Sektion eine hämorrhagische Gastritis, also die Zeichen einer starken Irritation.

Bei intravenöser Injektion der hochmolekularen Polyphosphate sind die Mengen, die Toxicitätserscheinungen hervorrufen, sehr viel niedriger als nach oraler Applikation. Die Erscheinungen nach der intravenösen Injektion sind schon eingehend von GÖTTE, FRIMMER und PFLEGER[4] untersucht worden. Die hochmolekularen

Phosphate wie Tammansches Salz sind nicht imstande, biologische semipermeable Membranen wie z. B. die Gefäßwand zu passieren. Die genannten Untersucher haben versucht, diese Eigenschaft zur Bestimmung des Blutvolumens auszunützen. Die quantitativen Verhältnisse ließen sich leicht unter Verwendung von mit P^{32}-markierten Substanzen studieren. Dabei zeigte sich, daß die Polyphosphate ziemlich rasch aus der Blutbahn durch die Aktivität des RES entfernt werden. Man konnte sogar eine Aktivitäts-bestimmung des RES darauf stützen. Die Autoren warnen aber vor der Giftigkeit dieser Stoffe, wenn sie intravenös appliziert werden. Sie fanden bei den verschiedenen Versuchstieren als Vergiftungsbild hauptsächlich ein Kreislaufversagen durch dia-stolischen Herzstillstand und beim Kaninchen insbesondere Lungenblutungen und Lungenödem. Sie glauben diese Erscheinungen auf das Calcium-Bindungsvermögen der Polyphosphate zurück-führen zu können. Die hohe Viscosität der Lösungen verhindert eine gute Durchmischung der eingespritzten Flüssigkeit mit dem Blut. Das führt, vielleicht durch ein Haften von Polyphosphat-tropfen an der Gefäßwand, zu einer lokalen, starken Calcium-Entziehung, die das Permeabilitätsverhältnis in Unordnung und den Herzmuskel zum Versagen bringt. Eine langsame Injektion verringert die Toxicität.

In unseren eigenen Versuchen an Ratten fanden wir für das Polyphosphatgemisch eine intravenöse LD_{50} von 18 mg/kg bei Einhaltung einer Injektionsdauer von ungefähr einer Minute. Es ist möglich, von dem wichtigsten Bestandteil desselben, dem Kurrolschen Kaliumsalz, eine 1%ige Lösung in Wasser zu erhalten wenn man gleiche Teile Kochsalz zusetzt. Diese Lösung hat ungefähr dieselbe Giftigkeit wie das Mischpräparat mit Pyrophos-phat. Wir haben versucht, diese Lösung durch Calciumzusatz zu entgiften. Wir konnten nicht mehr als 1 Molekül Calcium je 10 Moleküle Phosphat zusetzen, ohne Niederschläge zu bekommen. Mit diesem Calciumzusatz war die Lösung aber praktisch nicht entgiftet. Vielleicht ist das Präparat imstande, viel mehr Calcium zu binden, allerdings aber mit Verlust der Löslichkeit in Wasser. Wir werden uns noch näher damit beschäftigen.

In unseren Versuchen mit hohen Dosen fanden wir haupt-sächlich Nierenschädigung als Späterscheinung, wenn die Tiere nicht sofort gestorben waren.

Subakute und chronische Toxicität

Von großer Wichtigkeit für die Beurteilung von Zusatzstoffen zu˙ Lebensmitteln sind die Resultate chronischer Fütterungsversuche. Hier hat man die Möglichkeit, sehr empfindliche Kriterien für die Gesundheit wie das Wachstum, Fortpflanzungsvermögen mit Einschluß vom Säugen der Jungen, Organgewichte und Lebensdauer heranzuziehen. Solche Versuche sind von HAHN, JACOBI und RUMMEL[5] gemacht worden. Sie haben Ratten während 6 Monaten trockenes Mischfutter gegeben mit Zusätzen von 3 und 5% Natriumpyrophosphat, 3% Natriumtripolyphosphat und weiterhin 3 und 5% Grahamschem Salz. Sie fanden mit 5% Pyrophosphat und 5% Grahamschem Salz eine signifikante Wachstumshemmung. Mit 3% Zusatz dagegen war das Wachstum normal. Weiterhin fanden sie keine Veränderung im Gehalt an Calcium, Phosphor und Eisen und nur bei den weiblichen Tieren mit 5% Grahamschem Salz eine verminderte Erythrocytenzahl, die wahrscheinlich nicht mit dem Eisenstoffwechsel im Zusammenhang steht.

Auch in den USA hat sich ein Untersuchungskreis, unter der Leitung von HODGE[6], mit Fütterungsversuchen von kondensierten Phosphaten beschäftigt. Die Resultate sind noch nicht veröffentlicht, aber durch die freundliche Mitwirkung von Professor HODGE und der Calgon Company (Pittsburgh) bin ich in der Lage, etwas davon mitteilen zu können.

HODGE und Mitarbeiter haben zuerst Ratten benützt und die Salze während einem Monat in Dosen von 0,2, 2 und 10% dem Futter zugesetzt. Es gab auch eine Gruppe mit 10% Kochsalz und eine mit 5% Orthophosphat. Sie fanden Wachstumshemmungen, aber keine Todesfälle mit 10% Kochsalz, 10% Grahamschem Salz, 10% Natriumtripolyphosphat, 10% Natriumtrimetaphosphat und 10% Natriumtetrametaphosphat. Keine Wachstumsstörungen mit 2% und 0,2% kondensiertem Phosphat oder 5% Orthophosphat. Das Nierengewicht war bei den Gruppen mit 10% Kochsalz und kondensiertem Phosphat mit Ausnahme von der Trimetaphosphatgruppe erhöht. In allen Gruppen mit 10% kondensiertem Phosphat und auch mit 5% Orthophosphat wurde in den Nieren eine tubuläre Nekrose gefunden, insbesondere bei der Graham-Salz- und der Tripolyphosphat-Gruppe. Am wenigsten war diese Schädigung bei der Trimetaphosphatgruppe zu erkennen. In den Gruppen mit 2% kondensiertem Phosphat wurden in den Nieren andersartige Entzündungen gesehen, die, wenigstens zum Teil, im Zusammenhang mit der Anwesenheit der Phosphate stehen könnten. In den 0,2%-Gruppen war alles normal.

Hodge hat auch mit Hunden Versuche gemacht. Es wurden an 4 Hunde je eines der 4 kondensierten Phosphate in einer Dosis von 0,1 g pro kg Körpergewicht und Tag während eines Monats gegeben. Eine zweite Gruppe von 4 Hunden bekam während 5 Monaten eine ansteigende Menge kondensiertes Phosphat, die mit 1,0 g/kg/Tag anfing und mit 4,0 g/kg endete. Das Körpergewicht der Hunde mit Grahamschem Salz ging zurück, wenn die Dosis auf 2,5 g/kg angestiegen war, bei den anderen Hunden trat erst bei 4 g/kg Gewichtsverlust auf. Es wurden weiter keine Anomalien gefunden, auch nicht im Blutbilde, mit Ausnahme bei den hohen Dosen. Hier wurden ein vergrößertes Herzgewicht, als Folge einer Hypertrophie des linken Ventrikels, und mikroskopisch tubuläre Veränderungen in den Nieren gesehen. Die letzten waren gleichartig wie die bei Ratten gefundenen. Mit 0,1 g/kg/Tag war auch das histologische Bild ganz normal.

Wir selber haben Versuche an Ratten durchgeführt, die Mengen von 0,5%, 1%, 2,5% und 5% von dem Mischpräparat ($^1/_3$ Kurrolsches Salz, $^2/_3$ Pyrophosphat) in das Futter bekamen. Zum Vergleich wurden auch Gruppen von Ratten mit denselben Dosen Orthophosphat gefüttert. Es zeigte sich, daß das Wachstum nur bei den Gruppen mit 5% kondensiertem und Orthophosphat gehemmt war und daß dabei auch das Nierengewicht stark erhöht war (Abb. 1 und Tab. 1).

Der wichtigste Befund bei unseren Ratten war die Nierenschädigung. In den Nieren mit 1%iger Ortho- bzw. kondensierter Phosphatzugabe waren Calcium-Inkrustationen im interstitiellen Gewebe und lymphocytäre Infiltrationen festzustellen. Auf Grund der histologischen Färbung nach Kossa enthielten die Inkrustationen Calciumphosphat. Bei den Orthophosphatratten traten außerdem noch fibröse Veränderungen und cystische Erweiterungen des Tubulus-Epithels und pyknotische Kerne auf.

Bei 2,5% kondensiertem wie auch Orthophosphatzusatz waren diese Abweichungen viel deutlicher. Die Nieren sahen schon makroskopisch auffallend blaß aus und zeigten eine granulierte Struktur.

Bei den mit 5% Ortho- bzw. kondensiertem Phosphat gefütterten Gruppen traten diese Schädigungen in Verbindung mit ausgedehnten tubulären Nekrosen und Degenerationserscheinungen auf. Außerdem enthielt bei diesen Tieren die Aortenwand sowie

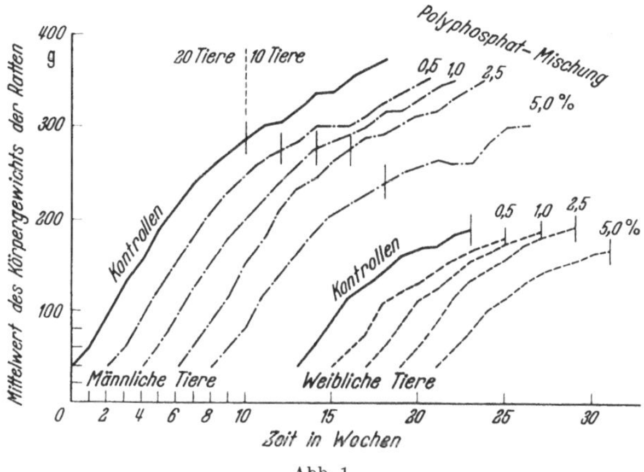

Abb. 1

Tabelle 1. *Gewichte der Nieren von Ratten mit Poly- und Orthophosphat-Mischungen in der Nahrung in % des Körpergewichtes*

Versuchsdauer	Polyphosphat-Mischungen		Orthophosphat-Mischungen			
	12 Wochen		10 Wochen		9 Wochen	
Geschlecht	weibl.	männl.	weibl.	männl.	weibl.	männl.
Gruppe:						
Kontrollen	0,57	0,53	0,70	0,60	0,64	0,63
0,5%	0,60	0,56	0,67	0,59		
1,0%	0,62	0,58	0,75	0,60		
2,5%	0,68	0,61	0,84	0,65		
5,0%	0,96	0,94			1,01	0,98

die Wand einiger anderer großen Arterien und die Magenwand Kalkablagerungen. Im Herz wurden neben Fibromen und Calcium-Inkrustationen lymphocytäre Infiltrationen festgestellt. Das hier beschriebene pathologische Bild der Nephrocalcinosis entspricht im großen und ganzen den Befunden von MacKay und Oliver[7] sowie den Resultaten von späteren Untersuchungen von McFarlane[8].

Ähnliches kennt man in der menschlichen Pathologie bei starker Alkalose, wie nach langanhaltendem Erbrechen, übermäßigem Verzehr von Milch (Milch-Alkali-Syndrom), zu großen Dosen Vitamin D, während starker Resorption von Knochengewebe wie z. B. bei Tumoren im Skelet und auch bei Störungen in der Parathyreoidea-Funktion.

Tabelle 2. *Durchschnittliche Lebensdauer der Ratten aus der 1. Generation, die sofort nach Entwöhnung mit Polyphosphat-Mischung in der Diät gefüttert wurden*

Gruppe	weibl. Tiere Tage	männl. Tiere Tage
Kontrollen	936	687
0,5% Zugabe	831	899
1,0% Zugabe	828	828
2,5% Zugabe	758	839
5,0% Zugabe	258	235

Es ist merkwürdig, daß bei unseren Ratten mit 2,5% kondensiertem Phosphatgemisch oder Orthophosphat diese histologischen Veränderungen sehr deutlich waren, obwohl die Tiere anscheinend gesund waren. Man muß annehmen, daß eine genügende Anzahl gesunder Nephrone für die Nierentätigkeit übrig geblieben waren.

Tabelle 3. *Hämoglobingehalt und Ery.-Zahl des Blutes der Tiere der 2. und 3. Generation*

Jede Zahl entspricht dem Mittelwert von 5 Tieren

Generation		Kontrolle		0,5%		1,0%		2,5%	
		weibl.	männl.	weibl.	männl.	weibl.	männl.	weibl.	männl.
2.	Hämoglobingehalt	11,3	11,6			11,9	10,4	11,4	11,2
3.	in g/100 ml Blut	13,0	11,6	11,5	11,2	12,3	11,7	12,8	10,8
2.	Gesamtzahl der	9,4	10,0			9,8	8,4	7,2	7,6
3.	Erythrocyten in 10^6	9,2	8,6	8,4	7,8	9,6	9,0	10,0	8,8

In einer folgenden Versuchsreihe wurden die gleichen Mengen wie oben erwähnt des kondensierten Phosphatgemisches an Ratten während der ganzen Lebensdauer gegeben (Tab. 2). Bis auf 2,5% wurde diese nicht beeinträchtigt, aber mit 5% war die Lebensdauer viel kürzer als normal. Ein ähnliches Bild zeigte die Fertilität; auch hier waren die Würfe bis zu 2,5% kondensiertem Phosphat ganz normal und es wurden ohne Schwierigkeiten drei Generationen von Ratten gezüchtet. Mit 5% Polyphosphat war auch die Fertilität herabgesetzt.

Bei der Untersuchung von Blut (Tab. 3) fanden wir, daß in der 2,5%-Gruppe der 2. Generation die Zahl der Erythrocyten etwas vermindert war, während der Hämoglobingehalt, die Gerinnungszeit und Prothrombinzeit in allen Gruppen mit denen der Kontrolltiere übereinstimmten. Daraus ergibt sich also kein Anhaltspunkt für einen gestörten Eisenstoffwechsel.

Bei einer Serie von Ratten, die 5% kondensierter Phosphatmischung erhalten hatten, wurde der Calciumgehalt des Blutserums im Vergleich zu den Kontrolltieren bestimmt. Es zeigte sich, daß sich durch die Phosphate der durchschnittliche Calciumgehalt bei den männlichen Kontrolltieren von 11,1 mg-% auf 10,4 mg-% und bei den weiblichen Tieren von 11,4 mg-% auf 9,4mg-% erniedrigt hatte. Diese Differenz ist signifikant.

Bei den Tieren, welche die ganze Lebensdauer mit der kondensierten Phosphatmischung gefüttert worden waren, wurde bei der Sektion am Lebensende eine sorgfältige Untersuchung über das Vorkommen von Tumoren durchgeführt. Jede Geschwulst wurde geschnitten und mikroskopisch überprüft. Wir fanden hinsichtlich des Auftretens von Tumoren bei den kondensierten Phosphatratten keine Abweichungen vom normalen Bild bezüglich Häufigkeit und Typus wie wir das an einem umfangreichen von unbehandelten Ratten aus verschiedenen Versuchsreihen kennen gelernt haben. Das Lebensalter der 2,5%-Gruppe betrug im Durchschnitt ungefähr 800 Tage. Das ist bei der Ratte genügend lang, um jede Tendenz zur Geschwulstbildung erkennbar zu machen.

Wenn wir noch einmal die Ergebnisse von HAHN[5], HODGE[6] und uns zusammen überblicken, dann sehen wir, daß die Grenze für die ersten deutlichen Anzeichen einer Schädigung bei HAHN[5] für Grahamsches Salz zwischen 3 und 5% in der Nahrung liegt, bei HODGE[6] für Grahamsches Salz zwischen 0,2 und 2% (allerdings mit nur geringen und etwas unsicheren Nierenentzündungen) und bei uns zwischen 0,5 und 1% bei dem Gemisch von Kurrolschem Salz und Pyrophosphat, wobei zu bemerken ist, daß der Effekt bis zu 5% (1,66% Kurrolsches Kaliumsalz) nicht zu unterscheiden war von der Orthophosphatwirkung.

Es bleibt noch die Frage, im welchem Maß das Ansteigen des Orthophosphatgehalts der Nahrung durch diese Zusätze schädlich ist. Wir hatten uns anfänglich Sorgen darüber gemacht, weil wir erstaunt waren, daß schon bei einem Zusatz von 1% die ersten Anzeichen von Kalkablagerungen in den Nieren bei unseren Ratten sichtbar waren.

Damit sind wir zu dem sehr verwickelten ernährungsphysiologischen Gebiet der Interrelationen der verschiedenen Nahrungsbestandteile gekommen (siehe z. B. Dols und Groen[1]). Ein Studium über den Einfluß verschiedener Mengen Phosphat in der Nahrung ist zwecklos, ohne zugleich die Mengen von Calcium und Vitamin D und auch das Wachstum in Betracht zu ziehen. Es gibt viele Hinweise, daß dazu noch verschiedene andere Faktoren

Tabelle 4

	Mensch Nahrung in den Niederlanden im Durchschnitt 1950—1954	*Ratte* „Sherman" Futtergemisch (R.I.V.) (berechnet)
Calorien . . .	2826 kcal pro Tag	pro 2826 kcal:
Calcium . . .	971 mg pro Tag	4150 mg
Phosphor . .	1495 mg pro Tag	3640 mg

von Einfluß sind, wie die schon erwähnte Phytinsäure, die Oxalsäure und z. B. auch die Parathyreoidfunktion. Innerhalb der Grenzen eines weiten Bereichs der Größe dieser Variablen wird es bei der Mehrzahl der Individuen keine Störungen im Mineralstoffwechsel geben. Diese Grenzen sind nicht genau bekannt. Ich glaube, daß die Beschaffung von näheren Angaben hierüber von entscheidender Bedeutung für die ernährungsphysiologische Beurteilung von Lebensmittelzusätzen, wie Phosphat, Calcium und Vitamin D ist. Neben dieser Mehrzahl gibt es eine Minderzahl von Individuen, für welche die Grenzen viel enger liegen und für die außerdem das störungslose Gebiet nicht ohne weiteres dasselbe zu sein braucht.

Sie werden deshalb verstehen, daß es mir nicht möglich ist, eine Aussage über den optimalen oder den maximalen Gehalt von Phosphat in der menschlichen Ernährung zu machen.

Ich möchte aber zum Schluß noch zu erläutern versuchen, warum unsere Ratten so früh diese Nierenschädigung bekommen haben.

In der Tab. 4 ist ein Vergleich zwischen dem Calcium- und Phosphatgehalt der Nahrung unserer Ratten und des Menschen, wie wir das einer statistischen Nahrungsuntersuchung in den Niederlanden [Voeding **16**, 900 (1955)] entnommen haben, angegeben.

Wie ersichtlich, haben wir mit der Shermandiät sehr große Mengen Calcium und Phosphor an die Ratten verfüttert. Ein Zusatz von 1% kondensiertem Phosphatgemisch läßt den Phosphorgehalt von 3640 mg bis 5540 mg pro 2826 kcal ansteigen. Im Vergleich damit würde ein Zusatz von 0,5% dieser Mischung zu einer Tagesdosis von 70 g Wurstwaren die tägliche Phosphormenge in der menschlichen Nahrung in unserem Beispiel von 1495 mg auf 1845 mg ansteigen lassen.

Literatur

[1] DOLS, M. J. L., en J. GROEN: Voeding **17**, 455 (1956).

[2] ESCH, G. J. VAN, H. H. VINK, S. J. WIT u. H. VAN GENDEREN: Arzneimittelforsch. **7**, 172 (1957).

[3] GÖTTE, H.: Z. Naturforsch. 8 B, 173 (1953).

[4] GÖTTE, H., u. M. FRIMMER: Angew. Chem. **65**, 52 (1953).

[5] HAHN, F., H. JACOBI u. W. RUMMEL: Naturwiss. **43**, 539 (1956).

[6] HODGE, H. C.: Short term oral toxicity tests of condensed phosphates. Report from the Division of Pharmacology and Toxicology School of Medicine and Dentistry, University of Rochester, Rochester, New York to Hall Laboratories Inc. Pittsburgh 1956.

[7] MACKAY, E. M., and J. OLIVER: J. of Exper. Med. **61**, 319 (1935).

[8] McFARLANE, D.: J. of Path. **52**, 17 (1941).

[9] PFLEGER, K., u. M. FRIMMER: Arzneimittelforsch. **4**, 646 (1954).

[10] THILO, E.: Angew. Chem. **67**, 141 (1955).

Die Beeinflussung
des Mineralhaushaltes durch kondensierte Phosphate

Von

C. H. Schwietzer, Berlin

Bei der Beurteilung eines Lebensmittelzusatzes auf seine gesundheitliche Unbedenklichkeit wird man sich im allgemeinen gezielter oder ungezielter Untersuchungsmethoden bedienen. Bei der ungezielten Methode verfüttert man die zu untersuchende Substanz an Laboratoriumstiere und studiert nach einer bestimmten Frist und nach Tötung der Tiere ihre Organe auf pathologische Veränderungen. Bei der gezielten Methode versucht der Untersucher sich anhand der chemischen Konstitutionsformel und bekannter chemischer und physikalischer Eigenschaften eine Vorstellung darüber zu verschaffen, an welcher Stelle des Stoffwechsels die Substanz wirksam werden könnte. Glaubt er eine „Läsionsstelle" gefunden zu haben, so wird ein orientierender oder Modellversuch ihm Klarheit verschaffen, ob eine eingehende Bearbeitung in dieser Richtung ein verwertbares Ergebnis bringen kann, und erst dann wird er in einen Vollversuch einsteigen. Daß das gestellte Thema dann aber auch eine entscheidende Bedeutung haben muß und nicht nur eine nebensächliche, ist selbstverständlich.

Bei der Untersuchung der Polyphosphate bot sich die Untersuchungsrichtung von selbst an. Die anorganische Chemie lehrt, daß sich die kondensierten Phosphate mit Calcium-, Magnesium-, Eisen-, Kupfer- und anderen Ionen zu wasserlöslichen „Komplexen" verbinden und so fest halten, daß sie mit den spezifischen Reagentien nicht so ohne weiteres wieder von den kondensierten Phosphaten getrennt werden können. Damit ergab sich für uns die Frage, ob solche Ionenaustauschervorgänge nicht auch bei der Passage eines mit Polyphosphaten versetzten Speisebreies durch den Magen-Darm-Trakt stattfinden und damit die Resorption lebenswichtiger Metallionen verhindern könnten.

Diese Frage ist insofern von erheblicher Bedeutung, als in den letzten 20 Jahren durch eine Fülle von Untersuchungen festgestellt werden konnte, daß trotz der allgemeinen Verbreitung der Mineralstoffe doch ein erheblicher Prozentsatz der Bevölkerung fast aller Länder an Eisen- und Kalkmangel leidet, bzw. sich hinsichtlich der Kalk- und Eisenversorgung gerade an der unteren Grenze des Auskömmlichen befindet. So geht aus einer Veröffentlichung der Mayo-Klinik hervor, daß von allen, aus nicht-hämatologischen Gründen eingewiesenen Patienten rund 50% einen Eisenmangel aufweisen, und Untersuchungen an nahezu 20000 schwangeren Frauen in den USA, Australien, England und den skandinavischen Ländern ergaben, daß zwischen 50 und 60% aller Schwangeren bereits am Ende des ersten Drittels der Schwangerschaft eine echte Eisenmangelanämie haben. Hinsichtlich des Kalkbedarfs kommen englische Untersucher zu dem Schluß: "This proves that the ordinary mixed diet of the poorer classes is seriously deficient in the elements required for the calcification of bone", und daß von den üblichen Kostformen 1% zu eiweißarm, 4% zu phosphorarm und 16% zu arm an Calcium seien. Selbst auf einen Energiegehalt von 3000 Calorien umgerechnet seien noch 1% an Phosphor und 9% an Calcium unterwertig.

Legt man diese Zahlen zugrunde, so wird ersichtlich, daß für den Fall einer Resorptionsverminderung durch Polyphosphate deren Zusatz zu Lebensmitteln eine ernste Gefahr für die Volksernährung darstellen kann.

Zur Erörterung des ganzen Fragenkomplexes galt es zunächst festzustellen, ob sich auch bei der Passage des Magen-Darm-Traktes die kondensierten Phosphate mit Schwermetallionen beladen. Wir führten diesen Testversuch so durch, daß wir ausgewachsenen Hunden kleine Eisenmengen — etwa 1 mg/kg Körpergewicht — als Eisenammoniumsulfat oral verabfolgten. Zu Beginn und 2 Std. nach der Applikation bestimmten wir den Eisenspiegel im Serum und beobachteten einen Anstieg von etwa 30 γ-%. In Parallelversuchen gaben wir das Eisensalz mit einem Überschuß an Polyphosphat vermischt und beobachteten, daß in Abhängigkeit von Menge und Art des zugefügten Phosphates der Anstieg des Serumeisens mehr oder weniger verringert, teilweise gleich Null war. So fanden wir, daß unter den gegebenen Versuchsbedingungen von 1 g Tetraphosphat bis zu 8 mg und von 1 g Graham- bzw.

Kurrolsalz bis zu 14 mg Eisenionen gebunden werden. Eine Beeinflussung der Eisenresorption durch Triphosphat konnten wir nicht beobachten. Ein prinzipiell gleiches Ergebnis erhielten wir, wenn die Eisenionen durch Kupferionen ersetzt wurden.

Die Tatsache der experimentell erwiesenen Resorptionsbeeinflussung läßt aber nicht ohne weiteres den Schluß zu, daß auch unter den normalen Ernährungsbedingungen eine solche stattfinden muß. Einmal werden kondensierte Phosphate nicht in so geballter Form verzehrt, wie es in den Modellversuchen der Fall war, sie werden, ebenso wie auch Eisen und Kupfer, über den Tag etwa gleichförmig verteilt aufgenommen. Weiterhin stehen ihnen bei gemischter Kost als Reaktionspartner nicht nur Eisen- und Kupferionen gegenüber, sondern mit diesen konkurrieren noch Natrium-, Kalium-, Calcium-, Magnesium- und Wasserstoffionen um den Platz an der Polyphosphatkette.

Wegen der erwiesenen Reaktionsfähigkeit der Polyphosphate mit Schwermetallionen einerseits und der volksgesundheitlichen Bedeutung einer ausreichenden alimentären Mineralversorgung andererseits, stellten wir mit kondensierten Phosphaten einen langdauernden Fütterungsversuch an.

Als Versuchsmaterial wählten wir Hunde, da deren Eisenstoffwechsel dem des Menschen praktisch gleich ist. Bei der Auswahl der Tiere war darauf zu achten, daß sie bei Versuchsbeginn noch im Adoleszentenalter sind, da sie — ebenso wie der Mensch — im ausgewachsenen Zustand Eisendepots in Leber und Milz anlegen, auf die der Organismus bei ungenügender alimentärer Zufuhr zurückgreift. Wir wählten für den Versuch 7 Schäferhunde (4 Rüden und 3 Hündinnen) im Alter von 6 Monaten, die aus einem Wurf stammten. 4 Tiere (2 männliche und 2 weibliche) erhielten eine Grundkost aus Maisschrot und Fleisch, bzw. Fleischmehl. 3 Tiere (2 männliche und 1 weibliches) erhielten die gleiche Kost unter Zugabe von täglich 3 g, später 5 g Polyphosphat.

Von den verschiedenen kondensierten Phosphaten wählten wir das Grahamsalz [$(NaPO_3)n \cdot H_2O$] ($n = 80$—200), da dieses in erster Linie für die Käse- und Fleischwarenindustrie zu den meist vorgeschlagenen zählt und zudem am stärksten mit den Schwermetallionen reagiert. Um eine Hydrolyse zu vermeiden, wurde das Grahamsalz bei der Bereitung des Hundefutters nicht mitgekocht, sondern erst danach zugegeben. Um eine ausreichende Austauschmöglichkeit mit den Schwermetallen in der Kost zu gewährleisten, blieb das Futter dann noch etwa 30—40 min stehen, ehe es an die Hunde verfüttert wurde. Jeder Hund erhielt täglich 150 g Maismehl bzw. Maisschrot und 200 g Schweinefleisch bzw. 100 g Fleischmehl. Die ungefähre Zusammensetzung der Nahrung ist, Nahrungsmitteltabellen folgend, etwa:

Tabelle 1. *Zusammensetzung der Diät*

	Eiweiß g	Fett g	Kohlen-hydrat g	Eisen mg	Calcium mg	Phosphor mg	Calorien
in 150 g Maismehl	12,5	2	115	0,3	15	210	525
in 200 g Schweine-fleisch	33,0	50	—	5,0	20	360	600
insgesamt: Hund/Tag	45,5	52	115	5,3	35	570	1125

Die Versuche begannen am 18. 1. 1956 und endeten am 31. 3. 1957. In den ersten 110 Tagen erhielten die Versuchshunde 3 g, in den folgenden 300 Tagen je 5 g Grahamsalz täglich. Es wurden also in der gesamten Versuchsperiode pro Tier verfüttert:

$$110 \text{ Tage zu } 3 \text{ g} = \underline{\quad 330 \text{ g}}$$
$$330 \text{ Tage zu } 5 \text{ g} = 1650 \text{ g}$$

440 Tage insgesamt 1980 g, d. h. rund 2 kg Grahamsalz

Diese Menge kann bei der Magen-Darm-Passage rund 28 g Eisenionen binden, indessen die Hunde in der Versuchszeit nur rund 2,2—2,6 g Eisen mit der Nahrung erhielten.

Die Serumeisenwerte zeigen im Verlauf von 15 Monaten nur die jährliche rhythmische Schwankung, der Serumkupferwert ist nach dieser Zeit leicht angestiegen. Die Menge des nichteisengebundenen Protoporphyrins IX soll nach Angaben amerikanischer Autoren ein recht empfindlicher Indicator für beginnenden Eisenmangel sein. Auch hierfür zeigten unsere Versuchshunde gegenüber den Kontrolltieren keine Unterschiede.

Tabelle 2

	zu Beginn $\gamma\%$	Nach 15 Monaten $\gamma\%$
Serumeisen im Mittel	160	160
Protoporphyrin IX	34	34
Serumkupfer	140	160

Der naheliegenden Schlußfolgerung, daß Eisen- und Kupferhaushalt durch Polyphosphatfütterung nicht beeinflußt werden, könnte man entgegenhalten, daß die Hunde trotz ihrer Jugend doch schon ein Eisendepot in Milz und Leber gehabt hätten, aus dem bei den Versuchshunden der alimentäre Mangel kompensiert worden wäre und daher die Serumkonzentrationen zwar unverändert geblieben, die Depots aber entleert seien. Wir sind dieser

Möglichkeit nachgegangen und haben je einem Versuchshund und
Kontrollhund die Milz total und die Leber partiell operativ entfernt. Von Leber und Milz beider Hunde wurden histologische
Schnitte angefertigt und ein histochemischer Eisennachweis
erbracht. In den Organen beider Tiere fanden sich die Eisen-
ablagerungen in gleichem Ausmaß. Da diesem Verfahren der
Nachteil einer subjektiven Beurteilung anhaftet, haben wir aus
den Milzen beider Hunde nach einem von GRANICK angegebenen
Verfahren zwei spezifische Eiseneiweißverbindungen, das kristal-
lisierbare und das nichtkristallisierbare Ferritin, abgetrennt, verascht und im Rückstand das Eisen mit folgendem Ergebnis
bestimmt (Tab. 3).

Tabelle 3

Versuchshund Dolli:
  Milzgewicht . . . . 59 g
  Ferritineisen . . . . 2,96 mg = 5,1 mg-%
Kontrollhund Dixi:
  Milzgewicht . . . . 66 g
  Ferritineisen . . . . 4,2 mg = 6,35 mg-%

Beide Hunde enthalten also auch das „Notfallseisen" noch in
größenordnungsmäßig gleicher Menge.

Aus den Versuchen glauben wir ohne Einschränkung den
Schluß ziehen zu können, daß selbst bei recht hoher Verfütterung
von Polyphosphaten unter normalen Ernährungsbedingungen eine
Beeinflussung des Eisenhaushalts nicht stattfindet.

Wegen ihrer Fähigkeit zur Bindung von Calcium- und Ma-
gnesiumionen und in Anbetracht der relativ geringen Kalkzufuhr
mit der Nahrung, haben wir am Ende der Versuchsperiode bei
allen Hunden eine Serumcalciumbestimmung durchgeführt. Dieses
erschien uns insofern noch von besonderer Wichtigkeit, da ein Teil
des verfütterten Polyphosphats im Magen-Darm-Trakt bis zur
Orthophosphorsäure hydrolysiert wird. Diese kann Calciumionen
als unlösliches Calciumphosphat binden und damit der Resorption
entziehen, also ähnlich der Oxal- bzw. Citronensäure als „Kalkfänger" wirken. Die Werte lagen für unsere Versuchs- und
Kontrollhunde zwischen 9,5 und 10,5 mg-% Ca, entsprachen also
der Norm.

Während der Versuchsdauer wurden laufend Blutkontrollen
ausgeführt. Nach 15 monatiger Polyphosphatfütterung ergaben
sich die folgenden Werte (Tab. 4).

Tabelle 4

	Versuchsgruppe *mit* Polyphosphat			Kontrollgruppe *ohne* Polyphosphat			
Erythrocyten Mio/cm³	5,7	5,8	5,7	5,3	3,8	5,9	5,1
Hämoglobin . . g-%	15,5	15,8	14,4	15,7	13,6	16,1	14,4
Segmentkernige . %	44	58	49	64	54	67	60
Stabkernige . . . %	2	2	1	1	1	3	1
Lymphocyten . . %	46	25	42	31	38	28	21
Monocyten . . . . %	2	3	0	0	1	2	0
Eosinophile . . . %	6	12	8	4	6	7	18

Die ermittelten Zahlen stimmen mit den literaturmäßig belegten überein (S. SCHERMER, Die Blutmorphologie der Laboratoriumstiere, Leipzig 1954). Es zeigen sich keine Unterschiede zwischen den beiden Gruppen, die auf eine Schädigung des blutbildenden Organs schließen lassen. Die geringen Unterschiede liegen im Bereich der physiologischen Schwankung.

Auch im Hinblick auf das Wachstum fand sich keine Benachteiligung der polyphosphatgefütterten Tiere gegenüber der Kontrollgruppe. Bei Beginn des Versuchs wurden die gewichtsmäßig am niedrigsten liegenden Hunde in die Versuchsreihe eingeordnet. Nach 11 Monaten hatten die polyphosphatgefütterten Hunde die Tiere der Kontrollgruppe eingeholt, teilweise noch übertroffen. Die absolute Gewichtszunahme ist jedenfalls bei der Versuchsreihe größer als bei der Kontrollreihe (Tab. 5).

Tabelle 5

	Versuchsgruppe *mit* Polyphosphat			Kontrollgruppe *ohne* Polyphosphat			
Gewicht am 15.1.56 kg	14,5	12,7	10,8	16,4	18,0	13,0	13,2
Gewicht am 15.12.56 kg	25,7	23,0	16,4	23,7	25,3	17,0	18,2
Gewichtszunahme in 11 Monaten kg	11,2	10,3	5,6	7,3	7,3	4,0	5,0

Die Gewichtszunahme allein läßt aber noch nicht darauf schließen, daß es sich um eine Zunahme der Körpersubstanz, also Muskeleiweiß, Fett usw. handelt. Man könnte durchaus vermuten, daß die Polyphosphate als wasserbindende Stoffe eine Quellung der Muskelsubstanz und des Bindegewebes verursacht hätten, oder daß durch die Polyphosphatfütterung eine Leber-, Nieren- oder Herzschädigung eingetreten wäre, die, mit einem Ödem verbunden, eine echte Gewichtszunahme nur vortäuscht. Um diese Möglich-

11*

keiten auszuschließen, haben wir den Serumeiweißgehalt der
Hunde bestimmt, der bei der Versuchsgruppe nicht niedriger, eher
etwas höher war, als bei der Kontrollgruppe. Um weitere Ein-
wände im Hinblick auf eine mögliche Leberschädigung auszuschließen, haben wir schließlich noch die Seren aller Hunde
elektrophoretisch aufgefächert. Auch hierbei zeigten sich keine
Unterschiede, die auf eine Leberschädigung hinweisen. Eine ebenfalls durchgeführte Bestimmung der Pseudocholinesterase im
Serum ist ebenfalls in beiden Gruppen gleich.

Tabelle 6

	Versuchsgruppe *mit* Polyphosphat			Kontrollgruppe *ohne* Polyphosphat			
Serumeiweiß . . g-%	6,0	5,9	5,3	5,6	5,4	5,6	5,6
Albumin . . . . . %	55	50	58	55	51	56	58
γ-Globulin . . . . %	14	17	10	10	12	10	11
Cholinesterase . . . . μl CO_2/Std.	132	128	116	107	101	90	85

Lang hat festgestellt, daß von den aufgenommenen Polyphosphaten nur ein verhältnismäßig kleiner Anteil als Orthophosphat resorbiert wird. Wir konnten diese Ergebnisse in unseren
Versuchen bestätigen. Wir bestimmten die im Verlauf von 5 Tagen
im Harn ausgeschiedene Phosphormenge. Die Differenzen zwischen Kontroll- und Versuchstieren ergeben dann ein Maß für die
aus dem Polyphosphat zur Resorption gelangte Phosphormenge.
Die größte Ausscheidungsdifferenz betrug 330 mg, eine Differenz,
die auf die in 5 Tagen aufgenommene Menge von 25 g Polyphosphat zu beziehen ist. Das Grahamsalz enthält 30,12% Phosphor, also in 25 g 7,5 g P. Von diesem sind 330 mg = 4,4% zur
Resorption gelangt. Es kann also in Übereinstimmung mit Lang
gesagt werden, daß vom verfütterten Grahamsalz nur ein recht
geringer Anteil nach erfolgter Aufspaltung im Magen-Darm-Trakt
zur Resorption kommt. Dieses Resultat ist insofern von Bedeutung, als es beweist, daß selbst durch hohe Zufütterung von Polyphosphaten das physiologische Verhältnis von Phosphor zu
Calcium unserer Nahrung nicht verschoben wird, und sich kein
nennenswerter Überschuß an Orthophosphorsäure bildet, der als
Kalkfänger wirksam werden könnte.

Zusammenfassung

Es wird dargelegt, daß bei einer über 15 Monate erfolgten Zufuhr von insgesamt 2 kg Grahamsalz bei Versuchshunden keine Beeinflussung des Mineralhaushalts auftritt. Hinsichtlich des Eisen-, Kupfer-, Calcium- und Phosphorstoffwechsels werden keine Unterschiede gegenüber polyphosphatfrei ernährten Hunden aus dem gleichen Wurf gefunden. Unterschiede im Blutbild, Hämoglobingehalt, Gesamtserumeiweiß und den einzelnen Eiweißfraktionen werden nicht beobachtet. Abschließend kommen wir zu dem Ergebnis, daß nach den durchgeführten Untersuchungen bei einer — selbstverständlich in Grenzen bleibenden — Aufnahme von Polyphosphaten mit der Nahrung keine gesundheitlichen Schädigungen des menschlichen Organismus zu erwarten sind.

Diskussion zu den Vorträgen Lang, van Genderen und Schwietzer

SCHREIER (Heidelberg): Zunächst möchte ich über einige Versuche berichten, die wir in letzter Zeit in Fortsetzung unserer früheren Untersuchungen durchgeführt haben. Herr LANG hat schon darüber berichtet, daß Trimetaphosphat im Organismus zu einem gewissen Prozentsatz — er fand etwa 20—55% im Kot — aufgespalten wird. Wir haben mit markiertem, reinen Trimetaphosphat und Tetrametaphosphat gearbeitet und gefunden, daß letzteres praktisch überhaupt nicht resorbiert wird. Wir fanden bei unseren 10 Ratten im Kot mindestens noch 80% wieder. Wir haben weiterhin Autoradiogramme des Serums durchgeführt, um Spuren der verschiedenen Phosphate nachzuweisen. Es gelang uns, eine minimale Menge von markiertem Orthophosphat nachzuweisen.

Aus den Worten von Herrn LANG könnte der Eindruck entstanden sein, daß wir nicht mit reinen Phosphaten gearbeitet haben. Wir haben die verwendeten Phosphatpräparate stets papierchromatographisch auf Einheitlichkeit überprüft.

Herr SCHWIETZER ist nun auch zu der Überzeugung gekommen, daß die Polyphosphate den Mineralstoffwechsel nicht beeinflussen. Wir haben ähnliche Versuche am Menschen selbst in bezug auf Eisen vorgenommen. In Anlehnung an die Versuchsanordnung von Herrn SCHWIETZER habe ich gesunden Medizinstudenten 1 mg Fe/kg Körpergewicht in Form von Eisenascorbinat zugeführt, dazu 2,5 g Polyphosphat in Hackfleisch. Dabei hat sich ergeben (wobei unsere Kurven nicht durch 1 Punkt sondern durch 5 erhärtet sind), daß die Eisenspiegel in keiner Weise durch die Polyphosphate verändert wurden.

McCANCE hat festgestellt, daß die Eisenspeicher, mit denen der Mensch auf die Welt kommt, nur gering sind. Über Kupfer hat er allerdings keine Untersuchungen angestellt. Der Säugling kommt zwar mit einem gewissen Vorrat an Eisen zur Welt, dieser ist aber frühestens nach dem dritten

Lebensmonat völlig erschöpft. Ich kann als Leiter der Ambulanz der Kinderklinik in Heidelberg ferner sagen, daß die Zahl der Anämien in Deutschland beträchtlich ist. Nicht 50%, aber 20% aller unserer Kinder — wir haben im Jahr etwa 11 000 Durchgänge — haben einen Hämoglobinwert unter 80%.

Als letztes möchte ich noch über Kupferversuche berichten. Wir haben an 35 Ratten Versuche mit praktisch trägerfreiem radioaktivem Kupfer angestellt. In keiner Weise wurde das Verhalten des radioaktiven Kupfers durch Pyrophosphat, Tripolyphosphat, Poly 62 und Grahamsches Salz beeinflußt und zwar sowohl hinsichtlich der Resorption als auch hinsichtlich der Ablagerung in den Organen.

Wir haben vor nicht allzu langer Zeit eine ziemlich ausgedehnte Untersuchung über Phytin publiziert [Z. exper. Med. **128**, 136 (1956)], in der gezeigt wurde, daß das Phytin in den Lebensmitteln, je nachdem ob es als reines Phytin zugesetzt wird oder ob es an das Lebensmittel gebunden ist, den Calciumhaushalt verschieden beeinflußt. Und zwar ist z. B. an Hafer gebundenes Phytin ohne nennenswerten Einfluß auf die Resorption und Ablagerung von Calcium, während Natriumphytat beides stark hemmt.

Über meine Eisenversuche habe ich auf dem unlängst stattgefundenen Phosphatsymposion schon berichtet, so daß es sich erübrigt, sie hier mitzuteilen.

MATTENHEIMER (Berlin): Es ist eigenartig, daß Herr LANG annimmt, daß Oligophosphate resorbiert werden. Bisher hatte man doch angenommen, daß nur Orthophosphat resorbiert wird, vielleicht auch etwas Pyrophosphat. Haben Sie irgendwelche Versuche gemacht um festzustellen, wo hier die Grenze gelegen ist? Man könnte durch Verfütterung der einzelnen Substanzen die obere Grenze der Resorbierbarkeit feststellen.

Man findet im Harn eine Ausscheidung von Polyphosphaten, Oligophosphaten und Metaphosphaten. Es sieht offensichtlich so aus, als ob die Nierenepithelien für diese Substanzen durchgängig sind. Es ist ja für die Glomerula bekannt, daß auch höhermolekulare Substanzen durchtreten können, nur daß diese wahrscheinlich nicht wieder zurückresorbiert werden können wie Orthophosphat, Calcium und dergleichen.

LANG (Mainz): Eine genaue Abgrenzung der Resorption durch Fütterungsversuche haben wir nicht vorgenommen. Aber ich glaube, daß die papierchromatographische Untersuchung des Harns einen Hinweis gegeben hat. Wir haben gefunden, daß der Schwerpunkt der Ausscheidung bei den niederen Gliedern (P 4, P 5) gelegen ist. Wir haben aber noch bis P 10 Substanzen gefunden. Aber mit zunehmender Kettenlänge wird die ausgeschiedene Menge immer kleiner. Man kann annehmen, daß die Grenze etwa bei P 10 gelegen ist. Leider stehen zur Durchführung des vorgeschlagenen Versuchs nicht ausreichende Mengen der definierten Substanzen zur Verfügung.

SCHREIER: Wie wurde die Verunreinigung des Harns durch Kot verhütet? Eine solche ist auch in den besten Stoffwechselkäfigen nicht möglich. Wir haben in unseren Versuchen den Anus zugeklammert und dann im Harn praktisch nur Orthophosphat gefunden.

LANG: Wir haben unsere üblichen Stoffwechselkäfige verwendet. Es hat wohl wenig Zweck, diese Details hier zu diskutieren. Ich schlage vor, daß Sie sich unsere Versuchsanordnung ansehen und wir uns dann darüber einigen, ob eine genügende Abtrennung erfolgt ist oder nicht.

MEISSNER (Borstel): Zur Frage der Resorbierbarkeit oder der allgemeinen Verwertbarkeit der kondensierten Phosphate durch die Zelle erscheinen unsere Versuche zur Aufnahme der kondensierten Phosphate durch das Mycobacterium tuberculosis aufschlußreich. Wir haben Kulturen in Sauton-Nährsubstrat unter Zusatz von radioaktiv markierten kondensierten Phosphaten bebrütet. Nach einer Bebrütungszeit von 14 Tagen wurde die P^{32}-Aufnahme quantitativ mit der P^{31}-Aufnahme aus der Nährlösung verglichen. In den gewachsenen Bakterien wurde außerdem die spezifische Aktivität verschiedener P-Fraktionen bestimmt (säurelöslicher P, Lipoid-P, Nucleinsäure-P und Protein-P). Beim Zusatz von P^{32}-Monophosphat zur Nährlösung zeigte sich als methodische Kontrolle, daß das radioaktive Phosphat gleichanteilig mit dem inaktiven Phosphat aufgenommen wurde. Ebenso stimmte die spezifische Aktivität in den verschiedenen Fraktionen praktisch überein.

Beim Zusatz von P^{32}-Diphosphat betrug dessen Aufnahmerate (Quotient des P^{32}-Gehaltes der Bakterien zu dem der Nährlösung) nur etwa 60% derjenigen des inaktiven Orthophosphates. Beim Triphosphat machte dieser Aufnahmequotient noch 40% aus, während er beim Trimetaphosphat nur 6% und beim Grahamschen Salz nur 8% erreichte. Damit werden alle kondensierten Phosphate in charakteristisch variierenden, immer aber kleineren Raten als das Monophosphat von den Mycobakterien aufgenommen.

Beim P^{32}-Diphosphat ist die spezifische Aktivität der Nucleinsäure-P-Fraktionen um mehr als den Faktor 2 gegenüber den anderen Fraktionen erhöht. Dies kann nur durch eine unmittelbare Verwertung des Diphosphates beim Aufbau der Nucleinsäuren erklärt werden, die neben dem enzymatischen Abbau des Diphosphates einhergehen muß. Dagegen unterscheidet sich beim Triphosphatzusatz die spezifische Aktivität der einzelnen Fraktionen nicht nennenswert voneinander. Dies spricht für eine Umwandlung des P^{32}-markierten Zusatzes zu Monophosphat vor dem intracellulären Auftreten des P^{32}. Beim Trimetaphosphat und beim Grahamschen Salz zeigt sich die spezifische Aktivität der säurelöslichen Fraktion gegenüber allen übrigen um den Faktor 3—5 dominierend. Es ist aber daraus noch nicht sicher zu entscheiden, ob die relativ geringe unmittelbare Aufnahme einem Einbau in die Polyphosphatdepots der Bakterien gleichkommt oder ob sie nur durch die Adsorption des markierten Zusatzes an den Zellwänden der Bakterien bedingt wird.

LOHMANN (Berlin): Ob eine Resorption von Polyphosphaten möglich ist, wurde schon einmal hier angeschnitten. Man weiß aber offensichtlich zu wenig hierüber. M. E. spielt hier die Dosis eine große Rolle. Schon PARACELSUS hat gesagt, daß es die Dosis ist, die macht, ob ein Stoff ein Medikament oder ein Gift ist. Man weiß, daß Proteine im allgemeinen die Darmwand nicht passieren können. Es liegen aber viele Beobachtungen vor, die zeigen, daß hochmolekulare Proteine in geringen Mengen durch die Darmwand gehen können.

Per os gegebene Polyphosphate können auf dreierlei Weise aufgespalten werden:

1. Durch die Darmbakterien,
2. durch die Darmschleimhaut,
3. durch die Organe, wenn sie, wie in den Versuchen von Götte, an die Zellen adsorbiert sind.

Herr Lang hat in seinen Versuchen große Polyphosphatmengen verfüttert, pro Ratte und Tag 750 mg. Das wäre umgerechnet auf den Menschen 100 g Polyphosphat, oder wenn man die Mengen zugrunde legt, die Blutwürsten beigefügt werden, entspräche dies 70 kg Blutwürsten. Bei so großen Mengen ist es aber durchaus möglich, daß etwas resorbiert wird.

Schwietzer: Ich stelle allen Interessenten gerne Harn von meinen mit Polyphosphat gefütterten Hunden zur Verfügung, die in $1^1/_2$ Jahren 2 kg Grahamsches Salz bekommen haben. Hier haben wir Hunde, die schon daran gewöhnt sind. Vielleicht spielen bei der Resorption adaptive Vorgänge eine Rolle, so daß sich daran gewöhnte Tiere anders verhalten als solche, welche die Substanzen nur im Verlaufe einiger Tage oder einiger Wochen bekommen.

Langemark: Herr Schwietzer, haben Sie kontinuierlich Harn- und Kotanalysen gemacht?

Schwietzer: Nein.

Langemark: Sie äußerten die Vermutung, daß die Gewichtszunahme Ihrer Tiere durch eine Wasserbindung von interstitiell abgelagerten Polyphosphaten bedingt sein könne. Es hätte doch nahe gelegen, diese Möglichkeit auszuschließen durch Feststellung, wieviel vom zugeführten Polyphosphat wieder ausgeschieden wird.

Schwietzer: Das wurde nicht untersucht.

Lohmann: Wieviel Analysen haben Sie, Herr Schwietzer, gemacht, um festzustellen, was mit dem täglich zugeführten Polyphosphat geschieht? In Ihren Versuchen wurde nur eine kleine Tierzahl verwendet. Aber andrerseits waren Ihre Ergebnisse so klar, daß Ihre Versuche auch ernsthaft betrachtet und eingeschätzt werden müssen.

Schwietzer: Harn- und Kotanalysen wurden von uns nicht durchgeführt. Meine Fragestellung betraf ausschließlich den Stoffwechsel von Eisen und Kupfer. Die Eisen- und Kupferwerte im Serum wurden monatlich untersucht.

Rummel (Düsseldorf): Wir Pharmakologen haben oft mit der Schwierigkeit zu kämpfen, Harn und Kot — vor allem auch bei Ratten — mit Sicherheit zu trennen. Hier gibt es zwei sichere Wege. Herken hat neuerdings eine Methode veröffentlicht, bei der ein bestimmter Käfig verwendet wird. Die Tiere werden in einem Rohr starr fixiert, was die sichere Trennung von Harn und Kot ermöglicht. Die zweite Methode besteht in der Gewinnung des Harns durch Katetherisierung. Man kann bei Ratten für einige Tage einen Dauerkatether legen. Durch eine solche Methode ließe sich endgültig entscheiden, ob tatsächlich etwas Polyphosphat resorbiert wird. Vielleicht kann man die beobachtete Latenzzeit von 2 Tagen durch die Dauer der Darmpassage erklären.

Versuche von HEVESY zeigten, daß phosphorylierte Zucker und ATP Zellmembranen nicht permeieren. Es ist auch schwer zu verstehen, daß so hoch geladene Partikelchen die Membran passieren können.

LOHMANN: Bei solchen Überlegungen gehe ich davon aus, daß unsere Zellen für bestimmte Zwecke eingerichtet sind. Sie sind z. B. dafür eingerichtet, daß ATP nicht permeieren soll. Denn in unserem Körper ist so viel ATP enthalten, daß, wenn sie plötzlich in die Blutbahn käme, der Tod erfolgen würde. Man weiß aus vielen Beispielen, daß für die Substanzen, die in der Zelle bleiben sollen, strenge Schranken vorhanden sind. Umgekehrt können Substanzen mit viel höheren Molekulargewichten oder stärkeren Ladungen ohne weiteres die Zellmembran passieren. Wenn hierfür die Notwendigkeit besteht, z. B. läßt die Niere kein Serumeiweiß passieren. Aber für fremdes Serumeiweiß ist die Passage leicht möglich.

Die Diskussion zeigt jedenfalls, daß bei solchen Versuchen der größte Wert darauf gelegt sein muß, daß eine Verunreinigung des Harns mit Kot nicht erfolgen kann. Ich möchte empfehlen, daß man Tieren etwas Harn mit dem Katether entnimmt, um die wichtige Frage nach der Resorption endgültig zu entscheiden. Das ist ein Versuch, der sich kurzfristig durchführen läßt.

HOFFMANN-OSTENHOF (Wien): Bei den Versuchen von Herrn SCHWIETZER macht mir als Chemiker etwas Kopfzerbrechen. Man verfüttert hier in verhältnismäßig großen Dosen eine Substanz, von der man weiß, daß sie Ionen höherwertiger Metalle stärker an sich reißt als solche niederwertiger. Dies macht man nun über ein Jahr lang und gibt dazu eine möglichst geringe Menge an Metallionen in die Diät. Nachher haben die Hunde dieselben Mengen Eisen und sogar eine erhöhte Menge Kupfer. Verhält sich Polyphosphat in vivo anders als in vitro?

TIHLO (Berlin): Diese Frage ist einfach zu beantworten. Polyphosphate sind Ionenaustauscher und binden kein Eisen oder Calcium, wenn genügend Natriumionen zugegen sind.

LOHMANN: Hier dürfte es wieder auf die Dosis ankommen. Die wievielfache Menge Natrium kann das Calcium in einem gegebenen Falle abnehmen?

TIHLO: Ziemlich viel.

HAHN (Düsseldorf): Wir haben außerordentlich klare, einwandfreie und wertvolle Befunde vorgetragen bekommen. Der entscheidende Punkt ist die Resorptionsfrage. Wir müssen uns nämlich im klaren darüber sein, daß die Polyphosphate auf zwei Wegen schädlich wirken können:

1. durch Resorption, also über die resorbierte Phosphorsäure,

2. dadurch, daß sie nicht resorbiert werden.

Auch mir erscheint es noch nicht genügend geklärt, ob bei den hochpolymeren Phosphaten eine Resorption einwandfrei nachgewiesen wurde, wie hoch die Resorption ist und ob sie in einem nennenswertem Umfang erfolgt.

Herr SCHWIETZER hat die Diskussion auf die Möglichkeit gelenkt, daß die Phosphate nicht resorbiert werden und dadurch im Darm etwas zurück halten. Das Ergebnis seiner Versuche war negativ, die Phosphate halten nichts zurück und sind daher — wenn man es kurz sagen will — nicht schädlich.

Negative Ergebnisse sind leider in der Naturwissenschaft nur beschränkt verwertbar. Wir müssen so lange suchen, bis wir etwas Positives gefunden haben, in diesem Falle eine Schädigung. Der wichtigste Test, sozusagen der Summentest von allen, ist der Wachstumstest. Man soll sich nicht nur ansehen, ob das Haar struppig wird oder ob die Augen entzündlich verändert werden. Das wäre oberflächlich. Man soll den biologischen Kern erfassen, und das geschieht eben im Wachstumstest. Denn — und das ist das Wesen des Wachstumstestes — man kann sich nicht vorstellen, daß in einem wachsenden Organismus irgend ein Rädchen nicht funktioniert und der Organismus trotzdem weiter wächst wie ein gesunder, und zwar proportional weiterwächst mit einer normalen Relation aller Organe usw. Schon wenn die Erythrocyten nicht mehr mitkommen, findet man eine Wachstumsstörung. Wir haben aber eine ganze Reihe verläßlicher Zahlen aus Wachstumsversuchen schon vorliegen.

Zur Ergänzung von den Befunden von Herrn van Genderen möchte ich einige Ergebnisse vortragen, die von uns noch nicht publiziert worden sind. Wir haben inzwischen Orthophosphat und Natriumpyrophosphat untersucht. Bei einem 3- und 5%igen Zusatz zur Nahrung trat bei Polyphosphat und Tripolyphosphat keine stärkere Wachstumshemmung auf als bei Orthophosphat. Bei Grahamsalz war sie sogar geringer. Das heißt also, daß Orthophosphat mindestens ebenso, wenn nicht noch toxischer, wirkt als die höhermolekularen Phosphate. Dies lenkt die Aufmerksamkeit auf die Frage, ob die Wirkung der Phosphate nicht zu einem großen Teil auf die toxische Wirkung des resorbierten Orthophosphats zurückzuführen ist. Darauf deuten auch letzten Endes die Befunde über Verkalkungen in der Niere hin. Ich glaube auch, daß sie Herr van Genderen ebenfalls nur so deuten will.

Die „weniger physiologischen" Phosphate, die höhermolekularen Phosphate, speziell das Grahamsche Salz sind eher weniger toxisch als das „natürliche Orthophosphat", gemessen am Wachstumstest. Wir können sagen, daß die Grenze bei etwa 3% in der Diät, zum mindesten zwischen 3 und 5% in unserem Versuch gelegen ist. Herr van Genderen findet in einem anderen Test, nämlich der Verkalkung der Niere, eine noch tiefere Grenze. Die Nierenverkalkungen treten schon bei etwa 1% (zuzüglich des normalen Phosphatgehaltes des Futters) auf. Herr van Genderen hat ein Mischphosphat untersucht, also ein Gemisch von höherem und niedermolekularem.

Wir haben hingegen die verschiedenen Kondensationsgrade der Phosphate getrennt geprüft und zuerst mit dem Grahamschen Salz angefangen. Leider können wir die histologische Untersuchung nicht selbst durchführen und haben sie daher dem Anatomen übergeben. Der konnte aber nicht so schnell arbeiten wie wir wollten. Es sind Hunderte von Schnitten zu machen, denn unsere Versuchsgruppen bestanden aus je 35 männlichen und 35 weiblichen Tieren. Wir haben nun vor allem die Verhältnisse bei dem Grahamschen Salz untersuchen lassen. Allerdings liegen hier Befunde erst von 10 Tieren vor. Trotz der vorhandenen Wachstumshemmung war bei der Verfütterung von 5% Grahamschem Salz in der Diät keine Verkalkung der Nieren bei 6 Tieren festzustellen. Hieraus können wir den Schluß ziehen, daß die Nierenverkalkung zum mindesten kein regelmäßiger Befund ist. Wir können die Arbeitshypothese aufstellen, daß Nierenverkalkungen nur bei den niedermolekularen, vielleicht bei Orthophosphat am stärksten und ehesten, auftreten. Wir haben bei 5 Tieren nach der Verfütterung von 3% Tripolyphosphat eine Verkalkung gesehen. Dies zeigt, daß tatsächlich die Möglichkeit besteht, daß die niederen Phosphate eher dazu führen.

Unsere Befunde über die Möglichkeit einer Resorptionshemmung von Calcium, Eisen und Kupfer decken sich im wesentlichen mit den Mitteilungen der Herren SCHWIETZER, SCHREIER und VAN GENDEREN. Wir haben keine Veränderungen im Mineralhaushalt gesehen. Wir haben die ganzen Ratten verascht und Calcium, Phosphat, Eisen und Kupfer bestimmt. Auch wir fanden beim Kupfer hin und wieder eine signifikante Vermehrung, aber nie eine Verminderung. Bei der Verfütterung von 5% Grahamschem Salz haben wir in einer Versuchsgruppe leichte Anämien gesehen, aber nie eine Verminderung des Hämoglobingehaltes und auch keine des Eisenbestandes. Vielleicht ist die Anämie hier nur die Folge einer allgemeinen Wachstumsstörung: Wenn der Organismus nicht mehr genügend wächst, kommen die Erythrocyten nicht mehr genügend mit.

Zusammenfassend ergeben sich die folgenden Probleme: Wieviel Polyphosphat wird eigentlich resorbiert? Sind die toxischen Wirkungen auf die entstandene und resorbierte Orthophosphorsäure oder auf die Resorptionshemmung zurückzuführen? Bei welcher Grenzdosierung kann man von einer Schädlichkeit sprechen?

LANG: Ich möchte noch einen kleinen experimentellen Beitrag zu dieser Frage bringen. Wir haben genau die umgekehrte Versuchsanordnung gewählt wie Herr SCHWIETZER, indem wir zunächst eine alimentäre Eisenmangelanämie bei Ratten erzeugten. Waren die Hämoglobinwerte auf etwa 35% abgesunken, haben wir die Regeneration der Erythrocyten bei Verfütterung von 1% der verschiedenen Polyphosphate verfolgt. Die Erholung von der alimentären Anämie erfolgte bei den Tieren, die Pyrophosphat oder das Kurrolsche Salz erhalten hatten, schneller als bei den Kontrollen. Tripolyphosphat hatte keinen Einfluß. Also auch in dieser Versuchsanordnung wurde nichts gefunden, was darauf hinweisen würde, daß der Mineralhaushalt irgendwie gestört wird. Dies hängt damit zusammen, daß die Polyphosphate Ionenaustauscher sind und daß daher die gleichzeitig vorhandene Menge an Natriumionen entscheidend ist. In unseren Versuchen haben die Tiere als Eisenquelle die übliche Salzmischung nach McCOLLUM erhalten, in der beträchtliche Mengen NaCl enthalten sind.

LOHMANN: Mir erscheint es unerläßlich, daß man in allen Versuchen über Polyphosphat als Kontrolle auch Orthophosphat gibt. Auch Orthophosphat ist ähnlich wie Kochsalz und wie andere Salze — nur in noch viel stärkerem Maße — keine ganz harmlose Verbindung.

CREMER (Gießen): Herr SCHWIETZER hat auf die unterschiedliche Gewichtszunahme der beiden Hundegruppen hingewiesen und gezeigt, daß die Hunde, die Polyphosphat verfüttert bekommen hatten, eine etwas höhere Gewichtszunahme aufwiesen als die Vergleichstiere. Die Endgewichte aller Tiere lagen aber praktisch in derselben Größenordnung. Herr SCHWIETZER sagte, daß es ein doppelter Zufall sein müsse, wenn man auch bei der Auswahl der Tiere, die gerade einen Wachstumsschub hinter sich hatten, bestimmte Tiere in die eine und bestimmte Tiere in die andere Gruppe eingeordnet hätte. Er hat uns aber erzählt, daß er absichtlich die leichteren Tiere in die eine und die schweren Tiere in die andere Gruppe getan hat. Wenn also alle Tiere nachher dasselbe Endgewicht hatten, muß man annehmen, daß alle Tiere demselben Endgewicht zustrebten und kein von der Phosphatzufuhr abhängiger Unterschied besteht.

Lohmann: Wir kommen nun zur Diskussion der Dosis. Ich habe eine Anfrage an Herrn van Genderen. Er sprach von 1—5% Phosphat, bezogen auf das Futtergewicht. Ist das Trockengewicht oder das Feuchtgewicht gemeint?

Van Genderen: Das Trockengewicht. Im großen und ganzen frißt eine Ratte von 100 g Gewicht etwa 8 g, eine Ratte von 200 g etwa 12 g von unserem ziemlich konzentrierten Futtergemisch. Ich glaube, daß es aber nicht richtig ist, Daten aus Tierversuchen auf den Menschen umzurechnen, wenn man als Basis das Körpergewicht benützt. Man sollte vielmehr die Zahlen auf die Körperoberfläche beziehen oder noch besser auf den Calorienverbrauch.

Lohmann: Wir haben in den letzten Kriegsjahren selber ausgedehnte Fütterungsversuche an Mäusen gemacht, die sich über mehrere Jahre hinzogen. Leider mußten die Versuche Anfang 1945 unterbrochen werden. Hinsichtlich Körpergewicht und makroskopischem Aussehen der Organe waren keine Unterschiede gegenüber Kontrolltieren zu erkennen. In diesen Versuchen erhielten die Tiere ungefähr das Dreifache bis Vierfache an Polyphosphat — berechnet auf die Körperoberfläche — von dem, was ein Mensch bei der üblichen Ernährung in Würsten und Schmelzkäse zu sich nimmt. Wurden jedoch sehr große Dosen verfüttert, bekam es den Tieren nicht. Man sollte sich meines Erachtens in der Diskussion einigen, wie man am zweckmäßigsten Polyphosphate im Tierversuch untersucht, um diese den Staat, die ganze Bevölkerung und die Wissenschaft interessierende Frage der Polyphosphate als Zusätze zu Lebensmitteln zu klären.

Lang: Das wichtigste Problem ist das der Sicherheitsspanne. Vielfach wird die Auffassung vertreten, eine Substanz könne nur dann als Zusatz zu Lebensmitteln Verwendung finden, wenn auch bei Einhaltung einer hundertfachen Sicherheitsspanne im Tierversuch nichts Abnormes zu sehen ist. So große Sicherheitsspannen sind aber nur in seltenen Fällen möglich, beispielsweise schon allein dann nicht, wenn osmotische Verhältnisse eine Rolle spielen. Ebensowenig ist es im Bereich des Calciums oder der Phosphorsäure möglich, weil hier die Möglichkeiten der Kalkablagerung eine wichtige Rolle spielen. Man muß sich daher davor hüten, toxikologische Fragen in einer unsinnigen Versuchsanordnung experimentell überprüfen zu wollen. In dem vorliegenden Falle, den Polyphosphaten, erscheint mir nach den Erfahrungen der Ernährungsphysiologie schon eine Sicherheitsspanne von 1:5 nicht mehr möglich zu sein. Man weiß aus verschiedenen Erfahrungen, daß eine Vermehrung der Phosphat- oder Calciumzufuhr auf das Zwei- bis Dreifache nicht immer als harmlos anzusehen ist. Damit ist aber auch der experimentelle Rahmen abgesteckt, in welchem ein sinnvolles Experimentieren mit den Polyphosphaten möglich ist. Denn wir müssen erwarten, daß die Polyphosphate ihre biologische Wirkung erst durch die Aufspaltung zu Orthophosphat entfalten. Man hat meines Erachtens nur die zwei experimentellen Möglichkeiten:

1. Polyphosphate im Rahmen von Diäten normalen Phosphatgehalts zuzuführen, wobei die gesamte Phosphatzufuhr nicht auf mehr als das Doppelte ansteigen sollte.

2. von vornherein die normale Phosphataufnahme zu beschränken, um dafür größere Mengen an Polyphosphat zuführen zu können.

LOHMANN: Ich stimme Herrn LANG in jeder Weise zu. Man darf auf keinen Fall zu hohe Sicherheitsspannen verlangen.

HAHN: Ich möchte zu dem, was Herr LANG gesagt hat, eine etwas andere Möglichkeit äußern, die mehr den natürlichen Verhältnissen entspricht. Der Mensch, der mit einer phosphatangereicherten Nahrung ernährt wird, nimmt bei seiner sonstigen Ernährung keine Rücksicht darauf, d. h. er lebt in der üblichen Weise und führt sich zusätzlich durch bestimmte Lebensmittel Phosphate zu. Die Frage ist deshalb:

1. Wie hoch ist der natürliche Phosphatgehalt der Nahrung?

2. In welchen Grenzen kann dieser schwanken?

3. Liegt die Vermehrung durch zusätzliche Phosphate innerhalb dieser natürlichen Streuungsbreite oder nicht?

4. Sind die zugesetzten Phosphate infolge ihrer besonderen Struktur als schädlicher oder sogar als weniger schädlich anzusehen als die natürlichen Phosphate?

Es ist ja bekannt, daß man sich bei einseitiger Ernährung (z. B. vegetarischer), besonders durch bestimmte Cerealien beträchtliche Phosphatmengen zuführen kann.

MÖHLER (München): Wir haben aus statistischen Angaben berechnet, welche Mengen an Polyphosphaten etwa aufgenommen werden können. Auf Grund der vorliegenden statistischen Angaben über den durchschnittlichen Verbrauch an den einzelnen Lebensmitteln und den Gesamtverbrauch an Lebensmitteln ergibt sich, daß dieser Betrag bei einer Tagesdosis von 180 mg Polyphosphat, berechnet als H_3PO_4, gelegen sein dürfte.

Polyphosphate werden zugeführt über Wurst, Backwaren, Schmelzkäse und Phosphatierung des Trinkwassers. Außerdem wurde ein kleiner Sicherheitsbetrag über verschiedene Möglichkeiten, die hier im einzelnen nicht zur Diskussion gestellt werden sollen, eingesetzt.

Diese Zahl von 180 mg ist — wie ich ausdrücklich betonen möchte — eine Schätzung, denn statistische Angaben kann man immer nur in gewissen Bereichen gelten lassen. Es ist nicht berücksichtigt, in welchem Umfange die Polyphosphate bei der Herstellung von Lebensmitteln verändert werden, z. B. eine Hydrolyse erleiden. Die erwähnten 180 mg umfassen daher die gesamte Spanne vom Diphosphat bis zu den Hochpolymeren.

LANG: Als Grundlage für die weitere Diskussion möchte ich einige Zahlenangaben machen. Bei der Aufnahme von kondensierten Phosphaten per os ist nicht damit zu rechnen, daß diese eine spezifische Giftwirkung entfalten. Alles was bisher in den Tierversuchen beobachtet wurde, läßt sich auf eine Belastung des Phosphathaushalts infolge der Aufspaltung zu Orthophosphat zurückführen.

Die Deutsche Gesellschaft für Ernährung hat Richtlinien über die wünschenswerte Höhe der Nahrungszufuhr ausgearbeitet, ebenso wie dies von entsprechenden Gremien in anderen Kulturstaaten der Fall gewesen ist. Die von allen diesen Gesellschaften veröffentlichten Zahlen decken sich praktisch vollständig. Für die wünschenswerte Höhe der Phosphatzufuhr liegen nur indirekte Angaben vor. Die Deutsche Gesellschaft für Ernährung hält eine tägliche Zufuhr von 1 g Ca, unabhängig von Alter und Arbeitsschwere, für wünschenswert und sagt weiterhin, daß es wünschenswert ist, daß ein Verhältnis Ca:P von 1:1 bis 1:2 eingehalten wird, die P-Zufuhr also 1—2 g im Tage betragen solle. Diese Zahlen stellen wie gesagt die wünschenswerte Höhe der Zufuhr dar und sagen nichts über den Bedarf aus. Untersuchungen über die tatsächlich aufgenommenen P-Mengen haben ergeben, daß diese an der oberen Grenze dieser Empfehlung liegen und daß sich der P-Umsatz bei vielen Personen etwa zwischen 2 und 3 g im Tag bewegt. Dies betrifft vor allem Personen, die eine schwerere körperliche Arbeit leisten und daher einen höheren Nahrungsverbrauch haben. Durch diesen steigt naturgemäß automatisch auch die Zufuhr an Ca und P an. Wenn man nun diese Zahlen auf einen anderen Maßstab umrechnet, den man zumeist im Tierversuch anzugeben pflegt, so bedeutet dies, grob geschätzt, daß normalerweise 0,2—0,5% der Nahrungstrockensubstanz aus P besteht. Selbstverständlich haben kleinere Überschreitungen oder Unterschreitungen der als wünschenswert erachteten P-Zufuhr keinerlei praktische Bedeutung. Auf Grund der vorliegenden Tierversuche und Erfahrungen am Menschen kann man sagen, daß Verdopplung, vielleicht auch Verdreifachung der normalen Zufuhr noch im Bereich des physiologisch Tragbaren liegt. Hinsichtlich der Polyphosphate erhebt sich nun die Frage, wieweit man ohne jede größere Diskussion die Orthophosphatzufuhr steigern kann, ohne den sicheren Bereich des Physiologischen zu verlassen. Denn die Polyphosphate wirken ja nur auf Grund ihrer Aufspaltung zu Orthophosphat. Meines Erachtens spielt eine Überschreitung der physiologischen Orthophosphatzufuhr um 20% überhaupt keine Rolle, also eine Menge von etwa 400 mg P pro Person und Tag. Nun hat Herr Möhler uns gesagt, daß dann, wenn man alle Lebensmittel, für die überhaupt eine Behandlung mit kondensiertem Phosphat diskutabel ist, mit kondensierten Phosphaten versetzen würde, sich auf Grund der vorliegenden Statistik des Nahrungsverbrauchs eine tägliche Aufnahme von rund 180 mg $NaPO_3$, berechnet als H_3PO_4, also von etwa 60 mg Polyphosphat-P ergäbe. Das sind Zahlen, die belanglos und völlig zu vernachlässigen sind. Selbstverständlich ist eine Beschränkung der Tagesdosis, bezüglich der Aufnahme von Polyphosphat unbedingt erforderlich. Ich glaube, daß der Maximalwert sicher unterhalb von 20% der physiologischen Orthophosphatzufuhr gelegen sein müßte und daß unter keinen Umständen eine Tagesdosis von 400 mg überschritten werden darf.

Lohmann: Ich danke Herrn Lang für seine konkreten Zahlenangaben, die eine Handhabe für das bieten, was wir zu tun haben.

VAN GENDEREN: Man muß die Angelegenheit von 2 Seiten aus betrachten. Die eine ist die ernährungsphysiologische, wenn wir annehmen, daß Polyphosphate nur auf Grund ihrer Aufspaltung zu Orthophosphat im Organismus wirken. In diesem Falle muß man sich darüber einigen, wie groß die Belastung des Phosphathaushaltes durch die Polyphosphate gehalten werden darf. Man kann aber das Problem auch von der toxikologischen Seite aus betrachten. Und dann läßt sich annähernd berechnen, wie man die aus den Tierversuchen gewonnenen Daten auf den Menschen übertragen kann. Nimmt man an, daß eine Gesamt-Polyphosphat-Konzentration in der Futtertrockensubstanz bis zu 1% im Tierversuch harmlos ist, dann wählt man als Basis für die Umrechnung auf den Menschen am besten die Calorienzufuhr. In dem von uns benutzten Futter hatten wir einen Gehalt von rund 370 kcal je 100 g Futtertrockensubstanz. Dies entspricht 2,7 g Phosphat auf 1000 kcal. Nimmt man eine Calorienaufnahme von 2800 kcal im Tag für den Menschen an, so entspräche dies einer P-Aufnahme von 7,6 g, berechnet als $NaPO_3$. Im Vergleich dazu würde ein mittlerer Verzehr von 70 g Wurst pro Tag mit dem hohen Gehalt von 0,5% Polyphosphat eine Aufnahme von 0,35 g Polyphosphat bedeuten; das wäre eine Sicherheitsspanne von 22.

HAHN: Die eben gemachten Bemerkungen sind eine Antwort auf die von mir gestellte Frage, inwieweit die durch Polyphosphatzusatz bedingte Mehrzufuhr an Phosphat in den Bereich der physiologischen Schwankungsbreite fällt. Sie ist unter 20% gelegen.

Als Ergebnis des Symposions kann man werten, daß Polyphosphate keine hemmende Wirkung auf die Resorption lebensnotwendiger Substanzen ausüben und daß sie nur insoweit zur Wirkung gelangen, als sie zu Orthophosphat aufgespalten und in dieser Form resorbiert werden. Damit besteht die Möglichkeit, daß sie weniger toxisch sind als Orthophosphat, weil sie großenteils durch Bakterienwirkung erst im Dickdarm aufgespalten werden, so daß das entstehende Orthophosphat nicht mehr resorbiert werden kann. Es ist ganz interessant, daß Herr VAN GENDEREN in seiner kürzlich erschienenen Arbeit selbst schreibt: „Vermutlich war der schädigende Einfluß des Orthophosphats bei der höheren Konzentration etwas größer als der der benutzten Polyphosphate." Das würde sich mit unseren Erfahrungen decken. Denn wir haben zum mindesten festgestellt, daß das Grahamsche Salz nicht giftiger ist als Orthophosphat, sondern anscheinend — so weit es die bisherigen Versuche auszusagen erlauben — sogar weniger giftig.

LOHMANN: Wir müssen also in erster Linie die Dosis betrachten. Wenn wir der von Herrn LANG gestellten Forderung, die Belastung nicht größer zu wählen als 20% der natürlichen Dosis zustimmen, so bleiben wir in einem Bereich, den die Ernährungsphysiologen in jeder Weise verantworten können. Es ist charakteristisch, daß der Polyphosphatzusatz im Vergleich zu Orthophosphat vielleicht sogar kleinere Störungen hervorruft. Auf Grund der mangelhaften Aufspaltung der Polyphosphate im Darm ist dies verständlich.

HOFFMANN-OSTENHOF: Wir haben gehört, daß die Polyphosphate unschädlicher sind als die Orthophosphate, und zwar obwohl sie unphysiologische Substanzen sind. Dies ist ein an und für sich verwunderlicher

Befund, aber er erscheint gut belegt. Ich möchte jedoch bei dieser Gelegenheit noch vor etwas warnen. Wir haben heute von fachmännischer Seite gehört, daß die Verwendung von Polyphosphaten einen technologischen Fortschritt bei der Herstellung von Wurst und Käse, ferner auch bei der Behandlung von Wasser bedeutet. Nun ist man in solchen Fällen, wo ein großer technologischer Fortschritt erzielt werden kann, geneigt, die Dinge etwas weniger voreingenommen zu sehen, als das unter Umständen wünschenswert wäre. Wir dürfen nicht vergessen, daß wir auf diese Art und Weise eine vollständig unphysiologische und chemisch doch recht aktive Substanz zu uns nehmen. Ich weiß nicht, ob die vorliegenden Befunde — wobei ich die Resultate von Herrn van Genderen und Herrn Schwietzer keineswegs bezweifle — ausreichend sind, um zu sagen, daß sie eine Dauerverabfolgung von Polyphosphaten an unsere Bevölkerung rechtfertigen. 100 g Schmelzkäse enthalten 0,5 g Polyphosphat — ich weiß daß es auch Käse mit höheren Zusätzen gibt, aber ich will das halbe Gramm ohne weiteres annehmen — 100 g Schmelzkäse sind immerhin eine Menge, die von einem Einzelindividuum unter Umständen verzehrt wird. Dies liegt aber schon weit über der Dosis, von der vorhin gesprochen wurde, nämlich einer 20%igen Erhöhung der physiologischen Phosphatzufuhr. Das sind Bedenken, die ich hier nicht als Ernährungsphysiologe, sondern als Biochemiker aussprechen möchte.

Lohmann: Die von ihnen vorgetragenen Bedenken sind in jeder Beziehung richtig. Gestern wurde gesagt, daß Schmelzkäse nicht nur 0,5% sondern auch 2% Zusatz an $NaPO_3$ erhalten kann. Wir müssen aber aufpassen, daß wir nicht P, P_2O_5 und $NaPO_3$ verwechseln. Ich möchte daher die Frage stellen, wieviel $NaPO_3$ wird dem Schmelzkäse zugesetzt?

Mair-Waldburg (Kempten): Ich möchte keine Zahl für $NaPO_3$ angeben. Zu Vergleichszwecken sind, wenigstens bei Schmelzkäse, P_2O_5 und vor allem P viel besser geeignet. — Wir haben im Käse z. B. einen Gehalt von 1,3 bis 1,5% P_2O_5 (= 0,57—0,65% P) und finden dann im Schmelzkäse einen Gehalt von rund 1,8—2,3% P_2O_5 (= 0,79—1,00% P). Die Zunahme um 0,5 bis 0,8% P_2O_5 (0,22—0,35% P) geht zur Hälfte und mehr auf Konto der (meist niederkondensierten) Phosphate. Dabei muß berücksichtigt werden, daß die Verhältnisse ziemlich unübersichtlich sind, weil beim Schmelzvorgang und bei der Lagerung der Schmelzkäse eine Hydrolyse der kondensierten Phosphate eintritt. — Darüber laufen gegenwärtig Untersuchungen.

Lohmann: Es muß noch darauf hingewiesen werden, daß der Ernährungsphysiologe weniger eine zu geringe Zufuhr an Phosphat als eine solche an Calcium fürchtet. Dies gilt insbesondere für das Kind und den Menschen während der Pubertätszeit. Hierbei ist es für den Ernährungsphysiologen eine Faustregel, daß eine milchreiche Diät — wobei man unter Milch auch Käse verstehen kann — eine ausreichende Calciumzufuhr gewährleistet. Man muß daher aufpassen, daß das, was wir erreichen wollen, nämlich eine genügende Calciumzufuhr, nicht durch eine allzu große Gabe von Polyphosphat rückgängig gemacht wird. Es ist in diesem Zusammenhange wichtig, daß man über einfache Methoden zur quantitativen Bestimmung der Polyphosphate verfügt und nicht nur über papierchromatographische, die ja aus den von den Vortragenden selbst angeführten Gründen niemals quantitativ sein können.

HAHN: Ich wollte als Pharmakologe noch eine ernährungsphysiologische Bemerkung machen, selbst wenn ich hierfür nicht ganz zuständig bin. Nahrung muß nicht nur unschädlich sein, sie muß auch appetitlich aussehen. Wir essen nicht nur um unseren Hunger zu stillen und Calorien zu uns zu nehmen, sondern wir essen auch mit unseren Geschmacksorganen und auch mit dem Auge. An einem schön gedeckten Tische schmeckt es besser und die Nahrung ist auch letzten Endes bekömmlicher. Der Zusatz der Phosphate zur Nahrung erfolgt vielfach, um ihr einen besseren Geschmack, ein besseres Aussehen zu geben, kurz und gut, um sie in jeder Hinsicht appetitlicher zu machen.

LOHMANN: Ich danke Ihnen für diesen ernährungsphysiologischen Hinweis. Es bleibt die wichtige Frage, daß man darauf achten muß, den Zusatz an Polyphosphaten so gering wie möglich zu halten. Hierbei möchte ich mich an die Faustregel halten, die Herr LANG vorhin gegeben hat, daß man 20% der normalen Phosphatzufuhr nicht überschreitet. Man könnte auch 33% noch ruhig in Kauf nehmen. Ich habe gestern in meinem Vortrag erwähnt, daß in der Hefe bis zu 15 mg hochpolymere Phosphate je Gramm vorkommen können. Es ist aber im Rahmen einer normalen Ernährung durchaus die Möglichkeit gegeben, mehrere Gramme Hefe zu sich zu nehmen. Ich möchte feststellen, daß diese hochpolymeren Phosphate keineswegs unphysiologische Substanzen sind.

SCHWIETZER: Aus meinen Ausführungen konnten Sie entnehmen, daß meine Tiere extrem hohe Polyphosphatdosen aufgenommen haben, größere als sie in 500 g Schmelzkäse enthalten sind. Hunde von 25 kg Gewicht haben innerhalb von 450 Tagen 2 kg Polyphosphat erhalten, im Tag also 5 g. Die Hunde blieben gesund, hatten ein völlig normales Blutbild, eine normale Beschaffenheit von Leber und Milz und wiesen einen völlig gesunden Habitus auf. Herr LANG hat Ihnen in dankenswerter Weise den Phosphorsäurebedarf ausgerechnet und ihn zu 0,2% beziffert. Denselben Wert habe ich auch für meine Hunde berechnet. In meinen Versuchen wurden täglich 5 g Polyphosphat zugeführt und ich habe damit den erwähnten Prozentsatz von 20% der physiologischen Phosphatzufuhr bei weitem überschritten. Wenn durch einen langfristigen Ernährungsversuch an höheren Tieren sich eine Substanz als unschädlich erweist und zwar in Mengen, die diejenigen, die dem Menschen zugeführt werden, bei weitem überschreiten und sich keinerlei abnormen Befunde ergeben, muß irgendwo einmal die Grenze unserer Bedenken erreicht werden.

HÖFER (Berlin): Ich kann diesen Ausführungen nicht ganz zustimmen. Wir wissen, daß bei einer jahrzehntelangen Aufnahme von Fluor sich die Auswirkungen erst nach 10—15 Jahren zeigen. Eine Versuchsdauer von 1—2 Jahren genügt mir für eine dauernd aufzunehmende Substanz nicht. Ich bin der Meinung, man müsse vorsichtig sein.

MATTENHEIMER: Ich glaube, daß die Versuchsergebnisse von Herrn VAN GENDEREN auch in der Richtung zu deuten sind, daß die Substanzen nicht ganz unbedenklich sind. Ich möchte daher Herrn SCHWIETZER vor einem allzu großen Optimismus warnen. Aber ich glaube, das Ganze ist ein Problem der Dosierung. Schließlich sind schon über Generationen von Menschen Versuche gemacht worden, wie wir die optimale Zufuhr an Calcium und Phosphat einzurichten haben.

Lang: Man kann Fluor nicht ohne weiteres mit Polyphosphat gleichsetzen. Denn vom Fluor wissen wir, daß es gespeichert wird und daß mit der Zeit die Fluorkonzentration in den Zähnen und im Skelet ansteigt. Mit den Polyphosphaten liegen Versuche über mehrere Generationen vor. Es kommt bekanntlich bei solchen Versuchen nicht auf die absoluten Zeiträume, sondern auf die biologischen Zeiträume an. Wenn man über die ganze Lebensdauer nichts beobachtet und auch nichts an der zweiten und dritten Generation, so hat das mehr zu sagen, als der Zeitraum von 10 Jahren am Menschen bezüglich der Speicherung von Fluor. Man muß überdies Fluor und Polyphosphat säuberlich auseinanderhalten, denn Fluor wird im Organismus gespeichert, Polyphosphat aber nach allen vorliegenden Untersuchungen nicht. Über den Einfluß der Phosphatverabreichung im Laufe der Jahre auf die Darmflora liegen keine Erfahrungen vor. Dieses Problem ist sicherlich interessant und sollte bearbeitet werden. Ob es eine große praktische Bedeutung hat, ist eine andere Frage, wenn wir im Bereich kleiner Polyphosphatdosen bleiben, die weit unter der Grenze dessen liegen, was ernährungsphysiologisch durch Belastung des P-Haushalts eine Rolle spielen könnte. Die hier zur Diskussion stehende Frage ist die, ob solche Zufuhren vertretbar sind oder nicht.

Höfer: Etwa 400 mg im Tag halte ich für völlig unbedenklich.

Marquardt (Freiburg): Kann man nach dem gegenwärtigen Stand der Analytik eine geringfügige Speicherung ausschließen?

Lohmann: Bei den Polyphosphaten ist eine Speicherung unmöglich, da alle Gewebe die Fähigkeit zu ihrer Aufspaltung besitzen. Ich möchte noch zu den Versuchen von Herrn Schwietzer bemerken, daß hier der Stoffwechsel des Hundes bzw. dessen Verdauungsmöglichkeiten weitgehend mit denen des Menschen gleichgestellt werden. Dies trifft nicht zu. Der Hund ist in erster Linie ein Fleischfresser. Er frißt nur wenig Vegetabilien. Er vermag große Stücke Fleisch ungekaut in seinem Magen zu verdauen und ist auch fähig grob zerkleinerte Knochen zu verdauen. Weiterhin sind 3 Hunde aus einem Wurf — auch wenn sie je 2 kg Polyphosphat erhalten haben — für die erforderliche statistische Auswertung ernährungsphysiologischer Versuche sehr wenig. Es geht aber aus allen vorgetragenen Berichten hervor, daß man den Zusatz der Polyphosphate in geringen Mengen als unbedenklich erachten kann.

Hahn: Herr Schwietzer hat in seinen Versuchen gezeigt, daß unter mehr oder minder physiologischen Ernährungsbedingungen keine Hemmung der Resorption von Eisen erfolgt. Es soll nun nicht der Eindruck entstehen, als ob diese Aussage auf Grund seiner zahlenmäßig noch nicht ausreichenden Versuche in Zweifel zu ziehen wäre. Diese Aussage bleibt zu Recht bestehen. Denn sie deckt sich mit unseren an einem großen Tierkollektiv gemachten Erfahrungen, ferner auch mit denen des Herrn van Genderen. Wir haben keine Veränderungen des roten Blutbildes, außer bei extrem hohen Dosen gesehen. Wir haben keine Störungen der Eisenresorption und keine Störungen der Kupferresorption beobachtet, auch unter den Bedingungen, die allen Anforderungen der Statistik genügen.

LOHMANN: Abschließend möchte ich noch einmal kurz zusammenfassen: Es liegen keine Angaben vor, daß die Polyphosphate in kleinen Mengen gegeben — es sind auch nicht völlig unphysiologische Substanzen — eine Schädigung hervorrufen. Das dürfte wohl das wichtigste Ergebnis unserer Diskussion sein.

Schlußansprache

von

K. Lang, Mainz

Wir sind am Ende dieses Symposions. Ich glaube, daß es meine Pflicht ist, nochmal in ganz wenigen Sätzen zusammenzufassen, was wir hier gehört und diskutiert und gewissermaßen auch erarbeitet haben. Man kann es auf den folgenden Nenner bringen:

Erstens — wenn ich zunächst mit den nichtbiologischen Themen beginnen darf — ist uns gezeigt worden, daß die Analytik der kondensierten Phosphate große Fortschritte gemacht hat. Ferner, daß es zu erwarten ist, daß die Analytik noch weitere Fortschritte machen wird, und daß somit die Möglichkeit des Nachweises dieser Substanzen kein großes Problem ist, was eine große Bedeutung sowohl für die evtl. praktische Verwendung als auch für die Forschung hat.

Zweitens hat sich ergeben, daß sich durch den Zusatz von kondensierten Phosphaten in manchen Bezirken der Lebensmittelherstellung ein technischer Fortschritt erzielen läßt, der beachtlich ist. Und nun will ich zu den Fragen, die auf dem Sektor des Biologischen liegen, kommen. Herr Lohmann hat uns gezeigt, daß man die kondensierten Phosphate nicht als lebensfremde Substanzen auffassen darf. Man findet sie in niederen Lebewesen in verhältnismäßig großen Konzentrationen. Wir müssen daraus schließen, daß wir diese Substanzen sicher nicht als generelle Zellgifte betrachten können, sondern daß sie vermutlich bei bestimmten Organismen eine konkrete Rolle im Stoffwechsel spielen. Durch die schönen Untersuchungen von Herrn Lohmann haben sich Hinweise ergeben, wie sich im großen und ganzen der Stoffwechsel dieser Substanzen vollzieht. Herr Mattenheimer hat uns gezeigt, daß der lebende Organismus, und zwar nicht nur die Mikroorganismen, welche Polyphosphate enthalten, sondern auch der menschliche Organismus über Enzyme verfügt, diese Substanzen aufzuspalten. Hierbei sind wir zunächst zu der paradoxen Feststellung gekommen, daß doch beträchtlich aktive Enzymsysteme in den tierischen Zellen bzw. in den Zellen des

Menschen enthalten sind, und wir eigentlich kein physiologisches Substrat finden, weil es bisher nicht gelungen ist, kondensierte Phosphate im höheren tierischen Organismus nachzuweisen. Wir haben dies dahingehend interpretiert, daß hier das letzte Wort noch nicht gesprochen ist, und daß es durchaus möglich erscheint, daß anorganische kondensierte Phosphate als reguläre Bestandteile auch der menschlichen Zellen gefunden werden können. Es ist allerdings nicht sehr wahrscheinlich, daß man große Konzentrationen finden wird. Aber immerhin könnte es sein, daß man in einigen Jahren die kondensierten Phosphate auch als normale Bestandteile des tierischen Organismus auffassen muss.

Weiterhin haben Stoffwechselversuche gezeigt, daß bei der Gabe per os ein großer Teil überhaupt nicht resorbiert wird, und daß die Resorption vorwiegend in Form von Orthophosphat vonstatten geht. Wir müssen also alle Überlegungen eigentlich daraufhin abstimmen, ob die Mehraufnahme von Orthophosphat eine Bedeutung hat oder nicht. Weiterhin hat sich noch bei den Stoffwechselversuchen ergeben, daß, wenn wir diese Substanzen parenteral einbringen — wir also etwas tun, was normalerweise gar nicht vorkommt — dann diese Substanzen zwar vorübergehend gespeichert werden, aber doch in einer meßbaren Zeit (in der verhältnismäßig geringen Halbwertszeit von einigen Tagen) wieder verschwinden, und wir damit eine Bestätigung der Befunde von Herrn MATTENHEIMER haben, der die hier beteiligten Enzymsysteme aufgefunden hat. Auf der anderen Seite ließ sich effektiv der wichtige Nachweis führen, daß diese Substanzen den Organismus mit einer verhältnismäßig großen Geschwindigkeit verlassen und zwar auch dann, wenn wir sie in hohen Dosen in einer unphysiologischen Applikationsart beibringen. Die toxikologischen Untersuchungen haben gezeigt, daß die kondensierten Phosphate bei einer einigermaßen vernünftigen Dosierung zumindest nicht giftiger, wahrscheinlich sogar weniger giftig sind als das Orthophosphat und daß die Wirkungen, die gesehen worden sind (z. B. im histologischen Bild), in der gleichen Weise auch durch Gabe von Orthophosphat hervorgerufen werden können, so daß wir sie auf eine Orthophosphat-Wirkung zurückführen können.

Weiterhin haben diese Versuche ergeben, daß Befürchtungen, die man zuerst hegen mußte, daß evtl. der Haushalt von Calcium oder von einigen Spurenelementen wie Eisen, Kupfer usw. gestört werden könne, nicht zutreffend sind. Es ist experimentell gezeigt worden, daß das tatsächlich nicht der Fall ist und weiterhin haben die theoretischen Überlegungen gezeigt, daß das von vornherein gar nicht anders zu erwarten war, so daß wir eigentlich, wenn Sie so wollen, mit Kanonen nach Spatzen geschossen haben. Aber immerhin ist es sehr erfreulich, daß der experimentelle Beweis, daß hier nichts vorliegt, von verschiedenen Untersuchern erbracht worden ist.

Wenn wir das Ganze überblicken, ergibt sich, daß eine Belastung des Phosphathaushaltes ohne Zweifel gegeben ist, und daß wir uns überlegen müßten, wie groß können wir das, was wir als Optimum der Phosphatzufuhr betrachten, überschreiten. Ich habe vorsichtshalber einen Prozentsatz von 20% genannt. In der Diskussion sind noch höhere Prozentsätze genannt worden, ich habe bewußt eine möglichst niedrige Zahl angegeben. Wir können auch 10% annehmen, ohne viel an den Dingen zu ändern. Die Quintessenz ist doch, daß, wenn wir die kondensierten Phosphate etwa in sehr kleinen Mengen in die Nahrung einbauen würden, irgendwelche Schädigungen nicht zu erwarten sind, sondern daß wir — nach dem heutigen Stand des Wissens — einen Zusatz kleiner Mengen dieser Substanzen als duldbar erachten können. Wir müssen aber Garantien haben, erstens, daß es bei kleinen Mengen bleibt, zweitens (wofür die Voraussetzung gegeben ist), daß wir immer in der Lage sind, einen evtl. Zusatz analytisch feststellen zu können, damit nicht irgendwelche unkontrollierten Dinge geschehen und drittens, daß wir natürlich verlangen müssen, daß evtl. Zusätze zahlenmäßig begrenzt werden. Hierbei ist eine möglichst niedrige Menge anzustreben, aber auf der anderen Seite natürlich eine Menge, die noch den technischen Effekt verbürgt. Ich glaube, daß eine Spanne hinsichtlich der Zufuhr an kondensierten Phosphaten, die den Phosphathaushalt um 10, vielleicht auch 20% belasten würde, dem, was ich auseinandergesetzt habe, etwa entsprechen würde und duldbar wäre. Ich glaube, daß ich damit im wesentlichen das zusammengefaßt habe, was diese Diskussion und was die Voträge ergeben haben. Schließlich ist noch als letzte Feststellung zu erwähnen, daß wir im Augenblick keinerlei Anhaltspunkte dafür haben, daß die kondensierten Phosphate eine spezifische Giftwirkung entfalten, außer vielleicht dann, wenn wir sie im Unsinnigen, ich möchte sagen nichtphysiologischen Versuchsanordnungen untersuchen würden. Aber die Natur hat hier eine gewisse Schranke durch den Umfang der Resorption und die beschränkte Möglichkeit der Aufspaltung im Magen-Darm-Trakt, sei es durch die körpereigenen Enzyme, sei es durch die Enzyme von den Mikroorganismen, gesetzt.

Und damit sind wir tatsächlich nun am Ende dieses Symposions, und es bleibt mir nur noch übrig, Ihnen erstens nochmals herzlich dafür zu danken, daß Sie gekommen sind und daß Sie solange ausgehalten haben, und zweitens ist es mir eine angenehme Pflicht, den Herren Vortragenden und vor allen Dingen auch den Herren Diskussionsrednern zu danken. Ich glaube, daß wir alle mit einigermaßen Befriedigung nach Hause gehen können, denn schließlich ist letzten Endes doch etwas Konstruktives bei diesem Symposion erarbeitet worden.